"十二五"职业教育国家规划教材

经全国职业教育教材审定委员会审定

养羊与羊病防治

第 2 版

闫红军　主编

U0235944

中国农业大学出版社

·北京·

内 容 简 介

本书是基于产教融合、校企合作培养人才模式的优质专业核心课程改革成果之一。本书编写团队以养羊生产过程中的典型工作任务和不同工作岗位所必需的知识和技能为重点,以具体操作技能的训练和培养为目标,以项目—任务形式编排教材内容。教材内容分为7个项目34个任务,主要包括:国内外主要绵、山羊品种、羊场规划与建设、羊的选种选配与繁殖、绵羊的饲养管理、奶山羊的饲养管理、羊的主要产品、羊病防控技术等。教材内容与生产实际相结合,与岗位技术标准相对接,为学生零距离从事养羊与羊病防治工作提供技术支撑和保障。本教材不仅可以作为高职高专院校畜牧兽医专业的教学用书,还可以作为中等职业技术学校相关教师的参考书和从事养羊生产的广大畜牧兽医科技人员、养羊生产企业相关的经营管理人员培训和学习用书。

图书在版编目(CIP)数据

养羊与羊病防治/闫红军主编. —2 版. —北京:中国农业大学出版社,2014.9(2017.12 重印)

ISBN 978-7-5655-1044-1

Ⅰ.①养… Ⅱ.①闫… Ⅲ.①羊-饲养管理-教材②羊病-防治-教材 Ⅳ.①S826 ②S858.26

中国版本图书馆 CIP 数据核字(2014)第 199662 号

书　名	养羊与羊病防治　第 2 版
作　者	闫红军　主编

策划编辑	姚慧敏　伍　斌	**责任编辑**	田树君
封面设计	郑　川	**责任校对**	陈　莹　王晓凤
出版发行	中国农业大学出版社		
社　址	北京市海淀区圆明园西路 2 号	**邮政编码**	100193
电　话	发行部 010-62818525,8625	**读者服务部**	010-62732336
	编辑部 010-62732617,2618	**出 版 部**	010-62733440
网　址	http://www.cau.edu.cn/caup	**e-mail**	cbsszs @ cau.edu.cn
经　销	新华书店		
印　刷	北京时代华都印刷有限公司		
版　次	2015 年 1 月第 2 版　2017 年 12 月第 2 次印刷		
规　格	787×1 092　16 开本　15.75 印张　385 千字		
定　价	34.00 元		

◆◆◆◆◆ 编审人员

主　编　闫红军（杨凌职业技术学院）

副主编　姜明明（黑龙江农业经济职业学院）

　　　　　哈　斯（河南牧业经济学院）

参　编　贺　军（甘肃畜牧工程职业技术学院）

　　　　　王香祖（新疆农业职业技术学院）

　　　　　杨春华（西北农林科技大学种羊场）

　　　　　张文娟（咸阳职业技术学院）

　　　　　李　刚（杨凌华兴羊产业科技发展有限公司）

主　审　曹斌云（西北农林科技大学）

前　言

　　本教材是根据教育部颁布的《国家高等职业教育发展规划(2011—2015)》、《教育部关于"十二五"职业教育教材建设的若干意见》〔教职成(2012)9 号〕以及《高等职业学校专业教学标准(试行)》等文件精神和要求编写而成。本教材按照产教融合、校企合作人才培养模式对技术技能型人才的要求,本着以能力为本,以职业岗位为目标,注重传授养羊生产基本知识与基本技能,突出能力培养为宗旨,按照养羊生产过程中的典型工作任务和不同工作岗位所必需的知识和技能,将教材内容整合为 7 个项目 34 个任务,主要包括:国内外主要绵、山羊品种、羊场规划与建设、羊的选种选配与繁殖、绵羊的饲养管理、奶山羊的饲养管理、羊的主要产品、羊病防控技术等。教材内容与职业标准对接,教学过程与生产过程对接,为学生零距离从事养羊与羊病防治工作提供技术支撑和保障。教材的每个项目配备了测评作业和考核评价表,体现了职业教育的特色。本教材不仅可以作为高职高专院校畜牧兽医专业的教学用书,还可以作为中等职业技术学校相关教师的参考书和从事养羊生产的广大畜牧兽医科技人员、养羊生产企业相关的经营管理人员培训和学习用书。

　　本教材是由 6 所高等职业院校长期从事养羊与羊病防治教学的专任教师与 2 所养羊企业的技术场长合作完成的。具体分工任务是:项目一、项目五、项目七由闫红军编写,项目二由哈斯编写,项目三由姜明明编写,项目四由贺军、闫红军、王香祖编写,项目六由姜明明、哈斯编写,编写提纲由闫红军、李刚、杨春华提出。西北农林科技大学曹斌云教授担任本教材的主审。编审工作结束后,由闫红军负责统一修改、补充和定稿,咸阳职业技术学院的张文娟负责校对。

　　本教材编写过程中,参阅了许多专家的研究成果和著作,本教材的编写和出版工作,得到了中国农业大学出版社的大力支持和各参编单位的热心帮助,在此一并表示诚挚的谢意!

　　由于编写时间仓促,加之编者水平和经验所限,书中难免有缺点和错误之处,敬请广大读者和同行批评指正。

编　者

2014 年 4 月

目　录

项目一

国内外主要绵、山羊品种

教学内容与工作任务

项目名称	教学内容	工作任务与技能目标
国内外主要绵、山羊品种	我国主要绵、山羊品种	1. 了解绵、山羊品种的分类方法； 2. 识别我国培育的主要细毛羊、半细毛羊品种，并说出产地和育成史； 3. 识别我国的三大粗毛羊品种，并说出分布和饲养与改良情况； 4. 识别我国地方主要肉用绵、山羊品种，并说出该品种在当地的饲养利用情况；
	国外主要绵、山羊品种	5. 识别我国不同经济类型的山羊品种； 6. 识别国外主要细毛羊、半细毛羊品种，并说出产地和在我国的利用情况； 7. 识别国外主要肉用绵、山羊品种，并说出产地和在我国的利用情况； 8. 识别国外不同经济类型的山羊品种。

知识链接

 任务一　我国主要绵、山羊品种

一、绵、山羊品种分类

全世界现有绵羊品种约 629 个，山羊品种 150 多个。由于绵、山羊品种繁多，为便于人们正确认识、评价和有效地利用，动物学家和畜牧学家对绵、山羊品种进行了分类。目前国内外普遍应用的绵羊分类方法有动物学分类法和生产性能分类法两种,而山羊主要根据经济用途进行分类。

(一)绵羊品种分类

1.根据绵羊所产羊毛类型分类

目前在西方国家广泛采用。

(1)细毛型品种　如澳洲美利奴羊、兰布列羊等。

(2)中毛型品种　这一类型品种主要用于产肉,羊毛品质居于长毛型与细毛型之间。如南丘羊、萨福克羊等。它们一般都产自英国南部的丘陵地带,故又有丘陵品种之称。

(3)长毛型品种　体格大,羊毛粗长,主要用于产肉,属晚熟品种。如林肯羊、罗姆尼羊、边区莱斯特羊等。

(4)杂交型品种　它是以长毛型品种与细毛型品种为基础杂交所形成的品种。如考力代羊、波尔华斯羊等。

(5)地毯毛型品种　如德拉斯代、黑面羊、和田羊等。

(6)羔皮用型品种　主要用于生产羔皮,如卡拉库尔羊等。

2.根据生产方向分类

它是根据绵羊主要的生产方向来分类的。这种分类方法目前在中国、俄罗斯等国普遍采用。

(1)细毛羊品种　品种有以下3种。

①毛用细毛羊品种,如澳洲美利奴羊、中国美利奴羊等。

②毛肉兼用细毛羊品种,如新疆细毛羊、高加索细毛羊等。

③肉毛兼用细毛羊品种,如德国美利奴羊等。

(2)半细毛羊品种　品种有以下2种。

①毛肉兼用半细毛羊品种,如茨盖羊、青海半细毛羊等。

②肉毛兼用半细毛羊品种,如边区莱斯特羊、考力代羊等。

(3)粗毛羊品种　如西藏羊、蒙古羊、哈萨克羊等。

(4)肉用羊品种　如夏洛莱羊、陶赛特羊等。

(5)羔皮羊品种　如湖羊、卡拉库尔羊等。

(6)裘皮羊品种　如滩羊、罗曼诺夫羊等。

(7)乳用羊品种　如东佛里生羊等。

(二)山羊品种分类

全世界现有的山羊品种和品种群150多个,主要还是根据生产方向进行分类,一般分为六大类。

(1)绒用山羊品种　如辽宁绒山羊、内蒙古绒山羊等。

(2)毛用山羊品种　如安哥拉山羊等。

(3)肉用山羊品种　如波尔山羊、南江黄羊等。

(4)毛皮用山羊品种　如济宁青山羊、中卫山羊等。

(5)乳用山羊品种　如关中奶山羊、萨能山羊等。

(6)普通山羊品种　又称兼用山羊。如新疆山羊、西藏山羊等。

二、我国主要绵羊品种

(一)细毛羊品种

我国细毛羊品种主要有中国美利奴羊、新疆毛肉兼用细毛羊、东北毛肉兼用细毛羊、青海毛肉兼用细毛羊、内蒙古细毛羊、甘肃细毛羊、山西细毛羊、敖汉细毛羊、鄂尔多斯细毛羊等。

1.新疆毛肉兼用细毛羊

简称新疆细毛羊。

【产地】产于新疆维吾尔自治区(全书简称新疆)。于1954年在新疆巩乃斯种羊场育成。在新疆细毛羊的育种中,用高加索、泊列考斯羊为父本与当地哈萨克羊和蒙古羊为母本采用复杂的育成杂交培育而成。是我国育成的第一个细毛羊品种。

【外貌特征】公羊大多数有螺旋形角,母羊无角。公羊的鼻梁微有隆起,母羊鼻梁呈直线或几乎呈直线。公羊颈部有1～2个完全或不完全的横皱褶,母羊颈部有一个横皱褶或发达的纵皱褶。体躯无皱,皮肤宽松,体质结实,结构匀称,胸部宽深,背直而宽,腹线平直,体躯长深,后躯丰满,四肢结实,蹄质致密,肢势端正。有些羊在眼圈、耳、唇部皮肤有小的色素斑点(图1-1)。

(公)　　　　　　　　　　　　　　　(母)

图1-1　新疆细毛羊

【被毛品质】被毛白色,闭合性良好,有中等以上密度。有明显的正常弯曲,细度为60～64支。体侧部12个月毛长在7 cm以上,各部位毛的长度和细度均匀。油汗呈白色、乳白色或淡黄色,含量适中,分布均匀。净毛率在42%以上。细毛着生头部至眼线,前肢至腕关节,后肢达飞节或飞节以下,腹毛较长,呈毛丛结构,没有环状弯曲。

【生产性能】根据巩乃斯种羊场资料,成年公羊体重93.6 kg,成年母羊48.29 kg。成年公羊平均剪毛量12.42 kg,净毛率50.88%,折合净毛为9.32 kg,母羊的剪毛量5.46 kg、净毛率

52.28%、折合净毛为 2.95 kg。成年公羊平均毛长为 11.2 cm,母羊为 8.74 cm。屠宰率48.61%,净肉率 31.58%,经产母羊产羔率为 130% 左右。

30 多年来,新疆细毛羊被推广到了全国各地,主要用于杂交改良粗毛羊,为我国绵羊改良育种工作起到了重要作用。

2.中国美利奴羊

简称中美羊。

【产地】中国美利奴羊是 1972—1985 年,在新疆的巩乃斯种羊场、紫泥泉种羊场、内蒙古嘎达苏种畜场和吉林查干花种畜场联合培育而成,1985 年经鉴定验收正式命名。中美羊是我国目前最好的细毛羊品种,按育种场所在地区分为新疆型、新疆军垦型、科尔沁型和吉林型。

【外貌特征】体质结实、体型呈长方形。头毛密长、着生至眼线,外形似帽状。鬐甲宽平、胸宽深、背平直、尻宽面平,后躯丰满。膁部皮肤宽松,四肢结实,肢势端正。公羊有螺旋形角,少数无角,母羊无角。公羊颈部有 1~2 个横皱褶,母羊有发达的纵皱褶。无论公、母羊体躯均无明显的皱褶(图 1-2)。

（公）　　　　　　　　　　（母）

图 1-2　中国美利奴羊

【被毛品质】被毛呈毛丛结构,闭合良好,密度大,全身被毛有明显的大、中弯曲。细度60~64 支。油汗白色或乳白色,含量适中,各部位毛丛长度和细度均匀,前肢着生至腕关节,后肢至飞节,腹毛着生良好。

【生产性能】成年公羊剪毛后体重 91.8 kg,原毛产量 17.37 kg,净毛率 59%,净毛量9.87 kg,毛长 12.4 cm。特级母羊剪毛后平均体重 45.84 kg,原毛产量 7.21 kg,体侧净毛率60.87%,平均毛长 10.5 cm。一级母羊剪毛后平均体重 40.9 kg,原毛产量 6.4 kg,体侧净毛率60.84%,平均毛长 10.2 cm。

中国美利奴羊是我国细毛羊中具有高生产水平的新品种,生产性能已达到国际同类细毛羊的先进水平,它的育成标志着我国细毛羊育种水平进入了一个新阶段。中美羊与其他细毛羊杂交试验的结果表明,对羊毛品质和羊毛产量的提高具有显著效果。

3.东北毛肉兼用细毛羊

简称东北细毛羊。

【产地】主要产区在辽宁、吉林、黑龙江三省的西北部平原和部分丘陵地区。内蒙古自治区

（全书简称内蒙古）、河北等华北地区也有分布。

东北细毛羊是用苏联美利奴、高加索、斯达夫洛波、阿斯卡尼和新疆等细毛公羊与当地杂种母羊育成杂交，经多年精心培育，严格选择，加强饲养管理，1967年培育而成。

【外貌特征】体质结实，体格大，体型匀称。体躯无皱褶，皮肤宽松，胸宽紧，背平直，体躯长，后躯丰满，肢势端正。公羊有螺旋形角，颈部有1～2个完全或不完全的横皱褶。母羊无角，颈部有发达的纵皱褶（图1-3）。

（公） （母）

图1-3 东北毛肉兼用细毛羊

【被毛品质】被毛白色，闭合良好，有中等以上密度，体侧部12个月毛长7 cm以上（种公羊8 cm以上），细度60～64支。弯曲明显、均匀，油汗含量适中，呈白色或浅黄色。细毛着生到两眼连线，前肢至腕关节，后肢达飞节，腹毛长度较体侧毛长度相差不少于2 cm。呈毛丛结构，无环状弯曲。

【生产性能】成年公羊剪毛后体重99.31 kg，成年母羊为50.62 kg。成年公羊剪毛量14.59 kg，成年母羊5.69 kg。成年公羊毛长9.1 cm，成年母羊7.06 cm。净毛率为30.27％～38.26％，屠宰率48％，净肉率34％，产羔率124.2％。

东北细毛羊善游走，耐粗饲，抗寒暑，采食力较强。

4.青海毛肉兼用细毛羊

简称青海细毛羊。

【产地】青海省，它是用新疆细毛羊、高加索细毛羊、萨尔细毛羊为父本，青海当地的西藏羊为母本，采用复杂育成杂交于1976年培育而成。

【外貌特征】体质结实，结构匀称，公羊多有螺旋形的大角，母羊无角或有小角，公羊颈部有1～2个明显或不明显的横皱褶，母羊颈部有纵皱褶。细毛着生头部到眼线，前肢至腕关节，后肢达飞节（图1-4）。

【被毛品质】被毛纯白，油汗呈白色或淡黄色。弯曲正常，被毛密度密，细度为60～64支。

【生产性能】成年种公羊剪毛前体重80.81 kg，剪毛量8.6 kg，成年母羊剪毛前体重64 kg，剪毛量6.4 kg。成年公羊毛长9.62 cm，成年母羊8.67 cm。产羔率102％～107％。羯羊屠宰率在45％以上。

青海细毛羊能适应高寒牧区，善于登山远牧，遗传性较稳定，放牧抓膘快等。

（公）   （母）

图 1-4　青海毛肉兼用细毛羊

（二）半细毛羊品种

青海高原毛肉兼用半细毛羊，简称青海半细毛羊。

【产地】青海省的英德尔种羊场、河卡种羊场、海晏县、乌兰县巴音乡、都兰县巴隆乡和格尔木市乌图美仁乡等地。

以新疆细毛羊、茨盖羊及新西兰罗姆尼羊为父本，当地的藏羊及一部分蒙古羊为母本，采用复杂的育成杂交于 1987 年培育而成。同年经青海省政府命名为"青海高原毛肉兼用半细毛羊品种"，是我国育成的第一个半细毛羊品种。

【外貌特征】青海半细毛羊因含罗姆尼羊血统不同，分为罗茨新藏（蒙）型和茨新藏（蒙）型两个类型。罗型羊头稍宽短，体躯较长，四肢稍矮，公、母羊均无角；茨型羊在体型外貌上近似茨盖羊，体躯粗深，四肢较高。公羊大多有螺旋角，母羊无角或有小角（图 1-5）。

（公）   （母）

图 1-5　青海高原毛肉兼用半细毛羊

【被毛品质】被毛呈白色,羊毛同质,密度中等,呈大弯曲,油汗白色,羊毛强度好,具有纤维长、弹性、光泽好、含杂草少、洗净率高等特点。

【生产性能】成年公剪毛前体重 76.89 kg,平均剪毛量 5.98 kg,净毛率 55%,毛长 11.72 cm;成年母羊剪毛前体重 38.0 kg,平均剪毛量 3.1 kg,净毛率 60%,毛长 10.01 cm。羊毛细度 48~58 支,以 56~58 支为主。成年羯羊屠宰率 48.7%。

青海半细毛羊对严酷的高寒地区具有良好的适应性,抗逆性强,对饲养管理条件的改善反应明显。

(三)粗毛羊品种

1. 蒙古羊

【产地】原产于内蒙古自治区。主要分布在内蒙古自治区,其次在东北、华北、西北各省。是我国分布最广、数量最多的绵羊品种。为我国三大粗毛羊品种之一。

【外貌特征】蒙古羊由于分布地区广,各地的自然条件差异大,体型外貌有很大差别,其基本特点是体质结实,骨骼健壮,头中等大小,鼻梁隆起。公羊有螺旋形角,母羊无角或有小角。耳大下垂。脂尾短,呈椭圆形,尾中有纵沟,尾尖细小呈"S"状弯曲。胸深,背腰平直,四肢健壮有力,善于游牧(图 1-6)。体躯被毛白色,头、颈、四肢部黑、褐色的个体居多。被毛异质,由绒毛、两型毛、粗毛及干死毛组成,有髓毛多。

（公）　　　　　　　　　　　　　　（母）

图 1-6　蒙古羊

【生产性能】成年公羊体重 69.7 kg,剪毛量 1.5~2.2 kg;成年母羊体重 54.2 kg,剪毛量 1~1.8 kg。净毛率 77.3%。屠宰率为 50% 左右。一般每年产羔一次,双羔率 3%~5%。

2. 西藏羊

它又称藏羊、藏系羊。为我国三大粗毛绵羊品种之一。

【产地】原产于青藏高原,主要分布在西藏自治区(全书简称西藏)、青海、甘肃、四川及云南、贵州两省的部分地区。是饲养在高海拔地区的绵羊品种。由于西藏羊分布地域广,藏羊的体格、体型和被毛也不尽相同,按其所处地域可分为高原型(草地型)、山谷型、欧拉型。

【外貌特征】西藏羊以高原型藏羊为代表,明显的特点是体格高大粗壮,鼻梁隆起,公羊和大部分母羊均有角,角长而扁平,呈螺旋状向上、向外伸展,头、四肢多为黑色或褐色(图1-7)。西藏羊体躯被毛以白色为主,被毛异质,两型毛含量高,毛辫长度18~20 cm,有波浪形弯曲,弹性大,光泽好,以"西宁大白毛"而著称,是织造地毯、提花毛毯、长毛绒的优质原料,在国际市场上享有很高的声誉。

高原型藏羊(公)

高原型藏羊(母)

欧拉型藏羊(公)

欧拉型藏羊(母)

图1-7 西藏羊

【生产性能】成年公羊体重44.03~58.38 kg,成年母羊38.53~47.75 kg。成年公羊剪毛量1.18~1.62 kg,成年母羊0.75~1.64 kg。净毛率为70%左右。屠宰率43%~48.68%。母羊每年产羔一次,每次产羔一只,双羔率极少。产肉性能较好,屠宰率较高,为50.18%。

西藏羊由于长期生活在较恶劣的环境下,具有顽强的适应性,体质健壮,耐粗放的饲养管理等优点,同时善于游走放牧,合群性好。但产毛量低,繁殖率不高。

3.哈萨克羊

【产地】原产于新疆维吾尔自治区,主要分布在新疆境内,甘肃、新疆、青海三省(区)交界处也有分布。为我国三大粗毛绵羊品种之一。

【外貌特征】哈萨克羊背平宽,躯干较深,四肢高而结实,骨骼粗壮,肌肉发育良好。脂尾分成两瓣高附于臀部。羊毛色杂,被毛异质,干死毛多。抓膘力强,终年放牧,对产区生态条件有较强的适应性(图1-8)。

（公）　　　　　　　　　　　　　　　（母）

图 1-8　哈萨克羊

【生产性能】成年公羊体重 60.34 kg,剪毛量 2.03 kg,净毛率 57.8%;成年母羊体重 45.8 kg,剪毛量 1.88 kg,净毛率 68.9%。成年羯羊屠宰率为 47.6%,1.5 岁羯羊为 46.4%。产羔率 102%。

哈萨克羊体大结实,耐寒耐粗饲,生活力强,善于爬山越岭,适于高山草原放牧,具有较高的产肉性能。

4. 和田羊

【产地】主产于新疆南疆的和田地区。

【外貌特征】体格较小,体躯窄,四肢高而直。头部清秀,鼻梁隆起,耳大下垂,公羊大多有螺旋形大角,母羊大多无角。胸深而窄,肋骨不够开张。四肢细长,多数为体白而头肢杂色,被毛异质。被毛以无髓毛和两型毛为主,干死毛少(图 1-9)。

（公）　　　　　　　　　　　　　　　（母）

图 1-9　和田羊

【生产性能】成年公羊体重 38.95 kg,成年母羊 33.76 kg;成年公羊剪毛量 1.62 kg,母羊 1.22 kg。毛辫长 11.35～17.97 cm,净毛率 78.52%。屠宰率为 37.2%～42.0%。产羔率为 102%。

和田羊对荒漠、半荒漠草原的生态环境及低营养水平的饲养条件,具有较强的适应性。所产毛是纺制地毯和提花毛毯的优质原料。

(四)肉用羊品种

1. 小尾寒羊

【产地】原产于鲁豫苏皖四省交界地区,主要分布在山东省菏泽地区和河北省境内。

【外貌特征】体格高大,鼻梁隆起,耳大下垂,四肢较高、健壮。公羊有螺旋形大角,母羊有小角或无角。公羊前胸较深,鬐甲高,背腰平直。母羊体躯略呈扁形,乳房较大,被毛多为白色,少数个体头、四肢部有黑、褐色斑。被毛异质(图1-10)。

（公）　　　　　　　　　　　　　　　　（母）

图1-10　小尾寒羊

【生产性能】周岁公羊体重(60.83±14.6)kg,屠宰率55.6%;周岁母羊(41.33±7.85)kg。成年公羊体重(94.15±23.33)kg,成年母羊(48.75±10.77)kg;6月龄公羔体重达38.17kg,母羔37.75kg。

该品种羊生长发育快,性成熟早,母羊5～6月龄开始发情,常年发情,经产母羊产羔率达270%,居我国绵羊品种之首,是世界上著名的高繁殖力绵羊品种之一。

20世纪80年代以来,小尾寒羊被推广到许多省、区用于羊肉生产。

2. 阿勒泰羊

它又称阿勒泰肥臀羊。是我国著名的肉脂兼用型羊品种。

【产地】主要分布在新疆维吾尔自治区北部阿勒泰地区。

【外貌特征】体格大,耳大下垂,公羊鼻梁隆起,具有大的螺旋形角,母羊鼻梁稍隆起,有小角或无角。胸宽深,背平直,肌肉发育良好,股部肌肉丰满,臀部发达。被毛异质,干死毛多。毛色主要为棕红色,纯黑或纯白羊较少(图1-11)。

【生产性能】成年公羊体重85.6kg,成年母羊67.4kg;1.5岁公羊体重61.1kg,1.5岁母羊52.8kg;4月龄公羔体重达38.9kg,母羔36.7kg。成年公羊剪毛量2.4kg,成年母羊剪毛量1.63kg。净毛率71.24%,屠宰率50.9%～53%,成年羯羊的臀脂平均重7.1kg,产羔率110%。

该品种羊早熟,羔羊生长速度快。肉用性能好。

（公）　　　　　　　　　　　　　　　　　（母）

图 1-11　阿勒泰羊

3.乌珠穆沁羊

它是我国著名的肉脂兼用型优良地方品种。

【产地】主要分布在内蒙古自治区,毗邻的蒙古国苏和巴特省也有分布。

【外貌特征】鼻梁微隆起,耳稍大。公羊多数有螺旋形角,少数无角,母羊多数无角。羊体格大,体质结实,体躯长深。胸宽深,肋骨拱圆,背腰宽平,后躯发育良好,尾大而厚。体躯为白色、头颈为黑色者居多,被毛异质,死毛多(图 1-12)。

（公）　　　　　　　　　　　　　　　（母）

图 1-12　乌珠穆沁羊

【生产性能】成年公羊体重 74.43 kg,成年母羊 58.41 kg。成年羯羊屠宰率 55.9%。6～7 月龄公羔体重 39.6 kg,母羔 35.9 kg。平均日增重 200～250 g。成年公羊剪毛量 1.45 kg。净毛率 70%～78%。产羔率 100.2%。

该品种羊以生长发育快,早熟,体大肉多,肉质鲜美,无膻味而著称。抗逆性强,遗传性稳定。善游牧和登山,对高寒地区、山地牧场具有良好的适应性。

4.同羊

同羊为我国著名的肉毛兼用脂尾半细毛羊,是古老的地方良种。

【产地】同羊产于陕西的渭南和咸阳地区,主要分布于陕西省渭北高原东部和中部一带。

【外貌特征】体质结实,体躯侧视呈长方形。头颈较长,鼻梁微隆,耳中等大。公羊具小弯角,母羊有小角或无角。后躯较发达,四肢坚实而较高,骨细而轻。尾大如扇,有大量脂肪沉积,全身主要部位毛色纯白,部分个体眼圈、耳、鼻端、嘴端及面部有杂色斑点,腹部多为异质粗毛和少量刺毛覆盖。被毛柔细,羔皮洁白,美观悦目(图1-13)。

（公）　　　　　　　　　　　　　（母）

图1-13　同羊

【生产性能】公羊体重60~65 kg,母羊40~46 kg。屠宰率为50%。被毛同质性好,毛长9 cm以上。成年公羊剪毛量1.4 kg,成年母羊1.2 kg。公羊羊毛细度23.6 μm,母羊为23.0 μm。平均产羔率190%以上。同羊属多胎高产类型,易饲养,生长快,肉质好,毛皮优。性成熟较早,毛质好,但产毛量低、繁殖力低。

同羊具有肉质鲜美,肥而不腻,肉味不膻,遗传性稳定和适应性强等特点,对半湿润半干旱地区具有很好的适应能力,既可舍饲,又能放牧,抗逆性颇强。

同羊将优质半细毛、羊肉、脂尾和珍贵的毛皮集于一身,这不仅在我国,在世界上也是稀有的绵羊品种,堪称世界绵羊品种资源中非常宝贵的基因库之一。

(五)羔皮羊品种

1.中国卡拉库尔羊

【产地】主要分布在新疆和内蒙古地区。中国卡拉库尔羊是以卡拉库尔羊为父系,库车羊、哈萨克羊及蒙古羊为母系,采用级进杂交方法于1982年育成的羔皮羊品种。

【外貌特征】头稍长,鼻梁隆起,耳大下垂,公羊多数有角,呈螺旋形向两侧伸展,母羊无角或有小角。胸深体宽,尻斜。四肢结实。尾肥厚,毛色主要为黑色,灰色,彩色较少,毛被颜色随年龄增长而变化,黑色的羊羔断奶后,逐渐变为黑褐色,成年时变成灰白色。灰色羊到成年时多变成浅灰色和白色。苏尔色的羊成年时变成棕白色;但头、四肢、腹部和尾端的毛色,终生保持初生时的毛色(图1-14)。

【生产性能】成年公羊体重为77.3 kg,母羊为46.3 kg。成年公羊产毛量为3.0 kg,母羊为2.0 kg。屠宰率为51.0%。该品种羊所产羔皮具有独特而美丽的轴形和卧蚕卷曲,花纹图案美观漂亮;所产羊毛是编织地毯的上等原料;所产羊肉味鲜美。

（公） （母）

图 1-14 中国卡拉库尔羊

2.湖羊

【产地】湖羊产于太湖流域,主要分布在浙江和江苏,上海市郊也有分布。

【外貌特征】头形狭长、鼻梁隆起,公、母羊均无角,体躯较长呈扁长形,肩胸较窄,背腰平直,后躯略高,全身被毛白色,四肢较细长(图 1-15)。

（公） （母）

图 1-15 湖羊

【生产性能】成年公羊体重(48.68±8.69) kg,成年母羊体重(36.49±5.26) kg。成年公羊剪毛量 1.65 kg,成年母羊 1.17 kg。净毛率 50% 左右。屠宰率 40%～50%。产羔率 228.92%。被毛异质,羔皮花纹呈波浪状,分大花、中花和小花型,以中花、小花、小中毛的羔皮质量最优。湖羊其羔羊生后 1～2 d 宰杀所获羔皮洁白光润,皮板轻柔,花纹呈波浪形,紧贴皮板,扑而不散,在国际市场上享有很高的声誉,有"软宝石"之称。

湖羊对产区的潮湿、多雨气候和常年舍饲的饲养管理方式适应性强,以生长快,成熟早,四季发情,多胎多产,所产羔皮花纹美观而著称,为我国特有的羔皮用绵羊品种,也是目前世界上少有的白色羔皮品种。

(六)裘皮羊品种

1. 滩羊

【产地】主要产于宁夏回族自治区(全书简称宁夏)贺兰山东麓的银川市附近各县,与宁夏毗邻的甘肃、内蒙古、陕西也有分布。

【外貌特征】体格中等,体质结实。鼻梁稍隆起,公羊角呈螺旋形向外伸展,母羊一般无角或有小角。背腰平直,胸较深。属脂尾羊,尾根部宽大。体躯毛色纯白,多数头部有褐、黑、黄色斑块。被毛异质,有髓毛细长柔软,无髓毛含量适中,无干死毛,毛股明显呈长毛辫状(图1-16)。

(公)   (母)

图1-16 滩羊

【生产性能】成年公羊体重47.0 kg,成年母羊35.0 kg。成年公羊剪毛量1.6~2.6 kg,成年母羊0.7~2 kg。净毛率65%左右。成年羯羊屠宰率45%,成年母羊40%。产羔率101%~103%。

二毛皮是滩羊主要产品,是羔羊生后30 d左右(一般在24~35 d)宰剥的毛皮。其特点是:毛色洁白,毛长而呈波浪形弯曲,形成美丽的花案,毛皮轻盈柔软。滩羊羔不论在胎儿期还是出生后,毛被生长速度比较快,为其他品种绵羊所不及。初生时毛股长为5.4 cm左右,生后30 d毛股长度可达8.0 cm左右。毛股长而紧实,一般有5~7个弯曲,较好的花型是串字花。制成的裘皮衣服长期穿着毛股不松散。

2. 岷县黑裘皮羊

它又称"岷县黑紫羔羊",以生产黑色二毛裘皮著称。

【产地】产于甘肃省洮河和岷江上游一带,主要分布在岷县境内洮河两岸及其毗邻县区。

【外貌特征】岷县黑裘皮羊体质细致,结构紧凑。头清秀,公羊有角,母羊多数无角,少数有小角。背平直,全身背毛黑色(图1-17)。

【生产性能】成年公羊体高56.2 cm,体长58.7 cm,体重31.1 kg;成年母羊体高54.3 cm,体长55.7 cm,体重27.5 kg;平均剪毛量0.75 kg。成年羯羊屠宰率44.2%。一年一胎,多产单羔。

（公）　　　　　　　　　　　　　　　（母）

图 1-17　岷县黑裘皮羊

岷县黑二毛皮的特点是毛长不少于 7.0 cm，毛股明显呈花穗，尖端呈环形或半环形，有 3～5 个弯曲，毛纤维全黑，光泽悦目，皮板较薄。

三、我国主要山羊品种

（一）肉用山羊品种

1. 南江黄羊

【产地】产于四川省南江县，是以努比亚山羊、成都麻羊、金堂黑山羊为父本，南江县本地山羊为母本，采用复杂育成杂交方法培育而成的肉用山羊品种。1998 年 4 月，农业部正式命名为"南江黄羊"。

【外貌特征】体格高大，背腰平直，后躯丰满，体躯近似圆筒形，被毛呈黄褐色，但颜面毛色黄黑，鼻梁两侧有一对称黄白色条纹，从头顶沿背脊至尾根有一条宽窄不等的黑色毛带。公母羊大多有角，头型较大，颈部较粗，四肢粗壮（图 1-18）。

（公）　　　　　　　　　　　　　　　（母）

图 1-18　南江黄羊

【生产性能】成年公羊体重为 66.87 kg,成年母羊 45.64 kg,屠宰率 55.65%。12 月龄公羊体重 37.61 kg,12 月龄母羊体重 30.53 kg,屠宰率 49%。最佳适宜屠宰期为 8～10 月龄。平均产羔率为 194.62%,经产母羊产羔率为 205.42%。体格大,肉用性能好(表 1-1)。

表 1-1　南江黄羊肉用性能

月龄	宰前活重/kg	胴体重/kg	净肉重/kg	屠宰率/%	净肉率/%
6	21.5	11.89	7.09	47.01	73.01
8	22.74	14.67	7.74	46.45	73.50
10	24.94	16.31	8.39	45.86	73.60
12	30.78	18.70	11.13	49.00	73.95

该品种羊具有生长发育快,性成熟早,常年发情,适应性及抗病力强,产肉力高,板皮品质好等特性。现已推广到福建、浙江、湖南、湖北、江苏、山东等 18 个省(区),杂交改良效果显著。

2.马头山羊

【产地】产于湖南、湖北西部山区。陕西、河南、四川等省也有分布。马头山羊是我国优良的地方肉用山羊品种。

【外貌特征】体质结实,结构匀称,体躯呈长方形,头大小适中,公、母羊均无角,两耳向前略下垂,前胸发达,背腰平直,后躯发育良好;被毛以白色为主,次为黑色、麻色、杂色,毛短而粗。

【生产性能】成年公羊体重 43.8 kg,成年母羊体重 33.7 kg,羯羊体重 47.4 kg。早期生长快,肥育性能好。12 月龄羯羊体重可达成年羯羊的 73%。2 月龄断奶羯羔在放牧加补饲条件下至 7 月龄体重可达 23.3 kg,胴体重 10.52 kg,屠宰率为 52.34%;在放牧条件下,成年羯羊屠宰率为 62.61%。产羔率为 190%～200%。

马头山羊肉质好,膻味小,性成熟早,常年发情,所产板皮张幅大,洁白,弹性好。另外,一张皮可烫退毛 0.3～0.5 kg,是制毛笔、毛刷的好原料。

3.成都麻羊

【产地】产于四川成都、温江等地。

【外貌特征】公羊前驱发达,体型呈长方形,母羊后躯深广,背腰平直。公、母羊多有角、有髯,结构匀称,被毛短呈棕黄色,犹如赤铜,而毛尖呈黑色,视觉略有黑麻的感觉,故称麻羊。一般腹部比体躯毛色浅,体躯上有两条异色毛带,两条毛带在鬐甲部交叉,构成十字。乳房发育良好,乳头大小适中。

【生产性能】成年公羊体重 43.0 kg,母羊 32.6 kg;周岁公羊体重 36.79 kg,周岁母羊 23.14 kg。成年羯羊屠宰率 54%,净肉率 38%。羊肉品质好,肉色红润,脂肪分布均匀。母羊产奶性能较高,泌乳期 5～8 个月,泌乳量 150～250 kg,乳脂率 6% 以上。平均产羔率为 205.91%。

成都麻羊性成熟早,常年发情,母羊一般 3～4 月龄开始发情,8～10 月龄初配,繁殖率高,遗传性强。所产肉、乳、皮板品质都较好,板皮幅面大,质地致密,强度大,弹性好,是高级皮革的良好原料。成都麻羊是我国的优良地方品种,进一步加强选育,可以提高产肉和产乳性能。

(二)绒用山羊品种

1.辽宁绒山羊

【产地】产于辽东半岛,主要分布于辽宁省。

【外貌特征】体质结实,结构匀称。公、母羊均有角,额顶有自然弯曲并带丝光的绺毛,颌下有髯,颈宽厚,背平直,后躯发达,呈倒三角形状。四肢较短。被毛白色,具有丝光光泽,外层为粗毛,内层为绒毛(图1-19)。

(公)   (母)

图1-19 辽宁绒山羊

【生产性能】成年公羊体重53.5 kg,成年母羊44 kg。每年清明前后抓绒一次,成年公羊产绒量540 g,最高1.375 kg,粗毛产量700 g;成年母羊产绒量470 g,最高1.025 kg,粗毛产量500 g。山羊绒自然长度5.5 cm,伸直长度8~9 cm,细度16.5~17.3 μm。净绒率70%以上,屠宰率50%左右,产羔率118%。

辽宁绒山羊具有产绒量高,绒毛品质好,遗传力强,耐粗饲,适应性强等特点,不仅是我国优良的地方绒用山羊品种,而且在世界白绒山羊中也是高产品种。今后在加强选育的基础上,进一步改善绒毛的细度,以提高绒毛产量及品质。

2.内蒙古绒山羊

【产地】原产于内蒙古自治区。是在内蒙古山羊优良类型的基础上,经过长期自然选择和人工选育而成的绒肉兼用型品种。1988年,内蒙古自治区正式命名它为"内蒙古绒山羊"。

【外貌特征】该品种公、母羊均有角,头中等大小,鼻梁微凹,耳大向两侧半下垂。体躯较长、紧凑,体型近似方形,后躯略高,背腰平直,尻略斜,四肢粗壮结实。全身被毛白色,分为长细毛型和短粗毛型,以短粗毛型的产绒量为高(图1-20)。

(公)   (母)

图1-20 内蒙古绒山羊

【生产性能】成年公羊体重45～52 kg,成年母羊30～45 kg。成年公羊产绒量400 g,成年母羊360 g。成年公羊粗毛产量350 g,成年母羊300 g。绒毛长度5.0～6.5 cm,细度14.2～15.6 μm,强度4.24～5.45 g。净绒率72.01%。多产单羔,产羔率100%～105%。屠宰率40%～50%。

内蒙古绒山羊遗传性稳定,抗逆性强,耐粗饲,抗病力强,对半荒漠草原的干旱、寒冷气候具有较强的适应性。其羊绒细而洁白,光泽好,手感柔软而富有弹性,综合品质优良,在国际市场上享有很高的声誉。

(三)乳用山羊品种

1. 关中奶山羊

【产地】原产于陕西的渭河平原(关中盆地)。主要分布在关中地区。

【外貌特征】关中奶山羊体质结实,乳用型明显,头长额宽,眼大耳长,鼻直嘴齐,母羊颈长,胸宽,背腰平直,腹大不下垂,尻部宽长,有适度的倾斜。乳房大,多呈方圆形,质地柔软,乳头大小适中。公羊头大颈粗,胸部宽深,腹部紧凑,外形雄伟,睾丸发育良好。公、母羊四肢结实,肢势端正,毛短色白(图1-21)。

(公)   (母)

图1-21 关中奶山羊

【生产性能】成年公羊体高在82 cm以上,成年母羊69 cm以上。成年公羊体重78.6 kg,成年母羊44.7 kg。一般饲养管理条件下,300 d的产奶量:一胎651.8 kg,二胎703.7 kg,三胎735.5 kg,四胎以上为690.95 kg。含脂率3.8%～4.3%。一胎产羔率平均为130%,二胎以上平均为174%。母羊初情期在4～5月龄,初配年龄8～10月龄。

2. 崂山奶山羊

【产地】产于山东省青岛市崂山区一带,主要分布于胶东半岛。是20世纪初由萨能山羊与本地山羊杂交选育而成的地方良种。

【外貌特征】公、母羊大多数无角,体质结实,结构紧凑而匀称。毛色纯白,毛细短,皮肤呈粉红色,富有弹性,成年羊的鼻、耳及乳房的部位多有大小不等的淡黑色皮肤斑点。头长额宽,鼻直、眼大、嘴齐,耳薄且较长,向前外方伸展。公羊颈粗壮,母羊颈薄长,胸部宽广,肋骨开张良好,背腰平直,尻略下斜,四肢端正,蹄质结实。母羊具有楔形体型,乳房发达,乳头大小适中。

【生产性能】成年公羊体重 80.14 kg,体高 80～88 cm;成年母羊体重 49.58 kg,体高 68～74 cm。母羊泌乳期 7～8 个月,一胎平均产奶量 400 kg 以上,二胎平均 550 kg 以上,三胎 700 kg 以上,以后逐步降低。母羊性成熟早,出生后 3～4 月龄、体重 20 kg 左右开始发情,每年的 8 月下旬到翌年 1 月底发情,发情旺季在 9～10 月份。羔羊 8 月龄、体重达 30 kg 以上时,即可初配。母羊一胎产羔率为 129.4%,二胎产羔率为 168.4%,三胎可达 203.4%,平均产羔率为 180%。产双羔的占 52.9%,产三羔的占 13.4%。

崂山奶山羊具有生长发育快,适应性强,乳用型好,乳房质地好,产奶量高等特点。

(四)毛皮用山羊品种

1.济宁青山羊

它又称山东青山羊。为羔皮羊品种。

【产地】原产于山东省的菏泽和济宁两地,现已推广到东北、西北、华南等十余个地区。

【外貌特征】体格小,结构匀称,公羊额部有卷毛,颌下有髯。公、母羊均有角,被毛由黑白两色组成,因黑白色比例不同有正青色、铁青色和粉青色。外形特征“四青(背、唇、角、蹄)一黑(前膝)”。按照被毛的长短和粗细分为长细毛、短细毛、长粗毛和短粗毛四种类型。其中长细毛和短细毛类型的羊所产羔皮的质量最好。

【生产性能】公羊体高 50～60 cm,母羊体高 50 cm;公羊体重 30 kg,母羊体重 26 kg。成年公羊产毛 300 g 左右,产绒 50～150 g;成年母羊产毛 200 g,产绒 25～50 g。成年公羊粗毛产量 230～330 g,成年母羊 150～250 g。产绒量 30～100 g。成年羯羊屠宰率为 57%,母羊为 52%。母羊 6 月龄初配,母羊常年发情,一年可产两胎或两年产三胎,一胎多羔,产羔率为 293.65%。

青山羊具有生长快,成熟早,繁殖力强的特点,所产“猾子皮”有独特毛色和美丽的花形,花形有波浪花、流水花、片花、隐花和平毛等多种类型,以波浪花最为美观。皮板轻,是制作翻毛外衣、皮帽、皮领的优质原料。

2.中卫山羊

它又名沙毛山羊。为裘皮羊品种。

【产地】产于宁夏中卫及甘肃、内蒙古部分地区,分布在宁夏地区和甘肃省的靖远等县。

【外貌特征】被毛白色,光泽悦目,体质结实,体格中等,结构匀称,头清秀,面部平直,额部有丛毛一束。公、母羊均有角。体躯短深,背腰平直,四肢端正(图 1-22)。

（公）　　　　　　　　　（母）

图 1-22　中卫山羊

【生产性能】成年公羊体重44.6 kg,成年母羊34.1 kg。成年公羊产绒量164~240 g,成年母羊140~190 g。羊绒细度12~14 μm。成年公羊粗毛产量400 g,成年母羊300 g。毛长15~20 cm,光泽良好。产羔率103%。屠宰率40%~45%。

中卫山羊所产二毛皮(又称沙毛皮),具有轻便、结实、保暖和不擀毡等特点。花穗清晰、美丽、呈波浪形,是世界上珍贵而独特的山羊裘皮。

(五)普通山羊

1.新疆山羊

【产地】分布在新疆地区。

【外貌特征】体质结实,背平直,前躯发育较好,后躯较差。公、母羊多有长角。被毛以白色为主,其次为黑色、褐色、灰色及杂色。北疆山羊体格较大,南疆山羊体格较小(图1-23)。

（公） （母）

图1-23 新疆山羊

【生产性能】因产区不同而品种间差异较大。哈密地区成年公羊体重为58 kg,母羊为36.8 kg,周岁公羊为30.4 kg,母羊为25.7 kg。成年公羊产绒量310 g,成年母羊为196 g。绒毛细度为14 μm。阿勒泰地区,成年公羊体重60 kg,母羊34 kg。成年公羊产绒量232 g,成年母羊为178.7 g。净绒率75%以上。细度13.8~14.4 μm。成年羯羊屠宰率41.3%。日平均泌乳500 g左右。产羔率为116%~120%。

2.西藏山羊

【产地】产于青藏高原,分布在西藏、青海、四川及甘肃等地。

【外貌特征】体格较小,体质结实,背腰平直,前胸发达,胸部宽深,结构匀称。公、母羊均有角,有额毛和髯。被毛颜色较杂,纯白者很少,多为黑色、青色以及头肢花色(图1-24)。

【生产性能】成年公羊体重23.95 kg,成年母羊21.56 kg。成年公羊产绒量211.8 g,成年母羊183.8 g。细度为14~15.7 μm。净绒率为28%~37.2%。羊绒品质好。成年公羊粗毛产量418.3 g,成年母羊339 g。成年羯羊屠宰率48.31%~51%。年产一胎,多在秋季配种,产羔率110%~135%。西藏山羊是高原、高寒地区的一个古老品种,对高寒牧区的生态环境有较强的适应能力。

（公）　　　　　　　　　　　　　　　（母）

图 1-24　西藏山羊

3.黄淮山羊

它又称槐山羊,安徽白山羊,徐淮白山羊。

【产地】产于河南、安徽及江苏三省接壤地区,主要分布在河南、安徽,江苏的徐州地区也有分布。

【外貌特征】鼻梁平直,面部微凹,颌下有髯。被毛白色,毛短有丝光,绒毛很少。分有角和无角两个型,有角公羊角粗大,母羊角细小。胸较深,背腰平直,体型呈筒形。母羊乳房发育良好(图 1-25)。

（公）　　　　　　　　　　　　　　　（母）

图 1-25　黄淮山羊

【生产性能】成年公羊平均体重 34 kg,成年母羊平均体重为 26 kg。成年羯羊屠宰率为46％。性成熟早,初配年龄一般为 4～5 月龄。母羊常年发情,一年产两胎或两年产三胎,产羔率平均为 227％～239％。所产板皮呈蜡黄色,拉力强而柔软,韧性大,油润光亮,弹性好,是优良的制革原料。

黄淮山羊具有性成熟早、生长发育快、板皮品质优良、繁殖率高等特性。

4.建昌黑山羊

【产地】产于云贵高原与青藏高原之间的横断山脉延伸地带,分布在四川省的部分地区。

【外貌特征】体格中等,体躯匀称,略呈长方形。公母羊大多数有角。毛被光泽好,大多为黑色,少数为白色、黄色和杂色,毛被内层生长有短而稀的绒毛(图1-26)。

(公)　　　　　　　　　　　　　(母)

图 1-26　建昌黑山羊

【生产性能】成年公羊体重 31 kg,体长 60.6 cm,体高 57.7 cm;成年母羊体重为 28.9 kg,体长 58.9 cm,体高 56.0 cm。成年羯羊屠宰率 51.4%,净肉率 38.2%。性成熟早,产羔率平均 116.0%。所产板皮幅张大,富于弹性,是制革的好原料。

任务二　国外主要绵、山羊品种

一、国外主要绵羊品种

(一)细毛羊品种

1.澳洲美利奴羊

【产地】原产于澳大利亚,是世界上最著名的细毛羊品种。从 1788 年开始,经过 100 多年有计划的育种工作和闭锁繁育,培育而成。

【外貌特征】澳洲美利奴羊体型近似长方形,腿短,体宽,背部平直,后躯肌肉丰满,公羊颈部有 1～3 个发育完全或不完全的横皱褶,母羊有发达的纵皱褶。羊毛覆盖头部至两眼连线,前肢至腕关节或以下,后肢至飞节或以下。毛被、毛丛结构良好,毛密度大,细度均匀,油汗白色,弯曲均匀、整齐而明显,光泽良好(图1-27)。

超细型(公)

图 1-27　澳洲美利奴羊

【生产性能】根据体重、羊毛长度和细度等指标的不同,澳洲美利奴羊分为超细型、细毛型、中毛型和强毛型四种类型(表1-2)。在中毛型和强毛型中又分无角系和有角系两种。

表1-2 不同类型澳洲美利奴羊的生产性能

类型	成年羊体重/kg		成年羊剪毛量/kg		羊毛细度 /支	羊毛长度 /cm	净毛率 /%
	公	母	公	母			
超细型	50～60	32～38	7.0～8.0	3.4～4.5	70～80	7.0～7.5	65～70
细毛型	60～70	33～40	7.5～8.5	4.5～5.0	64～70	7.5～8.5	63～80
中毛型	70～90	40～45	8.0～12.0	5.0～6.5	64	8.5～10.0	65
强毛型	80～100	43～68	9.0～14.0	5.0～8.0	58～60	8.8～15.2	60～65

20世纪70年代以来,我国先后多次引进澳洲美利奴羊,用于新疆细毛羊、东北细毛羊、内蒙古细毛羊品种的导入杂交和中国美利奴羊的杂交育种工作,对于改进我国细毛羊的羊毛品质和提高净毛产量,起到了重要的作用,取得了良好的效果。

2. 波尔华斯羊

【产地】原产于澳大利亚维多利亚州的西部地区。从1880年开始,用林肯公羊与澳洲美利奴母羊杂交,杂交一代母羊再与澳洲美利奴公羊回交,从杂交二代羊中选择优秀公、母羊进行横交固定而育成。属于毛肉兼用型细毛羊品种。

【外貌特征】体质结实,结构匀称,背腰宽平,体型外貌近似美利奴羊,公母羊均无角,全身无皱褶,羊毛覆盖头部至两眼连线,腹毛着生良好。被毛呈毛丛结构,毛丛有大、中弯曲,油汗为白色或乳白色(图1-28)。

图1-28 波尔华斯羊(公)

【生产性能】成年公羊剪毛后体重56～77 kg,成年母羊45～56 kg。成年公羊剪毛量5.5～9.5 kg,成年母羊3.6～5.5 kg。毛长10～15 cm。细度58～60支。弯曲均匀,羊毛匀度良好。净毛率65%～70%。母羊泌乳性能好。产羔率为140%～160%。

20世纪60年代,我国先后从澳大利亚引入波尔华斯羊,主要饲养在吉林、新疆、内蒙古等地,对我国绵羊的改良育种起了积极的作用。

3. 高加索细毛羊

【产地】产于苏联斯达夫洛波地区。是用美国兰布列公羊与新高加索母羊杂交育成,属于毛肉兼用型品种。

【外貌特征】该品种羊具有良好的外形,结实的体质,体格较大,体躯长,胸宽,背平,鬐甲略高。颈部有1～3个发育良好的横皱褶,头部及四肢羊毛覆盖良好,被毛呈毛丛结构,毛密,弯曲正常。油汗呈黄色或淡黄色。

【生产性能】成年公羊体重为90～100 kg,成年母羊为50～55 kg;成年公羊剪毛量为12～14 kg,成年母羊为6.0～6.5 kg。公羊毛长8～9 cm,母羊7～8 cm。细度64支,净毛率40%～42%,经产母羊产羔率为120%～140%。

高加索细毛羊在新中国成立以前就输入我国，是改造我国粗毛羊较为理想的细毛羊品种之一。

4. 苏联美利奴羊

【产地】产于苏联罗斯托夫省。由兰布列、阿斯卡尼、高加索、斯塔夫洛波尔和阿尔泰等品种公羊改良新高加索和马扎也夫美利奴母羊培育而成。

【外貌特征】头大小适中，公羊有螺旋形角，颈部有1～2个横皱褶；母羊多数无角。体躯长，胸部宽深，背腰平直，肢势端正。细毛着生稍过两眼连线，前肢至腕关节或以下，后肢至飞节或以下，腹毛浓密，呈毛丛结构，毛被闭合性良好，密度中上等（图1-29）。

（公）　　　　　　　　　　　　（母）

图 1-29　苏联美利奴羊

【生产性能】该品种羊有毛用型和毛肉兼用型两种类型，分布最广的是毛肉兼用型，该类型成年公羊体重100～110 kg，成年母羊55～58 kg。成年公羊剪毛量16～18 kg，成年母羊为6.5～7.0 kg。公羊毛长8.5～9.0 cm，母羊为8.0～8.5 cm。净毛率38%～40%。

20世纪50年代起，苏联美利奴羊输入我国，在许多地区适应性良好，改良粗毛羊效果比较显著，是内蒙古细毛羊和敖汉细毛羊新品种的主要父系之一。

5. 考摩羊

【产地】原产于澳大利亚塔斯马尼亚岛。用考力代公羊和超细型美利奴母羊杂交，后代经过严格选择，在不改变羊毛细度21～23 μm（64支）的前提下，提高了净毛量、体重和繁殖力。

【外貌特征】体格大而丰满，体质结实，胸部宽深，颈部皱褶不太明显，四肢端正。被毛呈闭合型，羊毛结实柔软，光泽好。

【生产性能】成年公羊体重90 kg以上，成年母羊50 kg以上；剪毛量成年公羊7.5 kg，母羊4.5～5.0 kg。羊毛品质好，毛长9～12 cm，细度64支，净毛率高，在国际市场上被称为"多尼考摩"，比其他细羊毛价格高。母羊母性好，繁殖力高，早熟性强。

20世纪70年代末，我国从澳大利亚引进考摩羊，除用于纯种繁育外，对改良当地绵羊取得了良好的效果。

(二)半细毛羊品种

1.茨盖羊

【产地】原产于巴尔干半岛和小亚细亚,现在主要分布于罗马尼亚、保加利亚、匈牙利、蒙古、俄罗斯、乌克兰等国。是毛肉兼用型半细毛羊品种。

【外貌特征】体格较大,公羊有螺旋形的角,母羊无角或只有角痕,胸深,背腰较宽直,成年羊皮肤无皱褶,被毛覆盖头部至眼线,前肢达腕关节,后肢达飞节。毛色纯白,但少数个体在脸部、耳及四肢有褐色或黑色的斑点(图 1-30)。

（公）　　　　　　　　　　　　　　　　（母）

图 1-30　茨盖羊

【生产性能】成年公羊平均体重 80~90 kg,成年母羊 50~55 kg。成年公羊剪毛量 6~8 kg,成年母羊 3.5~4 kg。毛长 8~9 cm,细度 46~56 支。净毛率 50％左右。产羔率 115％~120％。屠宰率 50％~55％。

20 世纪 50 年代起,我国从苏联引入,饲养在内蒙古、青海、甘肃、四川和西藏等省(区),50多年的饲养实践证明,茨盖羊体质结实,耐苦性强,耐粗放的饲养管理,对我国多种生态条件都表现出良好的适应性。该品种羊是青海高原半细毛羊、内蒙古半细毛羊新品种的主要父系品种之一。

2.边区莱斯特羊

【产地】原产于英国。是 19 世纪中叶,在英国北部苏格兰,用莱斯特羊与山地雪维特品种母羊杂交培育而成,1860 年为了与莱斯特羊相区别,称为"边区莱斯特羊"。属肉毛兼用型半细毛羊长毛种。

【外貌特征】体质结实,体型结构良好,体躯长,背宽平,公、母羊均无角,鼻梁隆起,两耳竖立,头部及四肢无羊毛覆盖(图 1-31)。

【生产性能】成年公羊体重 90~140 kg,成年母羊 60~80 kg。成年公羊剪毛量 5~9 kg,成年母羊 3~5 kg。净毛率 65％~68％。毛长 20~25 cm,细度 44~48 支。产羔率 150％~200％。该品种羊早熟性及胴体品质好,4~5 月龄羔羊的胴体重 20~22 kg。

20 世纪 60 年代起,我国先后从英国和澳大利亚引进该品种羊,饲养在四川、云南等气候温和地区,适应性良好,而对内蒙古、青海等高寒地区则适应性差。该品种羊是培育云南半细

（公） （母）

图 1-31 边区莱斯特羊

毛羊的主要父本之一,也是各省(区)进行羊肉生产杂交组合中重要的参与品种。

3. 罗姆尼羊

【产地】原产于英国东南部的肯特郡,又称肯特羊。用莱斯特公羊改良当地旧型罗姆尼羊,经过长期选育而成。属于肉毛兼用半细毛羊长毛种。在许多国家均有饲养,其中以新西兰饲养和繁育罗姆尼羊数量最多。

【外貌特征】英国罗姆尼羊四肢较高,体躯长而宽,后躯比较发达,头型略显狭长,头、肢被毛覆盖较差,体质结实,骨骼坚强,放牧游走和采食能力强。新西兰罗姆尼羊肉用体型好,四肢矮短,背腰平直,体躯长,头、肢被毛覆盖良好,但放牧游走能力差(图 1-32)。

图 1-32 罗姆尼羊(公)

【生产性能】英国罗姆尼羊体格较大,早熟,成年公羊体重 90～100 kg,母羊 60～80 kg;成羊公羊剪毛量 6.0～8.0 kg,母羊 3.0～4.0 kg。净毛率 60%～65%,毛长 11～15 cm,细度 48～50 支。4 月龄公羔体重达 22.4 kg,母羔 20.6 kg。产羔率为 120%。

新西兰罗姆尼成年公羊体重 77.5 kg,母羊 43.0 kg。羊毛长度 13～18 cm,细度 44～48 支。成年公羊剪毛量 6.0～7.0 kg,母羊 4.0 kg。净毛率 58%～60%。产羔率 106%。

20 世纪 60 年代起,我国先后从英国、新西兰和澳大利亚引进三种不同系的罗姆尼羊,分别饲养在青海、内蒙古、甘肃、山东、江苏、四川、河北、云南、安徽等省(区),经过多年的饲养实践,该品种羊对我国北方和西北高寒地区放牧饲养条件适应性差,而在气候温和的东南和西南地区则适应性较好。罗姆尼羊是育成青海半细毛羊的主要父本之一。

4.林肯羊

【产地】原产于英国东部的林肯郡,曾经广泛分布在世界各地。1750 年开始用莱斯特公羊改良当地的旧型林肯羊,经过长期的选种选育,于 1862 年育成。属于肉毛兼用半细毛羊长毛种。

【外貌特征】体质结实,体躯高大,结构匀称,头较长,颈短,前额有绺毛下垂,背腰平直,腰臀宽广,肋骨弓张良好,四肢较短而端正,脸、耳及四肢为白色,但偶尔出现小黑点,公、母羊均无角。毛被呈辫形结构,有大波浪形弯曲和明显的丝样光泽,大弯曲,匀度及油汗正常,腹毛良好(图 1-33)。

图 1-33 林肯羊(公)

【生产性能】成年公羊平均体重 73～93 kg,成年母羊为 55～70 kg。成年公羊剪毛量 8～10 kg,成年母羊 5.5～6.5 kg,净毛率 60%～65%。毛长 17.5～20.0 cm,细度 36～40 支。4 月龄公羔胴体重 22.0 kg,母羔 20.5 kg。产羔率 120%左右。

20 世纪 60 年代起,我国先后从英国和澳大利亚引入该品种,经过饲养实践,在江苏、云南等省繁育效果比较好,而在我国北方适应性较差,但在云南等气候温和饲料丰富的地区较适应。该品种羊是培育云南半细毛羊、内蒙古半细毛羊的主要父本之一。

5.考力代羊

【产地】原产于新西兰。是用英国长毛品种林肯公羊与美利奴母羊杂交而成(1874 年)。澳大利亚利用美利奴公羊与林肯母羊杂交培育出澳大利亚考力代品种(1882 年)。是肉毛兼用半细毛羊品种,能生产优质半细毛和羊肉。

【外貌特征】公、母羊均无角,头宽而小,颈短而宽,头毛覆盖额部。背腰宽平,肌肉丰满,后躯发育良好,全身被毛及四肢毛覆盖良好,体型似长方形。全身被毛白色,四肢、头偶尔有黑色斑点(图 1-34)。

(公)

(母)

图 1-34 考力代羊

【生产性能】成年公羊体重 100～115 kg,母羊 60～65 kg。成年公羊剪毛量 10～12 kg,母羊 5.0～6.0 cm。毛长 12～14 cm。细度 50～56 支。净毛率为 60%～65%。产羔率 125%～130%。考力代羊早熟性好,4 月龄羔羊体重可达 35～40 kg。

20 世纪 40 年代末,我国从新西兰和澳大利亚引入相当数量考力代羊,在我国东部沿海各省、东北和西南等省的适应性较好。该品种羊是培育东北细毛羊、贵州半细毛羊等品种的主要父本之一。

(三)肉用羊品种

1. 无角陶赛特羊

【产地】原产于澳大利亚和新西兰。是以考力代羊为父本,雷兰羊和英国有角陶赛特羊为母本进行杂交,杂种后代羊再与有角陶赛特公羊回交,选择所生的无角后代培育而成。属肉用型羊。

【外貌特征】体质结实,公、母羊均无角,颈粗短,胸宽深,背腰平直,体躯长、宽而深,肋骨开张良好,体躯呈圆筒状,四肢粗壮,后躯丰满,肉用体型明显。被毛白色,同质,具有生长发育快、易肥育、肌肉发育良好、瘦肉率高的特点(图 1-35)。

图 1-35　无角陶赛特羊(公)

【生产性能】成年公羊体重 90～110 kg,成年母羊为 65～75 kg,毛长 7.5～10 cm,剪毛量 2～3 kg。净毛率 55%～60%。细度 56～58 支。产肉性能高,胴体品质好。2 月龄公羔平均日增重 392 g,母羔 340 g。经过肥育的 4 月龄公羔胴体重为 22 kg,母羔为 19.7 kg。屠宰率 50% 以上。产羔率 110%～140%,高者达 170%。

该品种羊具有生长发育快,早熟,产羔率高,母性强,常年发情配种,适应性强,遗传力强等特点是理想的肉羊生产的终端父本之一。20 世纪 80 年代以来,我国先后从澳大利亚引进无角陶赛特羊,适应性较好,在进行纯种繁殖外,还用来与蒙古羊、哈萨克羊和小尾寒羊杂交,杂种后代产肉性能得到显著提高,改良效果良好。

2. 夏洛莱羊

【产地】原产于法国夏洛莱地区。1800 年以后,以英国莱斯特羊、南丘羊为父本,与当地的兰德瑞斯羊细毛羊为母本杂交培育,形成一个体型外貌比较一致的品种类型。该品种在美国、德国、瑞士等国都有饲养,是一个繁殖率高、肉用性能良好的肉羊品种。

【外貌特征】公、母羊均无角,头部无毛,胸宽而深,肋部拱圆,背部肌肉发达,体躯呈圆筒状,后躯宽大,两后肢距离大,肌肉发达,呈"U"字形,四肢较短,肉用体型良好。被毛同质、白色(图 1-36)。

【生产性能】成年公羊体重为 110～150 kg,成年母羊 80～100 kg;周岁公羊体重为 70～90 kg,周岁母羊 50～70 kg。毛长 4～7 cm。细度 50～58 支。成年公羊剪毛量 3～4 kg,成年母羊 1.5～2.2 kg。羔羊生长发育快,经肥育的 4 月龄羔羊体重为 35～45 kg;6 月龄公羔体重 48～53 kg,母羔 38～43 kg。4～6 月龄羔羊的胴体重为 20～23 kg。屠宰率在 55%以上。胴体质量好,瘦肉多,脂肪少。产羔率高,经产母羊为182.37%,初产母羊为 135.32%。母羊为季节性发情。

图 1-36 夏洛莱羊(公)

20 世纪 80 年代以来,内蒙古、河北、河南、青海等省(区),先后数批引入夏洛莱羊。根据饲养观察,该品种羊具有早熟、耐粗饲、采食能力强,易于适应变化的饲养条件,对于寒冷潮湿或干热气候均表现较好的适应性。

3. 萨福克羊

有黑头萨福克羊和白头萨福克羊两种(图 1-37)。

白头萨福克羊（公）

黑头萨福克羊（公）

图 1-37 萨福克羊

(1)黑头萨福克羊

【产地】原产于英国。以南丘羊为父本,以当地体大、瘦肉率高的黑头有角的洛尔福克羊为母本杂交,于 1859 年培育而成。

【外貌特征】体格较大,骨骼坚强,头较长,无角,耳长,胸宽,背腰和臀部长宽而平,肌肉丰满,后躯发育良好被毛白色,头和四肢为黑色,并且无羊毛覆盖。

【生产性能】成年公羊体重 90～120 kg,成年母羊 80～90 kg。成年公羊剪毛量 5～6 kg,成年母羊 2.5～3.0 kg。毛长 8.0～9.0 cm,细度 50～58 支。产羔率 141.7％～157.7％。萨福克羊的特点是早熟,生长发育快,产肉性能好,4 月龄公羔体重可达 56 kg 以上。经肥育的 4 月龄公羔胴体重 24.2 kg,母羔为 19.7 kg,瘦肉率高。

萨福克羊是生产优质羔羊肉的理想品种。我国从 20 世纪 70 年代起先后从澳大利亚引进,主要分布在内蒙古和新疆等省(区),适合于放牧肥育,且杂交改良效果较好,适应性强,耐粗饲,抗病力强。该品种羊作为生产肉羊的终端父本或三元杂交终端父本。

(2)白头萨福克羊

【产地】是澳大利亚近年培育的肉羊新品种,是英国萨福克羊的改进型,是在原有基础上导入白头和多产基因培育而成。具有优良的产肉性能。

【外貌特征】体格大,颈长而粗,胸宽而深,背腰平直,后躯发育丰满,呈筒形,公、母羊均无角。四肢粗壮,被毛白色。

【生产性能】成年公羊体重为 110～150 kg,成年母羊 70～100 kg,4 月龄羔羊 56～58 kg,繁殖率 175％～210％。

该品种羊早熟,生长快,肉质好,繁殖率高,适应性强。辽宁省于 2000 年引入该品种原种羊,母羊初产繁殖率高达 173.7％。羔羊发育良好,表现出了良好的适应性,是较有发展前途的优良肉用品种羊。

4.特克赛尔羊

【产地】原产于荷兰。19 世纪中叶,由当地沿海低湿地区的晚熟但毛质好的马尔盛夫羊同林肯羊和莱斯特公羊杂交培育而成。是被毛同质的肉用型品种。

【外貌特征】体格大,体质结实,体躯较长,呈圆筒状,颈粗短,前胸宽,背腰平直,肋骨开张良好,后躯丰满,四肢粗壮。公、母羊均无角,眼大突出,鼻镜、眼圈部位皮肤为黑色,蹄质为黑色。全身被毛白色同质(图 1-38)。

(公)

(母)

图 1-38　特克赛尔羊

【生产性能】成年公羊体重 115～140 kg,成年母羊 75～90 kg。平均产毛量 3.5～4.5 kg,毛长 10～15 cm,细度 46～56 支。羔羊生长快,4～5 月龄羔羊体重可达 40～50 kg,6～7 月龄时达 50～60 kg。屠宰率 55％～60％,瘦肉率高。眼肌面积大,较其他肉羊品种高 7％以上。

母羊泌乳性能良好,产羔率150%~160%。

该品种羊产肉和产毛性能好,肌肉发育良好,瘦肉多,适应性强。具有多胎、早熟、羔羊生长迅速、母羊繁殖力强等特点。现已被引入法国、德国、英国、比利时、美国、澳大利亚、新西兰和非洲国家和地区,被用于肥羔生产。

20世纪90年代中期,我国黑龙江省大山种羊场引进该品种公羊10只、母羊50只,进行纯种繁育。其中14月龄公羊平均体重100.2 kg,母羊73.28 kg。20多只母羊产羔率200%。30~70日龄羔羊日增重330~425 g。母羊平均剪毛量5.5 kg。目前,特克赛尔羊已推广到山东、河南、河北等许多省区饲养,适应性和生产性能表现良好。

5.德国肉用美利奴羊

【产地】原产于德国。是用法国的泊列考斯羊和由英国长毛种的莱斯特公羊与德国美利奴母羊杂交培育而成。是世界上著名的肉毛兼用型细毛羊品种。

【外貌特征】体格大,胸宽而深,背腰平直,肌肉丰满,后躯发育良好,公、母羊均无角,颈部及体躯皆无皱褶。被毛白色,毛丛结构良好,毛较长而密,弯曲明显。

【生产性能】成年公羊体重为100~140 kg,成年母羊70~80 kg。公羊剪毛量7~10 kg,成年母羊4~5 kg。公羊毛长9~11 cm,母羊7~10 cm。细度60~64支。净毛率45%~52%。羔羊生长发育快,产肉多,6月龄羔羊体重达40~45 kg。胴体重达19~22 kg。4月龄以内羔羊日增重可达300~350 kg。该品种羊繁殖力强,性成熟早,10月龄可配种,产羔率140%~175%,母羊泌乳性能好,母性强,羔羊成活率高。

20世纪50年代末和60年代初,我国引入该品种羊,分别饲养在内蒙古、山东、安徽、甘肃和辽宁等省(区)。20世纪90年代中期,又从德国大批量引进,饲养在内蒙古和黑龙江省,用于改良细毛杂种羊、粗毛羊和发展羊肉生产。该品种羊对舍饲、围栏放牧等不同饲养管理条件和对干燥气候、降水量少的地区有良好的适应能力,且耐粗饲。

6.杜泊羊

【产地】原产于南非。在1942—1950年间用从英国引进的有角陶赛特羊与当地的波斯黑头羊杂交育成的肉用绵羊品种,分为白头和黑头两种(图1-39)。该品种羊在干旱和半干旱的沙漠条件下,在非洲的各个国家甚至中非和东非的热带、半热带地区都有很好的适应性。是目前世界上公认的最好的肉用绵羊品种,被誉为南非国宝。

黑头杜泊羊(公)　　　　　　　　白头杜泊羊(公)

图1-39　杜泊羊

【外貌特征】体躯呈独特的筒形,公、母羊均无角,头上有短、暗、黑或白色的毛,体躯有短而稀的浅色毛(主要在前半部),腹部有明显的干死毛。成年羊颈粗短,肩宽厚,背平直,肋骨拱圆,前胸丰满,后躯肌肉发达,四肢强健,肉用体型好。

【生产性能】成年公羊体重 100～120 kg,成年母羊 75～90 kg;周岁公羊体重 80～85 kg,周岁母羊 60～62 kg。成年公羊产毛量 2～2.5 kg,成年母羊 1.5～2 kg。被毛多为同质细毛,细度 64 支,少数达 70 支。净毛率平均 50%～55%。羔羊生长速度快,成熟早,瘦肉多,胴体质量好,3.5～4 月龄羔羊活重达 36 kg,胴体重 18 kg 左右,肉中脂肪分布均匀,肉质细嫩、多汁、色鲜、瘦肉率高,为高品质胴体,国际上誉为"钻石级肉"。4 月龄羔羊屠宰率 51%。羔羊初生重大,达 5.5 kg,日增重可达 300 g 以上。平均产羔率达 150% 以上,母性好,产奶量多。

杜泊羊成熟早,繁殖率高,生长速度快,屠宰率高,抗病力强,身体结实,肉质丰满,皮质优良,适应性强,能适应炎热、干旱、潮湿、寒冷的多种气候条件,无论在粗放还是在集约放牧的条件下采食性能均良好,饲料调换简单,易饲养,是生产肥羔的理想肉用羊品种。目前,该品种羊已被引入到加拿大、澳大利亚、美国等国家,用于生产肉用羔羊的杂交父本。2001 年起,我国山东、河南等省区引入杜泊羊,适应性较好,除用于纯种繁育外,还与当地绵羊杂交,取得了良好的效果,杂种后代产肉性能得到显著提高。

(四)乳用羊品种——东弗里生羊

【产地】原产于荷兰和德国。是目前世界绵羊中产乳性能最好的品种。

【外貌特征】体格大,体型结构良好。公、母羊均无角,头较长,被毛白色,偶有纯黑色个体出现。体躯宽长,腰部结实,肋骨拱圆,臀部略有倾斜,尾瘦长无毛。乳头大,乳房发育良好。

【生产性能】成年公羊体重 90～120 kg,成年母羊 70～90 kg。成年公羊剪毛量 5～6 kg,成年母羊 4.5 kg 以上。成年公羊毛长 20 cm,成年母羊 16～20 cm。羊毛同质,细度 46～56 支,净毛率 60%～70%。成年母羊 260～300 d 产奶量 500～810 kg,乳脂率 6%～6.5%。产羔率 200%～230%。

东弗里生羊对温带气候条件有良好的适应性。

二、国外主要山羊品种

(一)肉用山羊品种——波尔山羊

【产地】原产于南非。自 20 世纪 20 年代起开始培育,经过数十年严格的选育,已成为世界上最受欢迎的肉用山羊品种,有"肉羊之父"的美称。目前该品种有 4 个类型:长毛型、无角型、普通型和改良型。

【外貌特征】体格大,具有强健的头,眼睛清秀,罗马鼻,耳长适中向下垂。颈粗壮,体躯长、匀称,胸宽深,肋骨开张良好,呈圆筒状,肌肉发达,后躯丰满,腿肌发达,皮肤柔软松弛,胸及颈部有较多皱褶。毛色为白色,头、耳、颈部颜色是浅红至深红色,但不超过肩部,眼棕色。母羊乳房发育良好(图1-40)。

（公）　　　　　　　　　　　　　（母）

图1-40　波尔山羊

【生产性能】公羊体长85～95 cm,母羊体长70～85 cm。公羊体高75～100 cm,母羊体高65～75 cm。成年公羊体重90～135 kg,成年母羊65～90 kg;周岁公羊体重45.2～52.3 kg,周岁母羊32.8～38.4 kg。生长发育快,肉用性能好,羊肉脂肪含量适中,胴体品质好,肉质鲜嫩多汁,色泽纯正,口感好,膻味小。产肉性能高,公羔初生重3.6～4.2 kg,母羔3.1～3.6 kg;100日龄公羔体重22.1～36.5 kg,母羔19～29 kg。羔羊胴体重平均为15.6 kg。8～10月龄屠宰率48%,周岁羊屠宰率为52%左右。早熟,母羊常年发情,6～7月龄即可初配,产羔率为180%～200%,优良个体达225%。该品种羊板皮面积大,质地致密,富有弹性,属上乘皮革原料。

波尔山羊适应于热带、亚热带、内陆、甚至半沙漠地带,性情温顺,合群性强,易于管理。既可舍饲,也可放牧,善于长距离采食。其采食范围广,丛生灌木、牧草、禾本科植物或杂草以及农作物秸秆等均可利用。现已被引入到许多国家和地区,显示出很好的肉用性能和极强的适应性。

20世纪90年代中期,我国先后从德国、澳大利亚、新西兰和南非引入波尔山羊,饲养在山东、河南、江苏、陕西、四川、北京等地,该品种羊表现为初生重大,生长快,繁殖力高,群聚性及恋仔性强,性情温和,易管理。进行纯种繁殖外,还与我国一些地方山羊杂交,后代产肉性能得到显著提高。

(二)乳用山羊品种

1.萨能山羊

【产地】原产于瑞士泊尔尼州西南部的萨能地区,是世界上著名的乳用山羊品种。

【外貌特征】体型高大,各部位轮廓清晰,结构紧凑细致,被毛白色或淡黄色。公、母羊均无角,耳长直立,母羊颈部细长,公羊颈粗而短,体躯深宽,背长而直,后躯发育良好,四肢结实。乳房发育良好,呈明显楔形体型(图1-41)。

（公）　　　　　　　　　　　　　（母）

图 1-41　萨能山羊

【生产性能】成年公羊体重 75～100 kg，成年母羊 50～65 kg。成年公羊体高 80～90 cm，成年母羊 75～78 cm。成年公羊体长 95～114 cm，成年母羊 82 cm 左右。泌乳期 8～10 个月，以产后 2～3 个月产奶量最高，年平均产奶量 600～1 200 kg，个体最高产奶量达 3 498 kg，乳脂率为 3.2％～4.0％。母羊秋季发情配种，头胎多产单羔，经产羊多为双羔或多羔，产羔率 160％～220％。

萨能山羊现已广泛分布到世界各地，具有早熟、繁殖力强、泌乳性能好等特点。20 世纪初开始引入我国，除纯种繁育以外，改良地方山羊效果显著。萨能山羊是崂山奶山羊、关中奶山羊的主要父系品种。

2. 吐根堡山羊

【产地】原产于瑞士东北部圣加仑州的吐根堡盆地。

【外貌特征】毛色呈浅或深褐色，分长毛和短毛两种类型。头部颜面两侧各有一条灰色条纹，耳呈浅灰色，沿耳根至嘴角部成一块白斑，颈部到尾部有一条白色背线，四肢下部、腹部及尾部两侧灰白色，四肢上的白色和浅色乳镜是本品种的典型特征。公母羊均有须，部分无角，有的有肉垂。骨骼结实，四肢较长，乳房大而柔软，发育良好（图 1-42）。

图 1-42　吐根堡山羊

【生产性能】成年公羊体重 60～80 kg，成年母羊 45～60 kg。成年公羊体高 80～85 cm，成年母羊 70～75 cm。泌乳期 8～10 个月，平均产奶量 600～1 200 kg，乳脂率 3.5％～4％。奶中的膻味较小。母羊常年发情，但多集中在秋季，1.5 岁初配，平均产羔率 173.4％。

吐根堡山羊体质健壮，体型略小于萨能山羊，适应性强、产奶量高，性情温顺，耐粗饲，耐炎热，抗病力强，适于舍饲或放牧。广泛分布于英国、美国、法国、奥地利、荷兰以及非洲等地，对世界各地奶山羊的改良起了重要的作用，与萨能山羊同享盛名。

吐根堡奶山羊遗传性能稳定,与地方品种杂交,能将其特有的毛色和较高的泌乳性能遗传给后代。20世纪80年代初引入我国,饲养在四川和黑龙江省。

(三)毛用山羊品种——安哥拉山羊

【产地】原产于土耳其的安哥拉地区,是一个古老的培育品种,世界各地均有分布。是世界上著名的毛用山羊品种。

【外貌特征】公、母羊均有角,全身白色,体格中等,鼻梁平直或微凹,唇端或耳缘有深色斑点,耳大下垂,颈部细短,胸狭窄,尻倾斜,骨骼细,四肢较短而端正,蹄质结实。被毛白色,同质,有丝样光泽,手感柔软滑爽,由螺旋状或波浪状毛辫组成,毛辫长可垂至地面(图1-43)。

【生产性能】成年公羊体重50~70 kg,成年母羊36~42 kg。公羊体高60~65 cm,母羊体高51~55 cm。成年公羊产毛量4.5~6 kg,成年母羊3~4 kg。净毛率为65%~85%。羊毛长度30 cm,最长可达35 cm,一年剪毛两次。细度40~60支。该品种羊生长发育慢,性成熟晚,一般1.5岁配种,年产一胎,多产单羔,平均产羔率85%~90%。

图1-43 安哥拉山羊(公)

安哥拉山羊所产的毛在国际市场上称马海毛(即阿拉伯语"非常漂亮"的意思)。毛纤维表面光滑,光泽强,具有丝光,易染色,强度大,可纺性好,是一种高档的纺织原料,主要用于纺织呢、绒、精纺织品及窗帘、沙发巾等室内装饰品和高档提花毛毯、地毯等,还可用于制作假发,与其他天然纤维、人造纤维混纺,织品具有不起皱褶、式样经久不变、光亮、经穿耐脏等特点。

安哥拉山羊遗传性稳定,耐干燥怕潮湿,适宜于大陆性气候条件下饲养,多雨潮湿的地区往往造成生长发育受阻甚至死亡。20世纪80年代,我国从澳大利亚引进,主要饲养在内蒙古、山西、陕西和甘肃等省(区),用以改良当地的土种山羊,效果良好。

❋ 测评作业

1.简述绵、山羊品种分类方法。

2.我国培育的细毛羊品种有哪些?简述其产地、分布、生产性能及主要优缺点。

3.试述你所在地区饲养有哪些绵、山羊品种。经济效益如何?

4.我国绵、山羊品种中,哪些羊品种的肉用性能好?

5.不同类型的绵羊品种在外貌特征上主要有哪些区别?

6.我国主要的绒山羊品种有哪些?

7.简述我国培育的奶山羊品种及其特点。

8.国外主要肉用绵、山羊品种对我国绵、山羊的改良效果如何?试举例说明。

9.近几年来我国引入不同经济类型的绵、山羊品种有哪些?简述在我国的饲养情况。

❋ 考核评价

国内外主要绵、山羊品种识别

专业班级		姓名		学号	

一、考核内容与标准

说明:总分 100 分,分值越高表明该项能力或表现越佳,综合得分≥90 为优秀,75≤综合得分＜90 为良好,60≤综合得分＜75 为合格,综合得分＜60 为不合格。

考核项目	考核内容	考核标准	综合得分
过程考核	操作态度 (10 分)	积极主动,服从安排	
	合作意识 (15 分)	积极配合小组成员,善于合作	
	生产资料检阅 (15 分)	积极查阅、收集生产资料,认真思考,并对任务完成过程中遇到的问题进行分析,提出解决方案	
	识别品种 (40 分)	结合图片、实物,准确识别品种,正确回答考评员提出的问题	
结果考核	品种鉴定结果 (10 分)	准确	
	报表填报 (10 分)	报表填写认真,上交及时	
合　计			

综合分数:_____ 分　　优秀( )　　良好( )　　合格( )　　不合格( )

二、综合评价

(该学生是否掌握了该岗位的专业知识、专业技能及掌握程度,能否通过该岗位技能考核)

考核人签字:

年　　　月　　　日

项目二

羊场规划与建设

🍁 教学内容与工作任务

项目名称	教学内容	工作任务与技能目标
羊场规划与建设	场址选择与总体规划	1.了解羊场选址原则； 2.了解羊场的分区规划； 3.掌握羊舍设计的基本要求； 4.了解羊舍类型及其参数； 5.掌握羊舍的基本结构及要求； 6.能够进行羊舍建筑简单设计； 7.掌握羊场的主要设备及用途； 8.掌握羊场环境保护的主要措施； 9.掌握羊场废弃物的处理方法。
	羊舍建设	
	羊场的主要设备	
	羊场的环境保护	

🍁 知识链接

 任务一　场址选择与总体规划

一、羊场选址

羊场场址选择时应充分考虑其经营方式（单一经营或综合经营）生产特点（种羊场或商品羊场）、饲养管理方式（舍饲或放牧）以及生产集约化程度等因素。同时,对当地地势、水源、交通及物质供应等条件进行综合分析。场址选择应遵循以下原则。

（1）场址不得位于《中华人民共和国畜牧法》明令禁止区域，并符合相关法律法规及所在区域内土地使用规划。即要求建设羊场不得建在水源保护区、旅游区、自然保护区，并有合法的土地使用手续。距离生活饮水源地、居民区和主要交通干线、其他畜禽养殖场及畜禽屠宰加工、交易所500 m以上。

（2）羊场地址要求地势高燥、地下水位低（2 m以下）、有微坡（1％～3％）、在寒冷地区背风向阳。切忌在低洼涝地、山洪水道、冬季风口等地修建羊舍。

（3）保证防疫安全。羊场地址必须在历史上从未发生过羊的任何传染病。距主要交通要道（铁路和主要公路）300 m以上。并且，要在污染源的上坡上风方向。羊场内兽医室、病畜隔离室、贮粪池、尸坑等应位于羊舍的下坡下风方向，以避免场内疾病传播。

（4）水量充足，水质良好。水量能保证场内职工用水、羊饮水和消毒用水。羊的需水量舍饲大于放牧，夏季大于冬季。成年母羊和羔羊舍饲需水量分别为10 L/（只·d）和5 L/（只·d），放牧相应为5 L/（只·d）和3 L/（只·d）。水质必须符合畜禽饮用水的水质卫生标准。同时，应注意保护水源不受污染。

（5）交通便利、能源充足。建场前应考虑羊场物资需求、产品供销及卫生防疫等条件。羊场一般要求距主要公路至少300 m以上，国道、省级公路500 m，省道、区际公路300 m，距周围居民点500 m以上。另外，为了保证羊场正常的生产，应有充足的电力供应。

（6）如果是为引进新品种建羊场，要从生态适应性选择地址。所选择的地址自然条件必须符合或至少近接于引进品种原产地的自然生态条件。

二、羊场的总体规划

（一）羊场规划原则

1. 因地制宜

羊场规划应根据当地气候特点，尽量做到因地制宜，就地取材，节约成本。

2. 节约用地，留有发展空间

羊场建筑紧凑、规范，在节约用地，满足当前生产需要基础上，综合考虑将来扩建和改造的可能性。

3. 羊场内的建筑设施要协调

符合生产流程，符合防疫、防火等要求。

（二）羊场的分区规划

羊场通常分为四个功能区，即生活管理区、辅助生产区、生产区和隔离区（病羊管理区）。生活管理区要布置在场区全年主导风向的上风处，其次是辅助生产区和生产区，隔离区位于场区的下风处和地势较低处，各区域之间应保持一定的距离。

1. 生活管理区

包括管理人员办公室、会议室、化验室、职工宿舍、食堂以及警卫值班室、更衣室、车辆消毒设施等。生活管理区负责全场的经营管理，与外界联系频繁，应设在与外界联系方便的位置，一般位于场区全年主导风向的上风和地势较高处,最好能由此望到全场的其他房舍。

生活管理区与生产区之间应设缓冲地带,入口处设更衣消毒室和车辆消毒设施。

2. 辅助生产区

主要包括供水、供电、物资仓库以及饲料库、饲料加工车间等设施,与生活管理区没有严格的接线要求。对于饲料仓库,则要求仓库的卸料口开在辅助生产区内,取料口开在生产区内,以减少交叉污染。

3. 生产区

生产区是羊场的核心区,应设于羊场的中心地带。该区包括羊舍、人工授精室、饲料储存设施(如青贮设施、氨化池等)、加工、调制建筑物等。对于生产规模较大和综合性的羊场,应将种羊、幼羊与商品羊分开饲养。不同羊舍间要保持适当的距离,以便防火和防疫,饲料供应区应安排在靠近辅助生产区的位置,干草和垫草的堆放点应设在生产区的下风处,要注意防火和防污染。

4. 隔离区

包括兽医室、病羊隔离室、粪污堆积处理场及病尸无害化设施等。隔离区应设在全场下风口和地势最低处,与生产区保持 300 m 的卫生间距,并设界沟、围栏或绿化带等隔离屏障。

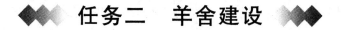

任务二 羊舍建设

一、羊舍设计的基本要求

(一)羊舍面积及运动场

羊舍面积大小,根据羊的品种、年龄、性别、生理状态、数量、气候条件和饲养方式而定。面积过大,浪费土地和建筑材料;面积过小,舍内拥挤潮湿,空气污染有碍于羊体健康。各类羊只羊舍所需面积,分别见表 2-1 和表 2-2。

表 2-1 各类羊只羊舍所需面积   m²/只

羊别	面积	羊别	面积
春季产羔母羊	1.1～1.6	成年羯羊和育成公羊	0.7～0.9
冬季产羔母羊	1.4～2.0	1 岁母羊	0.7～0.8
群饲公羊	1.8～2.25	去势羔羊	0.6～0.8
单饲公羊	4～6	3～4 月龄羔羊	0.3～0.4

产羔舍可按基础母羊数的 20%～25% 计算面积。运动场面积一般为羊舍面积的 2～2.5 倍,成年羊运动场面积可按 4 m²/只计算。

表 2-2　不同生产类型羊所需羊舍面积　　　　　　　　　　　　　m²/只

生产类型	细毛羊、半细毛羊	奶山羊	绒山羊	肉羊
面积	1.5~2.5	2.0~2.5	1.5~2.5	1.0~2.0

(二)羊舍设计基本参数

羊舍内环境尽量满足羊对各种环境卫生条件的要求,包括温度、湿度、光照、通风等。羊舍设计的应兼顾既有利于夏季防暑,又有利于冬季防寒。

1.羊舍防热防寒界限温度

冬季产羔舍舍温最低应保持在 8℃ 以上,一般羊舍在 0℃ 以上;夏季羊舍温度不超过 30℃。

2.羊舍湿度

羊舍应保持干燥,地面不能太潮湿,空气相对湿度为 50%~70% 为宜。

3.羊舍采光

羊舍要求光照充足,采光系数成年绵羊舍 1:(15~25);高产绵羊舍 1:(10~12);羔羊舍 1:(15~20);产羔室可小些。

4.通风换气参数

通风的目的是降温,换气目的是排出舍内污浊空气,保持舍内空气新鲜。通风换气参数如下。

冬季:成年绵羊 0.6~0.7 m³/(min·只),肥育羔羊 0.3 m³/(min·只)。

夏季:成年绵羊 1.1~1.4 m³/(min·只),肥育羔羊 0.65 m³/(min·只)。

(三)羊舍造价

羊舍的建筑材料以就地取材,经济耐用为原则。羊舍及其内部设施最好能一步到位,就地取材,结实牢固。有条件的地区应利用砖瓦、石材、水泥、木材、钢筋等坚固的永久性羊舍,这种羊舍使用年限长,维修费用少,较为经济。

二、羊舍类型

不同类型羊舍,在提供良好小气候条件上有很大的差别。根据不同结构划分标准,将羊舍划分为若干类型。

根据羊舍四周墙壁封闭的严密程度,羊舍可划分为封闭舍、开放与半开放舍和棚舍三种类型。封闭舍四周墙壁完整,保温性能好,适合较寒冷的地区采用;开放与半开放舍,三面有墙,开放舍一面无长墙,半开放舍一面有半截长墙,保温性能较差,通风采光好,适合于温暖地区,是我国较普遍采用的类型;棚舍,只有屋顶而没有墙壁,防太阳辐射强,适合于炎热地区。发展趋势是将羊舍建成组装式类型,即墙、门、窗可根据一年内气候的变化,进行拆卸和安装,组装成不同类型的羊舍。

根据羊舍屋顶的形式,羊舍可分为单坡式、双坡式、拱式、钟楼式、双折式等类型。单坡式羊舍,跨度小,自然采光好,适用于小规模羊群和简易羊舍选用;双坡式羊舍,跨度大,保暖能力强,但自然采光、通风差,适合于寒冷地采用,是最常用的一种类型。在寒冷地区,还可选用拱式、双折式、平屋顶等类型;在炎热地区可选用钟楼式羊舍。

根据羊舍长墙与端墙排列形式,可分为"一"字形、"厂"字形或"门"字形等。其中,"一"字形羊舍采光好、均匀,温差不大,经济适用,是较常用的一种类型。常见的羊舍有以下几种。

(一)开放及半开放式结合的单坡式羊舍

这种羊舍由开放式和半开放式两部分组成。羊舍排列成"L"形,羊舍三面有墙,开放舍一面无墙,半开放舍一面有半截矮墙,此类羊舍具有造价低廉,冬季保暖,夏季防暑等优点。羊可以在两种羊舍中自由活动,在半开放式羊舍中可用活动围栏临时隔出母羊分娩栏。这种羊舍适合于夏季炎热地区或当前经济较落后的地区使用。

(二)半开放的双坡式羊舍

这种羊舍平面布局排列成"L"形或排列成"一"字形,羊舍三面有墙,一面只有半截矮墙,故保温性能较差,但通风采光好。此类羊舍适合于比较温暖的地区或半农半牧区使用。

(三)封闭双坡式羊舍

这种羊舍平面布局排列成"一"字形,羊舍四周有墙,屋顶为双坡。此类羊舍保温性能好,跨度大,适合寒冷地区,可作为冬季产羔舍。

(四)吊楼式羊舍

这种羊舍距地面高度为1~2 m,安装吊楼,双坡式屋顶,羊舍墙面可修成封闭式或南面墙做成1 m高的半开放式。地面用木条漏缝地板或水泥预制件铺设,缝隙1.5~2.0 cm,便于粪尿漏下。羊舍南面设运动场,用于羊补饲和活动运动场地。因为羊舍距地面有一定的高度,通风防潮性好,适合炎热潮湿地区或南方山区使用。

(五)塑料棚舍

这种羊舍三面有墙,后半个顶为单坡式土木结构棚,前半顶为单坡式塑料薄膜顶(图2-2至图2-5)或拱形弧形塑料薄膜顶。做半坡式或弧形塑料顶用的骨架可采用竹竿、木条、钢材等,塑料薄膜常为0.2~0.5 mm白色透光、强度大的塑料膜。这类羊舍一般是坐北朝南,东西走向。没有覆盖塑料膜时呈半敞篷形状,半敞棚占整个棚的1/2~2/3,从中梁处向前沿墙覆盖塑料膜,形成密闭式塑料大棚。棚舍南面应设运动场,内设饮水、饲草设备。这类舍内光照充足,保暖性好,适合冬季或寒冷地区使用。

中国农业工程研究设计院研制成功 XP-Y101 型塑料棚羊舍,并投入小批量生产,采用热镀锌钢管骨架和长寿塑料膜及压膜槽结构。可用于母羊冬季产羔、肥育肉羊,闲置期可用来种蔬菜。该院还研制成功一种新型综合棚舍 GP-D725-2H 型,这种综合棚舍,前部塑料棚主要用于种蔬菜,后部砖砌圈舍养羊。蔬菜利用羊呼出的 CO_2 进行光合作用,光合作用产生的氧气供羊用,热源取自太阳能和生物自体散热。这是一项在高寒地区塑料棚舍中,不用或少用常规能

源的新尝试。适合在高寒地区推广,可同时解决高寒地区羊越冬和蔬菜问题。

(六)漏缝地面羊舍

国外典型漏缝地面羊舍,为封闭、双坡式,跨度为 6.0 m,地面漏缝木条宽 50 mm,厚 25 mm,缝隙 22 mm。双列食槽通道宽 50 mm,对产羔母羊可提供相当适宜的环境条件。

三、羊舍的基本结构

羊舍的基本结构包括地面、墙、门窗、屋顶和运动场。

(一)地面

羊舍地面是羊舍建筑重要组成部分,是羊休息、生产的地方,要求干燥、保暖、平整,便于清理。按建筑材料不同有以下几种。

1. 土质地面

土质地面柔软,不光滑,易于保温,造价低廉,但不够坚固,易潮湿,不便于清扫消毒。用土质地面时可用三合土(石灰:碎石:黏土=1:2:4)地面。

2. 砖砌地面

砖地面保温性能较好,且易于清扫消毒,但与土质地面比,其成本高,磨损后不好维修。一般高羊舍适合铺砖地板,砌砖时,砖易立砌,不宜平铺。

3. 水泥地面

水泥地面具有结实、便于清扫消毒的特点,但造价高,保温性能差,羊舍不宜采用。

4. 漏缝地板

漏缝地板是一种新型畜床材料,在国外大型羊场和我国中南部一些地区已普遍采用。漏缝地面可用木条制作或用水泥条筑成,缝隙应小于羊蹄面积(1.5～2.0 cm),为了防潮,隔日抛撒木屑,同时应及时清理粪便,以免污染舍内空气。

(二)墙

墙对羊舍的保温与隔热起着重要作用,一般多采用土墙、砖墙和石墙等。土墙造价低,保温性好,但不耐用。砖墙是房屋式羊舍最常采用的墙体,墙越厚,保温性能越强。石墙虽坚固耐用,但保暖性差。近年来,有些羊场采用金属铝板、钢构件和隔热材料等新型建筑材料,不仅外形美观,性能好,而且造价也不比传统的砖瓦结构建筑高多少,是未来大型集约化羊场建筑的发展方向。

(三)门窗

一般羊舍门宽 2.5～3.0 m,高 1.8～2.0 m,羊入舍时经常拥挤,最好设双扇门。根据羊舍长度和羊群数量多少设置门的数量,一般长形羊舍不少于 2 个门,寒冷地区少设门。羊舍门槛应与舍内地面等高,舍内地面应高于舍外运动场地面,以防止雨水倒流。

窗户面积根据各地气候条件设置,一般窗户面积与羊舍地面积的比例为 1:15,高度为

0.7～0.9 m,宽度为 1.0～1.2 m,窗台距地面高 1.3～1.5 m。窗户面积根据羊的用途和不同生理阶段酌情放大或缩小,种公羊和成年母羊可适当大些,产羔室或育成羊应小些。

(四)屋顶与天棚

羊舍屋顶应具备防雨和保温隔热功能。挡雨层可用陶瓦、石棉瓦、金属板和油毡等制作,在挡雨层的下面,应铺设保温隔热材料,常用的有玻璃丝、泡沫板和聚氨酯等保温材料。羊舍净高(地面至屋顶的高度)2.0～2.4 m,在寒冷地区可适当降低。单坡式羊舍一般前高 2.2～2.5 m,后高 1.7～2.0 m,屋顶斜面呈 45°。

(五)运动场

一般运动场面积应为羊舍面积的 2～2.5 倍,成年羊运动场面积可按 4 m^2/只计算。其位置根据羊舍类型和大小而定,坐北朝南排列的单列式羊舍,运动场应设在羊舍的南面,双列式羊舍运动场设在羊舍的东西(或南北)两侧。运动场地面应低于羊舍地面,并向外稍有倾斜,便于排水和保持干燥。运动场以沙质土壤为宜,周围可用木板、竹子、铁丝网、砖等做围栏,围栏高度 1.5～2.0 m。

 ## 任务三 羊场的主要设备

一、饲槽

(一)固定式饲槽

固定式长方形饲槽一般设置在羊舍或运动场,用砖石、水泥等砌成,平行排列。以舍饲为主的羊舍内应修建永久性饲槽,结实耐用,可根据羊舍结构进行设计建造。用水泥做成固定长槽,上宽下窄,槽底呈圆形。便于清理和洗刷,槽上宽 50 cm 左右。离地面 40～50 cm。槽深 20～25 cm。在饲槽上方设颈枷,固定羊头,可限制其乱占槽位抢食造成采食不均,也可方便打针、刷拭、修蹄等。颈枷可用钢筋制成,一般每隔 30～40 cm 设 1 个,大小以能固定羊头为宜,上宽下窄(上宽 18 cm,下宽 10～12 cm)。在颈枷上方可设置 1 个活动木板或铁杆,当羊进入槽位,头伸进颈枷时,可将木板或铁杆放下系住,正好落在羊颈部上方。一般木板或铁杆距槽边距离为 25～30 cm。

固定式圆形饲槽一般在羊群运动场或专门的饲羊场使用,用砖、石、水泥砌成,先在地面上砌一 15 cm 的槽边,在槽底盘边上 15 cm 处砌向圆心一个馒头状的土堆,表面要坚固光滑。在土堆的基部四周每 15 cm 竖一块砖,在砖状土堆上,羊只从竖砖的中间采食,草料不断从土堆上滑下圆形食槽具有添加草料方便、不浪费、减少草屑对被毛的污染等优点。

(二)移动式饲槽

多用木板或铁皮制成,要坚固耐用便于携带,以饲喂草料,也可以供羊只饮水之用。

二、草料架

草料架是喂粗饲料、青绿饲草专用设备。利用草料架养羊能减少饲草浪费和草屑污染羊毛。草料架多种多样,可以靠墙设置固定的单面草料架,也可以在饲养场设排草架。草架隔栅可用木料或钢材制成,隔栏为9~10 cm,为使羊头能伸进栏内采食,隔栏宽度可达15~20 cm,有的地区因缺少木料、钢材,常就地利用芦苇修筑简易草料架进行喂养。草料架有直角三角形、等腰三角形、梯形和正方形几种比较实用的草料架。

三、饮水槽

饮水槽一般设在羊舍或运动场上,可用铁制或砖、水泥砌成。也可安装鸭嘴式饮水器或饮水碗,水槽高度以羊方便饮水为宜。

四、各种用途的栅栏

(一)分群栏

当羊群进行羊只鉴定、分群及防疫注射时,常需将羊分群。分群栏可在适当地点修筑,用栅栏临时隔成。设置分群栏便于开展工作,抓羊时节省劳动力,这是羊场必不可少的设备。分群栏有一窄长的通道,通道的宽度比羊体稍宽,羊在通道内只能成单行前进,不能回转向后。通道长度为6~8 m,在通道两侧可视需要设置若干个小圈,圈门的宽度相同,由此门的开关方向决定羊只的去路。

(二)活动母仔栏

母仔栏是羊场产羔时必不可少的一项设施。有活动的和固定的两种,大多采用活动栏板,由两块栏板用合页连接而成。每块栏板高1 m、长1.2 m,栏板厚2.2~2.5 cm,板宽7.5 cm,然后将活动栏在羊舍一角呈直角展开,并将其固定在羊舍墙壁上,准备供一母双羔或一母多羔使用。活动母仔栏依产羔母羊的多少而定,一般按10只母羊一个活动栏配备。如将两块栏板成直线安置,也可供羊隔离使用,也可以围成羔羊补饲栏,应依需要而定。

(三)羔羊补饲栏

用于给羔羊补饲,栅栏上留一小门,小羔羊可以自由进出采食,大羊不能进入,这种补饲栅用木板制成,板间距离15 cm,补饲栅的大小要依羔羊数量多少而定。

五、堆草圈

为储备干草或农作物秸秆,供羊冬春季补饲,羊场应建有堆草圈。堆草圈用砖或土坯砌成,或用栅栏、网栏围成,上遮雨雪的材料即可。堆草圈的地面应高出地面一定高度,斜坡,便于排水。有条件的羊场可建成半开放式的双坡式草棚,四周的墙用砖砌成,屋顶用石棉瓦覆盖,这样的草棚防雨、防潮的效果更好。草堆下面应用钢筋架或木材等物垫起,不要让草堆直接接触地面,草堆与地面之间应有通风孔,这样能防止饲草霉变,减少浪费。

六、药浴设备

(一)大型药浴池

没有淋药装置或流动式药浴设备的羊场,在不对人、畜、水源、环境造成污染的地点建药浴池,药浴池一般为长方形水沟状,用水泥、砖、石等材料筑成,池深 1.0~1.2 m,长 10~12 m。上口宽 0.6~0.8 m,底宽 0.4~0.6 m,以单羊通过而不能转身为宜。池的入口端为陡坡,以便羊只迅速入池。出口端为台阶式缓坡,以便浴后羊只攀登。入口端设贮羊圈,出口设滴流台以使浴后羊身上多余药液流回池内。贮羊圈和滴流台大小可根据羊只数量确定,必须用水泥浇筑地面。

(二)小型药浴槽、浴桶、浴缸

小型浴槽液量约为 1 400 L,可同时将两只成年羊(或小羊 3~4 只)一起药浴,并可用门的开闭来调节入浴时间。这种类型适宜小型羊场使用。

(三)帆布药浴池

用防水性能好的帆布加工制作。药浴池的形状为直角梯形,上边长 3.0 m,下边长 2.0 m,深 1.2 m,宽 0.7 m,池的一端呈斜坡,便于羊只浴后走出。另一端垂直,防止羊只下池后返回。药浴池外侧有固定池套环,安装前按池的尺寸大小在地面挖一个等容积土坑,然后将撑起的帆布浴池下入,四边的套环用木棒固定,加入药液即可进行药浴。药浴完毕洗净帆布,晒干以后再用。这种帆布浴池体积小,轻便灵活,可以反复使用。

(四)淋浴式药浴装置

我国近年研制的羊只药淋装置具有容量大,速度快,工作效率高且安全等特点。药淋装置一般设在羊场专用的林浴场,可同时容纳 200~300 只羊药浴。

七、青贮设备

(一)青贮塔

青贮塔分为全塔式和半塔式两种形式。全塔式直径为 4~6 m,高 6~16 m,容量 75~200 t。

半塔式青贮塔埋在底下的深度3.0~3.5 m,地上备份高度4~6 m。塔身用木材、砖、石块砌成,塔基必须坚实,塔壁需有足够的强度,表面光滑,不透气、不透水。塔的侧壁开有取料口,他顶用不透水和不透气的绝缘材料制成,其上有一个可密闭的装料口。青贮塔封闭严实,原料下沉紧密,发酵充分,青贮质量高,但造价高,适用于机械化水平高、经济条件较好的大型羊场。

(二)青贮壕

青贮壕为壕沟式青贮设施,适用于大型羊场。青贮壕宽3.0~3.5 m,深3~4 m,长度可根据饲养量而设定,一般为15~20 m,可长达30 m以上。青贮壕壁及壕底用砖头、石头、水泥砌成,为防止壕壁倒塌,应有10%倾斜度,断面呈倒梯形。青贮壕应选择在地方宽敞、地势高燥或有斜坡的地方,开口在低处,以便夏季排出雨水。

(三)青贮窖

青贮窖是最普遍的一种青贮设施,一般分为地下式、半地下式和地上式三种。地上式青贮窖适用于地下水位较低和土质坚实的地区,底面与地下水位至少要保持0.5 m左右的距离。地下水位高的地方宜采用半地下式青贮窖。青贮窖以圆形或长方形为好。青贮窖壁、窖底应用砖、水泥砌成。窖壁光滑、坚实、不透水、上下垂直,窖底呈锅底状。一般圆形窖直径为2.5~3.5 m,深3~4 m。

(四)青贮袋

小型羊场可采用质量较好的塑料薄膜制成袋,装填青贮饲料,袋口扎紧,再用真空泵抽出空气,堆放在羊舍内。袋贮法简单,贮存地点灵活,取饲方便,成本低。

八、饲料加工机械

(一)铡草机

按照机型大小可分为小型、中型和大型三种。小型铡草机主要用来切割谷草,稻草、麦秸等,也用来铡切青饲料和干草。适于现铡现喂使用,农村运用较普遍。中型铡草机一般可用作铡草和铡青贮料,又称稿秆青贮料两用铡草机。大型铡草机主要在大的养殖场用来铡切青贮饲料,故又称青贮料切碎机。

按照切割部分的型式又可分为滚分式(又称滚筒式)和圆盘式(又称轮刀式)切碎机,滚刀式铡草机多为小型铡草机,多为固定式的。圆盘式铡草机多为大、中型铡草机,可移动。

(二)饲料粉碎机

饲料粉碎机的用途很广,它可以用来粉碎各种粗、精饲料,使之达到一定的粗细度。常用的饲料粉碎机有锤片式和齿爪式粉碎机两种。锤片式粉碎机按其进料方式的不同又可分为切向进料式(又称切向粉碎机,饲料由转子的切线方向进入粉碎室)和轴向进料式(称轴向粉碎机,饲料由转子的轴线方向即在主轴平行的方向进入粉碎室)。切向喂入的粉碎机的主要缺陷,是在粉碎稍为潮湿的长茎秆饲料时容易缠绕主轴,而轴向喂入的粉碎机则克服了这一缺点。

(三)块根、块茎切碎机

当给羊群饲喂胡萝卜等块茎、块根饲料时,需先切碎,利用切碎机可以大大提高效率。

(四)颗粒饲料制造机

目前配合饲料的发展趋势是颗粒机,利用颗粒饲料喂羊可以使它们吃到成分一致的饲料,避免专拣喜吃的某种饲料成分,减少饲料浪费,并且运输、喂饲和贮存都较方便,亦便于机械化。颗粒饲料机主要有环模式和平模式两种。

九、兽医室

羊场应建有兽医室,以便能及时对羊只进行疾病防治。室内配备常用的消毒器械、诊断器械、手术器械、注射器械和药品等。

十、人工授精室

较大规模的羊场一般都开展人工授精工作,因此,需建有人工授精室,应包括采精室、精液处理室、输精室。室内要求光线充足,地面坚实。采精室和输精室可合用,面积为 $20\sim30\ m^2$,设一个采精台,$1\sim2$ 个输精架。精液处理室面积 $8\sim10\ m^2$。

十一、胚胎移植室

应用胚胎移植技术的羊场还需建有胚胎移植室,应包括术前准备室、手术室、检胚室。术前准备室 $20\sim30\ m^2$,供手术羊麻醉、保定、剃毛之用;手术室 $30\sim40\ m^2$,供采胚及移胚用;检胚室 $10\ m^2$,供胚胎处理用。术前准备室与手术室相连,手术室与检胚室相连。在手术室与检胚室之间的墙壁上开一个小窗户,供递送液体、器材、胚胎使用。各室要求地面坚实,配置紫外线消毒灯。

本场可独立进行胚胎移植工作的,需配全胚胎移植所需的仪器设备。而接受胚胎移植技术服务的羊场,只需配置常用的消毒设备、冰箱、手术床等,而无须配置体视显微镜等专用设备。为节省投资,可考虑将胚胎移植室兼做人工授精室。

 # 任务四 羊场环境保护

羊场每天都要产生大量的粪尿、污水、废弃物和有害气体等,羊场的排泄物及废弃物若不妥善处理,将会对周围环境造成污染。羊场的环境保护既要防止羊场本身对周围环境的污染,又要避免周围环境对羊场的危害。在建设羊场时,选址要合理,应远离污染源及人口密集区,羊场规划时进行羊场的绿化,注意污物处理设施的建设,同时要做好长期的环境消毒及保护工作。

一、羊场绿化

搞好绿化,不仅可以美化环境,更重要的是可以改善场区小气候,净化空气,减少尘埃,降低噪声,而且还可以起到防疫、防火及隔离作用。场区的绿化应根据当地气候及土壤条件,选择适合当地生长的树种和花草进行厂区绿化,不宜种植有毒、有刺、飞絮的植物。

(一)场区林带的规划

在场界周边种植乔木和灌木混合林带,特别是在北、西两侧,应加宽这种混合林带(宽度达10 m以上),起到防风、阻沙、安全等作用。乔木类的大叶杨、旱柳、钻天杨、榆树及常绿针叶树等;灌木类的河柳、紫穗槐、侧柏等。

(二)办公区绿化

办公区绿化主要种植一些花卉和观赏木。

(三)场区隔离带的设置

主要以分隔场内各区,如生产区、住宅区及管理区的四周,都应设置隔离林带,一般可用杨树、榆叶等,其两侧种灌木,以起到隔离作用。

(四)道路绿化

道路两旁,一般种植1~2行塔柏、冬青等四季常青树种,不应种植枝叶过密、过于高大的树种,以免影响羊舍的采光和通风。

(五)运动场遮阳林

在运动场的南、东、西三侧,应设1~2行遮阳林。一般可选择枝叶开阔,生长势强,冬季落叶后枝条稀少的树种,如杨树、槐树、法国梧桐等。

二、羊场环境保护

(一)羊场大气环境的保护

羊场空气污染物的主要成分为恶臭气体、尘埃和散发在空气中的有害微生物。其中,尤其以粪便产生的恶臭为造成污染的主要原因。恶臭气体主要成分包括氨、硫化物、甲烷等有毒有害物质,不仅直接或间接危害人畜健康,而且会引起畜禽生产力降低,导致羊场周围环境恶化。减少羊场空气污染应从场址选择与羊舍设计、废弃物的清理及处理、营养调控等方面着手考虑。

1.正确选址、科学设计

合理确定羊场位置是防止工业有害气体污染和解决羊场有害气体对人类环境污染的重要

措施。羊场场址应选择城市郊区、郊县,远离工业区、人口密集区,尤其是医院、动物产品加工场、垃圾焚烧厂等污染源;根据当地气候条件,合理建造羊舍。在不影响羊舍内小气候的前提下,保持通风换气,以确保羊舍内空气新鲜。

2.保持羊舍内环境清洁

羊粪尿、垫草、饲料腐败分解产生氨、硫化氢及甲烷等有害气体,如进入羊舍后感觉有较浓的异常臭味、刺鼻、流泪等,说明舍内氨和硫化氢等有害气体多,应保持通风换气。要及时清理粪尿、垫草及饲料残渣等污物,防止这些污染物发酵和腐败后产生有害气体。放牧情况下羊舍每半年或1年清理1次,集约化羊场因饲养密度大,必须每日清理。

3.改善饲料品质,优化日粮配方

日粮中营养物质不完全消化和吸收是畜禽恶臭有害气体产生的主要因素。通过改善饲料品质及优化日粮配方,不仅可以提高营养物质的消化率,增强机体营养物质沉积,还可以提高饲料利用率,减少饲料浪费,减轻环境污染。

4.应用添加剂减少臭气污染

如微生态制剂、酶制剂、中草药制剂等方法可减少空气污染。

(二)羊场水源的保护

羊场水源区或上游不得有污染源,水源附近不得建厕所、粪池、垃圾堆、污水坑等;井水水源周围30 m,江水及湖泊等取水点周围30~50 m范围内应划为卫生防护地带。羊舍与井水源间应保持30 m以上的距离,尤其隔离舍、化粪池、堆粪场等易造成水源污染的区域更应远离水源。粪污应做到无害化处理,并注意排放时防止流进或渗进饮水水源。水源水质不符合饮水卫生标准时,需进行净化和消毒处理。

(三)羊场土壤的保护

随着现代养羊业向舍饲方向的发展,羊只直接受到土壤污染的机会很少,而主要通过采食和饮用被土壤污染的饲草、饮水等间接影响其健康及生产性能。羊舍、运动场等与羊只直接接触的地面、机械设备等不清洁,可导致羊只疫病感染和传播;羊场被污染的土壤或富含有机物质的土壤,或抗逆性较强的病原菌,都可能长期生存下来,如破伤风杆菌和炭疽杆菌在土壤中可存活16~17年甚至更长,布鲁氏杆菌可生存2个月,沙门氏杆菌可生存12个月。土壤中非固有的病原菌如伤寒菌、大肠杆菌等,在干燥地方可生存2周,在湿润地方可生存2~5个月。各种致病寄生虫的幼虫和卵在低洼、沼泽地生存时间较长,常称为羊寄生虫病的传染源。因此,土壤要深翻细整,并进行排水、日晒等,加速土壤自净;灌溉用水要清洁卫生,施肥应以优质有机肥为主,无病原微生物、寄生虫卵、有毒有害物质等污染;羊舍内外环境应定期消毒,尤其重大疫情发生过后对羊舍、水源、土壤等进行彻底消毒。

三、羊场废弃物的处理

(一)粪便的无害化处理与利用

在未经处理的粪尿和污水中含有大量的有机污染物、有害微生物、寄生虫卵,对空气、水、土壤、饲料等造成污染，严重影响畜禽及人的健康。粪便无害化是指将粪便进行有效降低生物性致病因子数量，使病原体失去传染性的处理措施。粪便无害化处理的原理是粪便在发酵过程中产生 60～70℃ 的高温能抑制或杀死有害微生物和寄生虫卵，并在矿质化和腐殖化过程中释放出氮、磷、钾和微量元素等有效养分，吸收分解恶臭和有害物质。畜禽粪便经过生物发酵腐熟后，再经热风旋转烘干处理，便成为无害、无臭的有机肥料。羊场大致的粪尿排泄量见表 2-3。

表 2-3 羊粪尿排泄量（原始量）

饲养期/d	每只每日排泄量/kg			每只饲养期排泄量/t		
	粪量	尿量	合计	粪量	尿量	合计
365	2.0	0.66	2.66	0.73	0.24	0.97

1. 好氧发酵处理

好氧发酵处理指通过好氧发酵菌将畜禽粪便、作物秸秆、花生壳、稻糠、锯木、树叶等农村生活垃圾，促进发酵物快速除臭、迅速升温、恒控温度达 15 d 左右，彻底杀灭病毒、病菌、虫卵、杂草种子，实现无害化处理。

2. 堆肥发酵处理

将粪便和有机污染物（如秸秆等）混合堆肥，表面用泥土封死，只要有机垃圾和粪便配比适当，水分适中，夏季 15 d，冬天 30 d，一般堆内温度可升到 60～70℃，杀菌灭卵的效果较好。经过高温发酵处理的粪便呈棕黑色、松软、无害、无臭味、不招苍蝇。

3. 沼气发酵处理

沼气发酵处理是指粪便等有机物质在厌氧环境中，在一定的温度、湿度、酸碱度的条件下，通过微生物发酵，产生气体。一般沼气池卫生效果没有密闭发酵或高温堆肥好，沼气的沉渣用于施肥前必须经过高温堆肥处理。

（二）病死羊的无害化处理

兽医室和病羊隔离舍应设在羊场的下风处，距羊舍保持 300 m 以上，在隔离舍附近应设置掩埋病羊尸体的深坑，坑的大小和深度应根据畜禽尸体数量来决定，坑底铺设 2 cm 生石灰，尸体入坑后再撒上 2 cm 生石灰，覆盖厚土（不小于 1.5 m），填土不要太实，以免尸腐体液渗漏。有条件的地方也可以进行焚烧处理。

四、羊场环境消毒

（一）进入场区的消毒

1. 人员消毒

进入生产区的人员必须走专用消毒通道。通道出入口两侧、顶壁应设置紫外线灯或汽化喷雾消毒装置。人员进入通道前先开启消毒装置，人员进入后，应在通道内稍停（一般不超过 3 min），能有效地阻断外来人员携带的各种病原微生物。汽化喷雾可用碘酸 1∶500 稀释或绿力消1:800稀释。另外,人员通道内地面应做成浅池。池中垫入麻袋或地毯,并加入消毒威1:500稀释或1%氢氧化钠溶液消毒。每天适量补充水,每周更换一次。入场人员要更换鞋,穿专用工作服,做好登记。

2.大门消毒池

消毒池的长度为进出车辆车轮的2.5个周长以上(长、宽、深分别为10 m、3 m、10～15 cm)。添加2%氢氧化钠溶液液或其他消毒液,坚持补充水调节浓度,7 d更换1次。

3.车辆

所有进出羊场的车辆必须严格消毒。经消毒池和用2%烧碱喷雾消毒。

(二)羊舍消毒

1.羊舍消毒

羊舍除保持干燥、通风、冬暖、夏凉以外,平时还应做好消毒。一般分两个步骤进行:第一步先进行机械清扫;第二步用消毒液消毒。常用的消毒药有10%～20%石灰乳、10%漂白粉溶液、0.5%～1.0%菌毒敌、0.5%～1.0%二氯异氰尿酸钠、0.5%过氧乙酸等。消毒方法是将消毒液盛于喷雾器内,先喷洒地面,然后喷墙壁,再喷天花板,最后再开门窗通风,用清水刷洗饲槽、用具,将消毒药味除去。在一般情况下,羊舍及运动场应每周消毒一次,带羊消毒时可选用1:(1 800～3 000)的百毒杀。

2.产房的消毒

在产羔前应对产房进行严格的消毒。可用来苏儿1:300稀释或用紫外线消毒设备消毒。一般在产羔前应进行1次消毒,产羔高峰时进行多次消毒,产羔结束后再进行1次消毒。

3.病羊隔离室消毒

生产应设有单独的病羊隔离室,一旦发现羊只出现异常,应该隔离观察治疗,以免传染给其他健康羊只。对隔离室应在病羊恢复后及时进行严格消毒,可用2%烧碱稀释液喷雾消毒。

(三)饮水及用具消毒

1.饮水消毒

羊饮用水应清洁无毒、无病原菌,符合人的饮水标准,生产用水要用干净的自来水或深井水。对饮用水可坚持用漂白粉消毒。

2.用具消毒

对水槽或其他饮水器具,要经常清洁定期消毒。另外,对频繁出入羊舍的各种器具,如车、锹、耙、杈、扫帚、箩帚、奶桶等必须定期用来苏儿1:300稀释喷雾或浸泡严格消毒。

(四)场区道路、空地消毒

应做好场区环境卫生工作,坚持经常清扫,保持干净,无杂物和污物堆放。对道路必要时采用高压水枪清洗,对空地及运动场要定期喷雾消毒。可用2%的烧碱或来苏儿1:300稀释、百毒净1:800稀释,对场区环境进行消毒。

❀ 测评作业

一、填空题

1.选择羊场场址时,应该考虑＿＿＿＿、＿＿＿＿、＿＿＿＿、＿＿＿＿、＿＿＿＿、＿＿＿＿六个方面。

2.根据羊舍防热防寒温度界限,冬季产羔舍舍温最低应保持在＿＿＿℃以上,一般羊舍在＿＿＿℃以上;夏季舍温不超过＿＿＿＿℃。

二、简答题

1.羊舍选址的基本原则是什么?

2.羊舍建筑设计的基本参数有哪些?

3.羊舍基本结构有哪些要求?

4.羊舍的常见类型有哪几种,哪种羊舍更适合西北地区使用,说明原因。

5.肉羊场配套设施有哪些? 各有什么作用?

6.羊场环境保护的内容、措施有哪些?

❀ 考核评价

羊场规划与建设

专业班级		姓名		学号	

一、考核内容与标准

说明:总分100分,分值越高表明该项能力或表现越佳,综合得分≥90为优秀,75≤综合得分＜90为良好,60≤综合得分＜75为合格,综合得分＜60为不合格。

考核项目	考核内容	考核标准	综合得分
过程考核	操作态度 (10分)	积极主动,服从安排	
	合作意识 (15分)	积极配合小组成员,善于合作	
	场址选择与总体规划(15分)	能够按照要求,灵活应用所学知识,识读、绘制羊场总体规划平面图	
	羊舍建设 (15分)	能够按照要求,灵活应用所学知识,识读、绘制羊舍结构图	
	羊场的主要设备 (10分)	根据所学内容,准确阐述不同类型羊场主要设备的用途及使用中的注意事项	
	羊场的环境保护 (15分)	能够按照要求,灵活应用所学知识,科学阐述羊场环境保护的内容和废弃物处理的方法	
结果考核	绘制平面图 (10分)	设计合理、比例协调、美观大方	
	报表填报 (10分)	报表填写认真,在规定时间内完成上交	

续表

合 计	

综合分数：_____ 分　　优秀( )　　良好( )　　合格( )　　不合格( )

二、综合评价

（该学生是否掌握了该岗位的专业知识、专业技能及掌握程度,能否通过该岗位技能考核）

考核人签字：

年　　月　　日

项目三

羊的选种选配与繁殖

🍁 教学内容与工作任务

项目名称	教学内容	工作任务与技能目标
羊的选种选配与杂交繁育	羊的引种	1.掌握合理引种的原则;
	种羊的选择	2.掌握种羊选择的方法;
	种羊的选配	3.按操作规程能正确测量羊的主要体尺;
	羊的繁殖规律	4.掌握羊的齿龄判断;
	羊的发情鉴定技术	5.熟悉细毛羊、半细毛羊个体鉴定的项目;
	羊的配种技术	6.知道不同经济类型羊的鉴定;
	羊的妊娠诊断技术	7.知道选配的意义和作用;
	羊的杂交改良	8.能根据生产实践进行选配;
	提高繁殖力的主要方法	9.掌握羊的繁殖规律;
		10.掌握羊的人工输精;
		11.掌握羊的妊娠诊断方法和预产期的推算;
		12.知道羊的杂交改良方法;
		13.知道提高繁殖力的主要方法。

🍁 知识链接

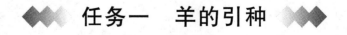

任务一　羊的引种

一、合理引种

把外地或外国的优良品种或品系引进当地,直接推广作为育种的材料,称为引种。一般来说,引种的难易主要取决于所引品种适应能力的强弱,而引种的成败则主要取决于我们所提供的饲养管理条件和繁育技术水平。所以,引种应注意以下几个问题。

(一)正确选择引入品种

引种的目的在于利用,是否被利用或引种能否成功则需要考虑多方面的因素。选择引入品种,首先要考虑到国民经济的需要和当地品种区域规划的要求,并且主要依据该品种具有的良好经济价值、育种价值和良好的适应性。即引种不仅要考虑到必要性,而且要考虑到可能性。

1.引入品种必须具有独特的生产性能

这是选择引入品种的先决条件。我们育种的目的就是引进优良基因,改良提高原有品种的生产性能或改变原有品种的生产方向,使其创造更高的经济价值。如果引入品种满足不了我们所需生产方向或生产性能,则失去引种的意义。例如,要提高某一细毛羊品种的羊毛长度,引种时必须要考虑到引入品种在羊毛长度上有独特的表现,并在其他性状方面也要有较好表现,即必须具有育种价值。

2.引入品种对本地品种改良后能产生更高的经济价值

这反映了引种的重要性。某一品种在国外或外地无论其生产性能多么好,经济价值多么高,若引入到当地因国情(诸如生活需求、工艺加工能力水平、销售渠道等)、省情或市场需求等因素限制而不能产生较好经济效益的,也不能说这一品种在当地就好,引种就成功。在引入地不产生明显经济效益的品种就不能引入。因此,引种必须慎重,不仅要考虑该品种在外地的经济价值,更要结合当地的市场实际和预期效益进行考察。

3.引入品种必须对引进地区生态环境有良好的适应性

只有适应性良好的品种才能正常繁殖、生长和充分发挥其遗传潜力与生产优势。适应性是由许多性状构成的一个复合性状,它包括品种的抗寒、耐热、耐粗放管理以及抗病力、繁殖力、生产性能发挥等一系列性状,直接影响到经济性状和经济效益。每个品种都是在一定的生态条件下繁育而成,对当地生态条件具有很好的适应性,对相似地区有一个适应性强弱的同胚。适宜引种区的判断主要通过5个方面:温度、海拔、气温、降水量、牧草资源。这5个因素相近的地区间引种,成功率较大。

(二)慎重选择引入品种的个体

一个好的品种是由许多个体组成,在同一品种内部存在着个体差异,这是进行个体选择的基础。个体选择应从以下几个方面考虑。

1.个体的品种特征

优良个体应具备该品种的特征,如体型外貌、生产方向、生产特征、适应性等。特别是体型外貌方面,一定是品种中的优良个体,不应有其他缺陷。体型外貌包括头形、角形、耳形及大小、头毛着生情况、背腰是否平直、四肢是否端正、蹄色是否正常及整体结构等。

2.个体的生产性能

对引入品种来说,选择的个体应是品种群中生产性能较高者,各项生产指标高于群体平均值。如剪毛量、毛长、体尺、体重、坐长发育速度等。

3.个体的健康状况

选择个体应无任何传染病,体质健壮,生长发育正常,无受阻现象,四肢运动正常,被毛油汗适中,母羊乳头整齐、发育好,公羊睾丸大小正常、无隐睾和单睾现象。

4.个体的遗传基础

对于本身生产性能好的个体还要看父、母、祖父、祖母的生产成绩,特别是父、母的生产成绩。由于羊多是单胎动物,全同胞个体较少,主要查看亲本性能即可。

5.要有适度规模

引入个体要有一定数量,特别是种公羊要有几个血统(一般 5 个以上),以防纯繁时群体中近交系数的增加。

此外,幼年畜禽具有较大的可塑性,选择幼年健壮个体引种易于成功。

(三)严格执行检疫隔离制度

动物检疫是引种中必须进行的一项基础工作,检疫的目的一是保证引进健康的种畜,二是防止传染病的带入和传播。进行动物检疫的部门是县级以上动物检疫站。国内的检疫项目一般有:临床检查和传染病检查,包括布鲁氏菌病、蓝舌病、羊痘、口蹄疫等。运输种羊必须经检疫、车辆消毒后才准许持证运输。引回的种羊要进行隔离观察 5 周,检疫合格后才可和当地羊在同一牧场或圈舍饲养。

(四)选择好引种方式和做好引种运输

1.引种方式

(1)引进活体 即直接购进种羊,这是最常用的引种方式。这种方式对引进种羊有比较直观地了解,并可直接使用。但是引种运输中的管理较为麻烦,风险性较大,经费投资也较大。

(2)引进冷冻精液 就是引进优良种公羊的冷冻精液,然后进行人工授精。这种引种方式仅需液氮灌,携带、运输轻便、安全、投资也不大,而且推广使用面大。我国各地现已普遍采用,冷冻精液的人工授精技术也普遍掌握,是一种较好的引种方式。

(3)引进冷冻胚胎 引进优良种羊的冷冻胚胎,然后进行胚胎移植,产生优良个体。这种方式不需引进种母羊就可以生产引进品种的个体,且运输、携带方便,但是技术要求条件较高,在一般生产中推广有一定的难度。随着技术的改进和普及,相信引进胚胎会成为远距离引种,特别是从国外引种的主要方式。

2.引种运输

(1)合理安排运羊时间 为了使引入羊只在生活环境上的变化不致过于突然,使机体有一个逐步适应的过程,在调运时间上应考虑两地之间的季节差异。如由温暖地区向寒冷地区引种羊,应选择夏季为宜,由寒冷地区向温暖地区引种应以冬季为宜。其次在启运时间上要根据季节而定,尽量减少途中不利的气候因素对羊造成影响。如夏季运输应选择在夜间行驶,防止日晒。冬季运输应选择在白天行驶。一般春、秋两季是运输羊比较好的季节。

(2)运输途中所需饲草料及水的准备 一般短距离运输(不超过 6 h),途中不喂草料也可以,但要有水喝,运输前要准备好饮水盆、提水桶等。长距离运输,特别是火车运输时,一定要准备好草(一般为青干草,鲜草因途中发热变质,羊不能采食),途中喂羊用的捆草绳、饲料、饲槽、水缸、水桶或水盆等。饲草的用量依运输距离、估计途中运输天数而定。饲草要用木栏与羊隔开,以防羊踩踏污染。

(3)押运人员和途中用品、药品的准备 汽车押运一般1辆车有1个人员即可,火车押运时,1节车厢上应有2人。押运人员必须有责任心、对羊饲养管理较为熟悉且较好的体力。随车应准备铁锨、扫帚、手电及常用药品(特别是外伤用药)等。

(4)车辆的联系准备 一般在办理铁路、公路检疫证时,就应联系车辆,并和检疫部门合作对车辆进行消毒。车辆的准备包括以下几个方面:一是车辆的大小和数量;二是车辆的消毒;三是装车时间、地点的确定;四是车辆上必要设施的配制准备。如用汽车运输时,车厢要搭上高马槽,在车厢中间拴上1~2根绳子,以便押运人员在车上行动,同时在车厢底撒上沙子、铺上干草或玉米秸秆、麦秸等,在运输中起吸湿、防滑作用。为防止运输中日晒和下雨,长距离运输还应在车厢上搭车棚,用树枝或雨布遮盖。

(5)装车 装车前羊应当空腹或半饱,不宜放牧后装车,以防腹部内容物多,车上颠簸引起不良反应。装车时,车辆应停放在高台处,让羊能自动上车,上车速度不宜过快,以防互相拥挤造成挤伤、跌伤。在车厢马槽边沿处应放上木棒挡住空隙,防止羊蹄踩人造成骨折。每辆车上装羊的数量以羊能活动开为宜。太多时,体弱羊若被挤倒则很难站起,容易引起踩、踏伤或致死;夏季运输时如果羊过多拥挤,通风散热不畅容易中暑。羊装上车后,要清点羊数。

(6)运输途中注意事项 无论公路运输或是铁路运输,都要求运输途中快、稳、勤。快就是要求尽量缩短途中运输时间,早到达目的地,途中做到人休息(司机轮流休息)车不休息,特别在夏季中午行车,车更不能停下,以防日晒、拥挤造成中暑,因在车行驶中由于有风速加快散热,可减少中暑的可能;稳就是要求行车中车速要平稳,不能急加速或急减速、紧急制动,过坑和在路面不平的道路上行驶时要减速,以防羊前后拥挤、踩踏和倒伏;勤就是要跟勤、腿勤和手勤,行车中押车人员要勤观察车厢内羊只,发现挤倒的羊要随时扶起,路途中休息时清点羊数,给羊喂草、饮水,车厢太湿时要换垫草,检查车厢车槽是否坚固牢靠。铁路运输时,若用敞篷车(车型为C)运输,每车厢内应有2人押运,途中随时查看有无挤倒的羊只并及时扶起。在行车途中要给羊喂草料、饮水。若用灌子车(车型为P)装运,羊分别装在车厢两端,中间开门处用木栏杆挡住,行车中打开车门和车厢内通风孔,保持良好的通风。冬季则可适当打开点门缝,勿开大门,以防风吹受凉。行车中勤清除粪、尿,勤换垫草,并要保证羊饮好水。在车站停车或编组时,要尽快给车上补足水,并不要远离车厢,以防人员丢失误车。

(7)卸车 到达运输目的地,汽车可停放在有高台的地方,打开一侧马槽,在马槽与车厢底垫上草或木条,以防羊踩人造成骨折,并让羊自己走下车,切勿拥挤,清点羊数和清洗车辆。下车后有的羊卧地休息,有的羊则急于饮水、吃草,此时不宜喂草料和放牧,且第一次不宜喂得过饱。对病羊、伤羊要抓紧治疗。到达目的地的第一周内,要隔离饲养,注意采食和其他行为,并逐渐过渡到正常的饲养管理。

(五)加强饲养管理

引种后的第一年是关键性的一年,除注意做好接运工作外,还应根据引入羊原来的饲养习惯,选用适宜的日粮类型和饲养方法,采取必要的防寒或降温措施,创造良好的饲养管理条件。

每一品种都有其适宜的生态条件和饲养管理水平。对引入品种的风土驯化,不能使其直接适应新的环境,要人为创造适宜的生态环境和饲料条件,使其实现平稳过渡,生长发育和生产性能不发生太大的波动。在此基础上再逐步改变饲养管理条件,并加强适应性锻炼,使其逐渐适应新的环境条件,这一方法虽然驯化时间长,但效果较好。例如,山西省1987年从澳大利亚引进安哥拉山羊24只,由于介休种羊场和沁水示范牧场两场所在地夏季最高气温为38.6℃和37.8℃,分别比原产地20℃高18.6℃和17.8℃。为使安哥拉山羊适应环境,采用了夏季上午早出早归、下午晚出晚归,在通风良好的山梁上或凉棚、树荫下休息,扩大羊舍面积,减小密度,打开门窗,加快空气流通及保持圈舍干燥,增加饮水次数等一系列饲养管理措施,从而保证了羊群的正常越夏。在冬季配备保理性能好的羊舍,入冬时将羊舍窗户用塑料布钉上,减小空气流量,提高舍内温度,并且春季推迟剪毛,使羊能安全度过冬春。经过两年的精心管理,不仅羊剪毛量没有降低,而且体重和产羔率比原产地都有所提高。此后羊也慢慢地适应了当地的气候条件,生产性能一直保持在一个较好的水平。

(六)采取必要育种措施

应加强对适应性的选择,注意选择适应性好的个体留种,坚持留强去弱,选配中应避免近亲交配。

二、我国品种资源的合理利用

(一)品种的利用方式

1.直接利用

我国地方良种以及培育品种都具有较高的生产性能,或某一方面具有突出的生产用途,且已具有一定的数量。因此,均可以直接用于生产畜产品。对于引入品种,由于具有较高的生产性能,可直接用于生产畜产品。但是由于引入品种数量较少,要搞好纯繁扩群和保种工作,以便进行大面积推广应用。

2.间接利用

对引入品种利用的最终目的是使当地品种吸收外来品种的血缘和优良基因,从而大面积提高生产性能。这种利用方式既有赖于其本身的生产成绩,又有赖于群体的影响效果,故称为间接利用。间接利用分为以下三个方面。

(1)培育新品种 利用引入的优良品种并对本地品种进行杂交改良,通过选种选育改变本地羊的生产方向,提高羊的生产性能,使之成为和引入品种生产方向一致或相似、具有稳定遗传和一定数量的类群或品种。例如,蒙古羊是我国古老的三大粗毛羊品种之一,其生产方向是生产异质毛(粗毛)及产肉,其羊毛工艺价值低,不可作为毛纺工业原料。为此,引进了细毛羊品种进行杂交改良并经选育提高而培育出了新疆细毛羊、东北细毛羊、内蒙古细毛羊、甘肃高山细毛羊、山西细毛羊等品种,与原粗毛羊生产的异质毛是截然不同的两个生产方向,产品可作精纺工业原料。又如,我国大多数本地山羊是兼用型羊,其产绒性能都不高,但引进了安哥拉山羊对其杂交改良,将产绒的生产方向改变为产毛,这是截然不同的两个产品和两个生产方向。再如,本地山羊产奶性能不高,引进萨能奶山羊进行杂交改良,则能显著提高产奶性能,而成为以产奶为主的奶山羊品种,如关中奶山羊。

(2)改善提高原有品种的生产性能　本地羊原有生产方向和性能基本上能满足社会的需求,但在某些方面仍有不足之处,通过本品种选育难达到理想性能时,可导入外来优良品种血缘,引进优良基因,从而达到提高生产性能的目的。例如,东北细毛羊、新疆细毛羊,引入澳洲美利奴羊血缘后,显著地提高了原有品种的产毛性能和羊毛品质。又如,辽宁绒山羊产绒多而绒纤维稍粗,引用内蒙古白绒山羊改善羊绒细度,而内蒙古白绒山羊又用辽宁绒山羊提高其羊绒产量。

(3)开展经济杂交　利用杂种优势提高原有品种的生产水平,特别在羊肉生产中应用相当广泛。一般是利用本地品种耐粗饲、适应性强和外来肉羊品种生长快、肉品质好的特点,通过杂交,使杂种羊兼备本地种和引入种的优势,生产出明显高于本地羊生产性能的个体和较好的肉羊品种。

(二)提高品种利用效果的途径

1.纯繁扩群、选育提高

一般由于经济实力和其他条件的限制,不可能引入大量的个体,但生产上则需要更多的优良个体,因此,对引入品种一定要纯繁扩群,在纯繁过程中选育提高,并为生产应用提供更多的个体。纯繁扩群一定要按照育种理论和实际情况,保持适度群体数量,控制近交系数的过快增加,以防近交退化。

2.以科学试验为基础,边研究边推广

引入品种对本地品种的改良效果如何,或引入品种对原有品种生产性能的提高程度如何,是否达到我们原来引种的设想,这要通过一系列试验工作来验证。先试验后推广,先场内后场外,由点到面逐步总结经验和推广,这样才不会使引种利用走弯路,才能充分合理地利用引入品种。

3.运用科技手段,提高利用率

原始的品种利用多是引入品种个体与本地品种直接交配进行杂交改良或选育提高工作,使种羊特别是种公羊的利用率不高。如在自然交配下公、母羊比例为 1:(25～30),若采用人工授精技术,则配种能力可达 1:(500～1 000),减少了种公羊的饲养量,提高了利用率,扩大了使用面。近年来,同期发情及人工授精、胚胎分割、胚胎移植等生物技术的研究和应用,使种羊的利用效益大大提高。相信这些技术将会成为今后养羊业发展的重要技术措施。

4.正确选择最佳的选配方案,最大限度地提高生产性能和间接效益

在羊肉生产中,现今普遍应用杂种优势,但是由于父本和母本本身的适应性、生产性能不同,或不同父本间存在某些特殊优势,因此,要通过选择父本、母本或进行二元、三元杂交,选择最佳的杂交组合程序,才能充分发挥杂种优势的作用,生产更好的产品。一般说来,在羊肉生产中,以适应性强、产羔多、母性好,数量多的品种作为母本品种;以生长速度快、饲料报酬高、体大、生长性能和肉品质好的品种作为父本,这样在杂种中会表现出具有父、母本品质的优良个体。若进行多元杂交,还要考虑终端父本,这样才能充分发挥引入品种的作用。

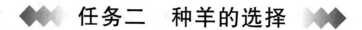

任务二 种羊的选择

一、种羊的选择标准

选种就是对绵、山羊的综合选择,是为繁殖下一代而进行的选优汰劣的措施。通过选择,选出生产性能高、具有优良遗传特性,即能够产生品质优良后代的优秀个体留作种用,不断提高群体中优良遗传基因出现的表达概率,增加优良基因型个体的数量,淘汰和避免不良基因型个体后代在群体内存在,达到改善和提高群体品质的目的。

不论是种羊场还是商品羊场,把那些生产性能好、品质优、体格壮的个体选出来,留种、配种,使之高产出,才能达到多产羔、多产肉、多产毛、多增收的目的。为了进一步提高羊群质量及生产性能,种羊的选择至关重要。因此,选择时要根据发展方向和品种特征制订选择标准,逐步进行。种羊的选择应从生产性能和体型外貌等方面进行。

(一)体型外貌

体型外貌在纯种繁育中非常重要,凡是不符合本品种特征的羊不能作为选种的对象。另外,体型对生产性能方面有直接的关系,也不能忽视。如果忽视体型,生产性能全靠实际的生产性能测定来完成,就需要时间,造成浪费。比如产肉性能、繁殖性能的某些方面,可以通过体型选择来解决,在初选时主要通过看外貌来确定优劣。要求被选种羊体格大、体质结实、骨骼分部匀称、腿高粗、前胸宽、身腰长,爬跨时稳当。头部与颈部结合良好,头大雄壮,精神旺盛。生殖系统发育正常,两侧睾丸匀称,无疾病和缺陷,性欲旺盛。此方法标准明确,简便易行。

(二)生产性能

生产性能指体重、早熟性、产毛量、羔裘皮的品质等方面。羊的生产性能可以通过遗传传给后代,因此,选择生产性能好的种羊是选育的关键环节。但要在各个方面都优于其他品种是不可能的,应突出主要优点。通常是通过个体品质鉴定和生产性能测定结果为依据,并对照品种标准直接进行选择。个体选择简单易行,是育种工作中普遍采用的一种选择方法。

(三)系谱

系谱是反映个体祖先血统来源、生产性能和等级的重要资料,是个体遗传信息的重要来源。如果被选个体本身好,并且许多标准与亲代具有共同特点,证明遗传性能稳定,就可以考虑留种。审查、分析系谱时,一般只考虑 2~3 代。重点应放在亲代(父母代)上,祖先在遗传上对后代的影响程度随着代数的增加而相对降低,也就是血缘关系越远,对后代的影响越小。

(四)旁系品质

根据旁系品质选种是指根据被选个体的半同胞表面特征进行选种,即通过利用同父母半同胞特征值资料来估算被选个体育种值的方法进行选种。

为了选种工作顺利进行,选留好后备种羊是非常必要的。后备种羊的选留要从以下几个方面进行:一是要选窝(看祖先),从优良的公、母羊交配后代中,全窝都发育良好的羔羊中选择。母羊需要第二胎以上的经产多羔羊。二是要选个体,从初生重大且生长各阶段增重快、体尺好、发情早的羔羊中选样。三是要选后代,要看种羊所产后代的生产性能,是不是将父母代的优良性能传给了后代,凡是没有这方面的遗传,不能选留。后备母羊的数量一般要达到需要数的3～5倍,后备公羊的数也要多于需要数,以防在育种过程中有不合格的羊不能种用而数量不足。

二、种羊的体尺测量

(一)羊的体尺部位名称

羊的不同体尺部位构成了不同的外形特征。了解羊的体尺部位对判定其生产方向有实践意义。羊体各部位名称见图3-1。

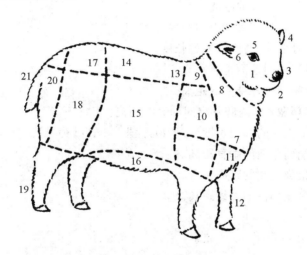

图3-1 羊体各部位名称

1.脸 2.口 3.鼻 4.耳 5.额 6.眼 7.颈 8.肩前沟
9.鬐甲 10.肩部 11.胸部 12.前肢 13.背部 14.腰部
15.体侧部 16.腹部 17.荐部 18.股部 19.后肢 20.尻部 21.尾

(1)头颈部 毛用羊的头较长,面部较大,颈部较长,一般有2～3个皮肤皱褶。肉用羊的头短而宽,颈部较短无皱褶,肌肉和脂肪发达,呈宽的方圆形。

(2)鬐甲 毛用羊的鬐甲大多比背线高,肉用羊的鬐甲宽,与背部成水平线。

(3)背腰部 毛用羊的背腰较窄,肉用羊背腰平直,宽而多肉。

(4)胸部 毛用羊的胸腔长而深,容量较大。肉用羊的胸腔宽而短,容量较小。

(5)腹部 绵羊的腹部要求腹线与背线平行。腹部下垂的称为"垂腹"或"草腹",是一大缺陷。垂腹是羊在幼龄阶段饲喂大量粗饲料所致,有时也与凹背有关。

(6)四肢　羊的品种不同,四肢高矮也有差异。肉用羊的四肢比其他品种短。要求羊的肢势直立端正。前望,前肢覆盖后肢。侧望,一侧的前、后肢覆盖另一侧的前、后肢。后望,后肢覆盖前肢。凡两前肢膝盖或两后肢飞节紧挨的称"X"形腿,彼此分开的称"O"形腿。两后肢关节向躯干下前倾的称"刀状腿",这些肢势均属缺陷。

(二)体尺测量

测量项目的多少是根据测量的目的而定,但必须测量体高、体长、腰角宽等基本部位;如有特殊需要,可以针对性的多测量几个部位。将羊保定在平坦的地方,站立的肢势要端正;根据不同项目分别用卷尺、测杖、圆形测量器逐一测量;测量时要求部位准确;读数精确;卷尺不能拉得太紧或放得太松,否则影响准确性;由一人记录。

体尺测量项目与部位如下。

(1)头长　由顶骨的突起部到鼻镜上缘的直线距离。

(2)额宽　两眼外突起之间的直线距离。

(3)体高　由鬐甲最高点到地面的垂直距离。

(4)体长　由肩胛骨前端到坐骨结节后端的直线距离。

(5)胸宽　左右肩胛中心点的距离。

(6)胸深　由鬐甲高点到胸骨底面的距离。

(7)胸围　在肩胛骨后端,绕胸一周的长度。

(8)尻高　荐骨最高点到地面垂直距离。

(9)尻长　由髋骨突到坐骨结节的距离。

(10)腰角宽(十字部宽)　两髋骨突间的直线距离。

(11)管围　管骨上 1/3 的圆周长度(一般以左腿上 1/3 处为准)。

(12)肢高　由肘端到地面的垂直距离。

(13)尾长　由尾根到尾端的距离。

(14)尾宽　尾幅最宽部位的直线距离。

三、种羊的年龄鉴定

羊的年龄一般根据育种记录和耳标即可了解,但有时需要根据羊的牙齿的生长、更换和磨损情况来进行判断。

(一)耳标判断法

这种方法多用于种羊场或一般羊场的育种群。为了做好羊的育种工作,在羊的左耳佩戴金属或塑料的耳号牌,每只羊都有耳标。允许有各种代号,但必须用四位或五位数字码,一般第一个号码表示该羊出生年份的尾数。年号的后面才是个体编号。如"4318"即表示 2004 年出生的 318 号羊。这样,可通过第一个号码来推算羊的年龄。

(二)牙齿判断法

羊的牙齿根据发育阶段分为乳齿和永久齿两种。羊上下颚各有臼齿 12 枚(每边各 6 枚),

共有臼齿 24 枚。羊上颚没有门齿,下颚有门齿 8 枚,最中间的一对叫钳齿,依次向外各对叫内中间齿、外中间齿及隅齿。羔羊初生时长出第 1 对乳齿,生后不久长出第 2 对乳齿,生后 2～3 周长出第 3 对乳齿,生后 3～4 周时长出第 4 对乳齿。乳齿小而白,永久齿大而微黄。幼年羊乳齿计 20 枚。随着羊的生长发育,逐渐更换为永久齿,到成年时达 32 枚。

羊乳齿长出及更换为永久齿的年龄,可根据表 3-1 所列内容对照判断。

表 3-1　羊年龄判断表

羊的年龄	乳门齿长出、更换及永久齿的磨损	习惯叫法
1 周龄	乳钳齿长出	
1～2 周龄	乳内中间齿长出	
2～3 周龄	乳外中间齿长出	
3～4 周龄	乳隅齿长出	
1.0～1.5 岁	乳钳齿更换	对牙
1.5～2.0 岁	乳内中间齿更换	四齿
2.5～3.0 岁	乳外中间齿更换	六齿
3.5～4.0 岁	乳隅齿更换	新满口
5 岁	钳齿齿面磨平	老满口
6 岁	钳齿齿面呈方形	
7 岁	内外中间齿齿面磨平	漏水
8 岁	开始有牙齿脱落	破口
9～10 岁	牙齿基本脱落	光口

为方便记忆,可以用以下三字顺口溜:一岁半,中齿换;到二岁,换两对;两岁半,三对全;满三岁,牙换齐;四磨平,五齿星,六现缝,七露孔,八松动,九掉齿,十磨净。

四、细毛羊、半细毛羊的品质鉴定

细毛羊、半细毛羊的品质鉴定是通过检查羊的体型外貌、生长发育、生产性能与育种价值等情况来评定其品质的优劣。从而为羊的育种工作打下基础。

细毛羊、半细毛品质鉴定每年进行一次,有个体鉴定和等级鉴定两种。个体鉴定须做个体鉴定资料记录,等级鉴定不做记录,只按照鉴定项目和标准定出等级,作出标记,分别归入一、二、三、四级。

进行个体鉴定的羊只包括特、一级成年公、母羊、后备公羊、周岁公、母羊和作后裔测定的母羊及所生羔羊。个体鉴定以外的羊只,包括一般供繁殖的母羊和幼年羊进行等级鉴定。

(一)细毛羊、半细毛羊的鉴定时间

细毛羊、半细毛羊的鉴定,一般在春季剪毛前进行,此时羊毛质量与产量等各种特征已充分表现,是对羊进行全面鉴定的最佳时机。

(1)细毛羊、半细毛羊及其杂种羊在 1 岁时鉴定一次,种羊场及繁殖场的核心群,在 2 岁时作一次终身鉴定。

（2）种公羊每年都要鉴定一次。

（3）羔羊初生时，根据其初生体重（第一次吃初乳前测定）、体型、毛色、毛质及生长发育、健康情况等特征做初生鉴定，并将品质低劣不宜留种的公羔及时去势。

在羔羊断奶分群时，根据体重、体型、羊毛密度、长度、细度、弯曲、腹毛和体格大小进行总评鉴定。羔羊断乳后，可依据鉴定结果编群。

初生和断奶两次鉴定可作为种公羊后裔测定的初步资料。

（二）细毛羊的鉴定分级标准

1. 新疆细毛羊鉴定分级标准——GB 2426—81

本标准适用于新疆毛肉兼用细毛羊的鉴定、分级及种羊出售（表 3-2、表 3-3）。品种标准请参阅有关品种章节。

新疆细毛羊鉴定后分为以下四级。

一级：全面符合品种标准的为一级。一级中的优秀个体，凡符合下列条件者列为特级。

①毛长超过标准 15%，体重、剪毛量各超过标准 10%，三项中有两项达到者。

②体重超过 20%，剪毛量超过 30%，二项中有一项达到者。种羊场的特级羊必须来源于特、一级羊。

二级：基本上符合品种标准，毛密度稍差、腹毛较稀或较短的为二级。头毛及皱褶过多或过少、羊毛弯曲不够明显、油汗含量不足、颜色深黄的个体也允许进入二级。

三级：其他指标符合品种标准，体格较小，毛短（公羊不得低于 6.0 cm，母羊不得低于 5.5 cm）的列入三级。头毛及皱褶过多或过少、羊毛油汗较多、颜色深黄、腹毛较差的个体允许进入三级。

四级：生产性能低，毛长不短于 5.0 cm，不符合以上三级条件者列为四级。

表 3-2　成年羊最低生产性能指标　　　　　　　　　　　kg

羊别	剪毛后体重	剪毛量	净毛量
成年公羊	75.0	8.0	3.5
成年母羊	45.0	4.5	2.0

表 3-3　育成羊最低生产性能指标　　　　　　　　　　　kg

级别	剪毛量		净毛量		剪毛后活重	
	公	母	公	母	公	母
一级	4.5	3.7	2.0	1.7	40.0	33.0
二级	3.8	3.2	—	—	40.0	33.0
三级	3.5	3.2	—	—	35.0	30.0

2. 东北细毛羊鉴定分级标准——GB 2416—2008

本标准适用于东北细毛羊品种鉴定和等级评定。品种标准请参阅有关品种章节（表 3-4 至表 3-6）。

东北细毛羊分为四级，一、二级用于繁殖和改良粗毛羊，三、四级用于本品种选育提高。

一级:全面符合标准要求的定为一级。一级来源于特、一级的后代。毛长和毛量超过指标20%,体重超过10%的个体评为特级。

二级:主要生产性能与一级羊相同,但存在头毛过多或过少、弯曲不明显、油汗黄色、腹毛差等缺点之一者评为二级。

三级:生产性能中产毛量比标准低0.5 kg,体重低5.0 kg,毛短1.0 cm,并还存在头毛过少、密度稀、细度偏细、高弯、油汗黄色、腹毛和四肢毛差缺点之一者评为三级。

四级:不符合一、二、三级标准要求,但公母羊的产毛量分别达7.0 kg和4.0 kg、体重分别达60.0 kg和35.0 kg、毛长5.5 cm以上、细度偏粗或偏细者评为四级。

表 3-4　成年羊最低生产性能指标　　　　　　　　　　　　　　　　kg

羊别	剪毛后体重	剪毛量	净毛量
种公羊	75.0	9.0	3.6
成年母羊	45.0	5.5	2.2

表 3-5　育成羊最低生产性能指标

级别	毛长/cm	产毛量/kg		净毛量/kg		体重/kg	
		公	母	公	母	公	母
一级	8.5	6.5	5.5	2.6	2.2	45.0	35
二级	8.5	6.5	5.5	2.6	2.2	45.0	35
三级	7.5	5.5	5.0	2.2	2.0	40.0	32
四级	7.0	5.0	4.0	2.0	1.5	36.0	30

表 3-6　成年羊及育成羊最低生产性能指标　　　　　　　　　　　　kg

性别	成年羊		育成羊	
	剪毛后体重	净毛量	剪毛后体重	净毛量
公羊	70.0	5.5	38.0	3.0
母羊	40.0	3.0	32.0	2.5

(三)细毛羊、半细毛个体鉴定的项目

细毛羊鉴定项目根据国家标准 NY 1—2004 执行。细毛羊鉴定项目 10 项。项目用汉语拼音首位字母代表。以 3 分制评定鉴定项目。

1. 头部

头部用 T 表示为 TX,X 为评分。

T3—头毛着牛至眼线,鼻梁平滑,面部光洁、无死毛。公羊角呈螺旋形,无角型公羊应有角凹;母羊无角。

T2—头毛多或少,鼻梁稍隆起。公羊角形较差;无角型公羊有角。

T1—头毛过多或光脸,鼻梁隆起。公羊角形较差;无角型公羊有角,母羊有小角。

2.体型类型

体型类型用 L 表示为 LX,X 为评分。

L3—正侧呈长方形。公、母羊颈部有优良的纵皱褶或群皱。胸深,背腰长,腰线平直,尻宽而平,后躯丰满,肢势端正。

L2—颈部皮肤较紧或皱褶多,体躯有明显皱褶。

L1—颈部皮肤紧或皱褶过多,背线、腹线不平,后躯不丰满。

3.被毛长度

实测毛长:在羊体左侧中线,肩胛骨后缘一掌处,顺毛丛方向测量毛丛自然状态的长度,以厘米(cm)表示,精确到 0.5 cm。

超过或不足 12 个月的毛长均应折合为 12 个月的毛长。可根据各地羊毛长度生长规律校正。

种公羊的毛长除记录体侧毛长外,还可测肩、背、股、腹部毛长。

4.长度匀度

长度匀度用 C 表示为 CX,X 为评分。

C3—被毛各部位毛丛长度均匀。

C2—背部与体侧毛丛长度差异较大。

C1—被毛各部位的毛丛长度差异较大。

5.被毛手感

被毛手感用 S 表示为 SX,X 为评分。

用于抚摸肩部、背部、体侧部、股部被毛。

S3—被毛手感柔软、光滑。

S2—被毛手感较柔软、光滑。

S1—被毛手感粗糙。

6.被毛密度

被毛密度用 M 表示为 MX,X 为评分。

M3—被毛密度达中等以上。

M2—被毛密度达中等或很密。

M1—密度差。

7.被毛纤维细度

(1)细羊毛的细度应是 60 支以上或毛纤维直径 25.0 μm 及以内的同质毛。

(2)在测定毛长的部位,依不同的测定方法需要取少量毛纤维测细度,以 μm 表示,现场可暂用支数或 μm 表示。

8.细度匀度

细度匀度用 Y 表示为 YX,X 为评分。

Y3—被毛细度均匀,体侧和股部细度差不超过 2.0 μm;毛丝内纤维直径均匀。

Y2—被毛细度较均匀,后躯毛丛内纤维直径欠均匀,少量浮现粗绒毛。

Y1—被毛细度欠均匀,毛丛中有较多浮现粗绒毛。

9.弯曲

弯曲用 W 表示为 WX,X 为评分。

W3—正常弯曲(弧度呈半圆形)。毛丛顶部到根部弯曲明显、大小均匀。

W2—正常弯曲。毛丛顶部到根部弯曲欠明显、大小均匀。

W1—弯曲不明显或有非正常弯曲。

10．油汗

油汗用 H 表示为 HX，X 为评分。

H3—白色油汗，含量适中。

H2—乳白色油汗，含量适中。

H1—浅黄色油汗。

(四)综合评定

总评是综合品质和种羊种用价值的评定。按 10 分制评定。

10 分—全面符合指标中的优秀个体。

9 分—全面符合指标的个体，综合品质好。

8 分—符合指标的个体，综合品质较好。

7 分—基本符合指标的个体，综合品质一般。

6 分—不符合指标的个体，综合品质差。

6 分以下不详细评定。

(五)等级标志及耳号

1．等级标志

细毛羊两岁鉴定结束后，在右耳做等级标志。

等级分为特级、一级和二级。不符合等级的一律不打标记。

特级—在耳尖剪一个缺口。

一级—在耳下缘剪一个缺口。

二级—在耳下缘剪两个缺口。

2．耳号

在羊的左耳佩戴耳号或耳内侧无毛处打耳刺号。第一位应为出生年号。其他自行确定，允许有各种代号。

五、肉用羊的鉴定

(一)肉用羊的鉴定时间

(1)肉用羊的鉴定分为 3 月龄、6 月龄、周岁和成年 4 次。

(2)3 月龄和 6 月龄羊的鉴定由生产单位进行，周岁和成年羊的鉴定由县级或县级以上专业技术部门进行。

(二)肉用羊的鉴定分级标准

1. 小尾寒羊鉴定分级标准——GB/T 22909—2008

本标准适用于小尾寒羊品种鉴定和等级评定。品种特征请参阅有关品种章节。

分级标准如下。

(1)体尺 体尺等级按体高、体长、胸围的等级指标(表3-7)评定。

表3-7 小尾寒羊体尺、体重分级标准

年龄	等级	公 羊				母 羊			
		体高/cm	体长/cm	胸围/cm	体重/kg	体高/cm	体长/cm	胸围/cm	体重/kg
3月龄	特	68.0	68.0	80.0	26.0	65.0	65.0	75.0	24.0
	一	65.0	65.0	75.0	22.0	63.0	63.0	70.0	20.0
	二	60.0	60.0	70.0	20.0	55.0	55.0	65.0	18.0
	三	55.0	55.0	65.0	18.0	50.0	50.0	60.0	16.0
6月龄	特	80.0	80.0	90.0	46.0	75.0	75.0	85.0	42.0
	一	75.0	75.0	85.0	38.0	70.0	70.0	80.0	35.0
	二	70.0	70.0	75.0	34.0	65.0	65.0	75.0	31.0
	三	65.0	65.0	70.0	31.0	60.0	60.0	70.0	28.0
周岁	特	95.0	95.0	105	90.0	80.0	80.0	95.0	60.0
	一	90.0	90.0	100	75.0	75.0	75.0	90.0	50.0
	二	85.0	85.0	95	67.0	70.0	70.0	85.0	45.0
	三	80.0	80.0	90	60.0	65.0	65.0	80.0	40.0
成年	特	100.0	100.0	120	120.0	85.0	85.0	100.0	66.0
	一	95.0	95.0	110	100.0	80.0	80.0	95.0	55.0
	二	90.0	90.0	105	90.0	75.0	75.0	90.0	49.0
	三	85.0	85.0	100	81.0	70.0	70.0	85.0	44.0

(2)体重 体重等级按规定指标评定,膘情差的可按体尺酌情定等级。

(3)产羔 以产仔最高的胎次定等级。公羊和羔羊,参考父母或同胞、半同胞姐妹产羔成绩定等级。具体等级按表3-8执行。

表3-8 小尾寒羊产羔分级标准 只

项目	特级	一级	二级	三级
初产羔数	3	2	2	1
经产羔数	4	3	2	1

(4)综合评定

①凡不符合本品种特征者,不予评定。

②以体尺、体重、产羔率等级进行综合评定,按表3-9规定执行。

③凡具有明显凹背、凹腰、弓背、弓腰和狭胸等缺点之一者,按原综合评定等级降一级。

④最后按表3-9综合评定等级的结果记录在表3-10中。

表3-9 小尾寒羊综合等级评定标准

单项等级		总评等级		单项等级		总评等级	
特	特	特	特	一	一	一	一
特	特	一	特	一	一	二	一
特	特	二	一	一	一	三	二
特	特	三	二	一	二	二	二
特	一	一	一	一	二	三	二
特	一	二	一	一	三	三	三
特	一	三	二	二	二	二	二
特	二	二	二	二	二	三	三
特	二	三	二	二	三	三	三
特	三	三	三	三	三	三	三

表3-10 小尾寒羊综合等级评定结果

羊号	性别	年龄	体尺等级			体重等级		产羔等级			总评等级
			体高/cm	体长/cm	胸围/cm	体重/kg	等级	胎次	产羔数/只	等级	

2.南江黄羊鉴定分级标准——NY 809—2004

品种特征请参阅有关品种章节。

(1)体型外貌标准

①满分评定标准(表3-11)。

表3-11 南江黄羊公母羊外貌鉴定评分

项目	满 分 标 准	评分	
		公	母
毛色	全身被毛黄色,富有光泽;自枕部沿背脊有一条由粗到细的黑色毛带,十字部后不明显	10	8
被毛	细匀短浅,颈与前胸公羊有粗黑长毛和深色毛髯,母羊有细短色浅毛髯	4	5
头部	头大小适中,额宽面平,鼻梁微拱、耳大、直立或微垂,有角或无角,有肉髯或无肉髯	8	6
外形	体躯成圆筒形,公羊雄壮,母羊清秀	6	5
颈	公羊颈粗短,母羊颈细长,与肩部结合良好	6	6
前躯	胸部宽深,肋骨开张	6	6
中躯	背腰平直,腹部与胸部也近乎平直	6	6
后躯	荐宽、尻圆,母羊乳房丰满,呈梨形	12	16

续表3-11

项目	满　分　标　准	评分 公	母
四肢	四肢粗壮端正,蹄质坚实	18	18
外生殖器	公羊睾丸、母羊外阴生长正常,发育良好	10	10
羊体发育	肌肉充实,膘情中上,体质健壮	6	6
整体结构	体质结实,结构匀称,细致紧凑	8	8
总计		100	100

②等级划分标准。南江黄羊体型外貌等级标准见表3-12。

表3-12　南江黄羊体型外貌等级标准　　　　　　　　　　　　　　　分

性别	特级	一级	二级	三级
公羊	≥95.0	≥85.0	≥80.0	≥75.0
母羊	≥95.0	≥85.0	≥70.0	≥60.0

(2)生长发育标准　南江黄羊生长发育标准见表3-13。

表3-13　南江黄羊生长发育标准

年龄	等级	公羊 体高/cm	体长/cm	胸围/cm	日增重/g	体重/kg	母羊 体高/cm	体长/cm	胸围/cm	日增量/g	体重/kg
2月龄	特	49.0	51.0	57.0	180.0	14.0	48.0	50.0	55.0	150.0	12.0
	一	45.0	46.0	51.0	145.0	11.0	44.0	46.0	50.0	130.0	10.0
	二	42.0	42.0	45.0	130.0	10.0	40.0	42.0	45.0	115.0	9.0
	三	39.0	39.0	41.0	120.0	9.0	37.0	38.0	40.0	100.0	8.0
6月龄	特	62.0	64.0	73.0	150.0	31.0	57.0	60.0	67.0	110.0	25.0
	一	55.0	56.0	64.0	115.0	25.0	51.0	53.0	59.0	80.0	20.0
	二	50.0	51.0	58.0	100.0	22.0	46.0	47.0	52.0	70.0	17.0
	三	46.0	47.0	53.0	85.0	19.0	42.0	43.0	47.0	60.0	15.0
周岁	特	68.0	71.0	81.0	80.0	45.0	63.0	67.0	75.0	60.0	36.0
	一	61.0	63.0	72.0	55.0	35.0	57.0	60.0	67.0	45.0	28.0
	二	55.0	57.0	65.0	45.0	30.0	52.0	54.0	60.0	40.0	24.0
	三	50.0	51.0	58.0	35.0	25.0	48.0	49.0	54.0	30.0	21.0
成年	特	79.0	85.0	100.0	35.0	70.0	71.0	75.0	87.0	25.0	50.0
	一	72.0	77.0	90.0	35.0	60.0	65.0	68.0	79.0	25.0	42.0
	二	66.0	70.0	82.0	35.0	55.0	59.0	62.0	72.0	25.0	38.0
	三	61.0	64.0	75.0	35.0	50.0	55.0	56.0	65.0	25.0	34.0

(3)繁殖性能标准　南江黄羊繁殖性能标准见表3-14。

表 3-14 南江黄羊繁殖性能标准

项目	特级	一级	二级	三级
年产窝数/窝	≥2.0	≥1.8	≥1.5	≥1.2
窝产羔数/只	≥2.5	≥2.0	≥1.5	≥1.2
断奶窝重/kg	>32.0	>23.0	>15.0	>11.0
断奶成活率/%	>90.0	>85.0	>80.0	>75.0

（4）产肉性能标准　周岁羯羊平均胴体重 15.0 kg，屠宰率 49%，净肉率 38%，以其为基础来进行产肉性能等级的划分。南江黄羊产肉性能标准见表 3-15。

表 3-15 南江黄羊产肉性能标准

项目	特级	一级	二级	三级
屠宰率/%	≥52.0	≥49.0	≥47.0	≥45.0
宰前活重/kg	≥35.0	≥30.0	≥26.0	≥22.0

通常屠宰率可以采用产肉指数和膘情评估相结合的方法估测。种羊的产肉性能可以用同胞、半同胞羯羊的产肉性能测定值来估测或评定。

3.波尔山羊鉴定标准——GB 19376—2003

本标准由南非制定、经西北农林科技大学养羊专家完善。可作为波尔山羊品种选羊、引羊的依据。

（1）头部　头部坚实，有大而温驯的棕色双眼，无粗野的样子。有一坚挺稍带弯曲的鼻子和宽的鼻孔。有结构良好的口与腭。额部突出的曲线与鼻和角的弯曲相应。角中等长度，渐向后适度弯曲，暗色，圆而坚硬。耳宽阔平滑，由头部下垂，长度中等。

应排除的特征性缺陷：前额凹陷，角太直或太扁平，耳折叠、短小，蓝眼。

（2）颈部和前躯　颈长与体长相称，前躯肌肉丰满。宽阔的胸骨部有深而宽的胸肌。肌肉肥厚的肩部与体部和鬐甲相称，鬐甲宽阔不尖突。前肢长度适中，与体部的深度相称。

应排除的特征性缺陷：颈部太长、太短或瘦弱，肩部松弛。

（3）中躯　体躯长、深、宽阔，肋骨开张，多肉，腰部浑圆，背部宽阔平直，肩后部不显狭窄。

（4）后躯　尻部宽而长，不过于倾斜。臀部不宜太平直。腿部丰满多肉。尾平直由尾根长出，可向两边摆动。

应排除的特征性缺陷：尻部太倾斜或太短，腰部太长，臀部平直。

（5）四肢　四肢粗壮、端正，肌肉适中，结构匀称，结实、强健，系部关节坚韧，耐行走，蹄黑。这是基本特征。

应排除的特征性缺陷：四肢呈"X"状，向外弯曲，太纤细或有太多肌肉。系部纤细、软弱。蹄尖向外或向内。

（6）皮肤和被毛　皮肤松软，颈部、胸部有许多褶皱，尤以公羊为甚，这是又一个基本特征。眼睑、尾下、无毛皮肤应有色素沉着。毛短、具光泽，绒毛量少。

应排除的特征性缺陷：被毛太长、太粗，绒毛太多。

（7）性器官　母羊乳房丰满、柔软，有弹性，乳头左右对称，间距大。公羊阴囊发达、紧凑，周长不小于25.0 cm,睾丸左右对称、圆大,有弹性。

应排除的特征性缺陷:乳房为葫芦状,乳头为串状,有副乳头。睾丸小,阴囊有大于5.0 cm的裂口。

(8)体色　理想型应为头、耳红色的白山羊。有丰富的色素沉着并具明显的光泽,允许淡红到深红。种羊头部两边除耳部外至少有直径10.0 cm的红色斑块,两耳至少有75%的红色区及与其同样比例的色素沉着区。

体色允许出现下列情况:头、颈和前躯的红色不到肩胛,但不低于胸部连接处;体躯、后躯和腹部允许有直径不超过10.0 cm的红毛斑;在胸部与肢部有直径不到5.0 cm的红毛斑;尾部可为红色,但延伸至体部不多于2.5 cm;在两牙期允许有很少的红毛。商品羊至少应有50%为白色,50%为红色,尾下皮肤至少有25%具色素沉着。

六、绒山羊的鉴定

(一)绒山羊的鉴定时间

(1)绒用山羊1岁初评,成年羊鉴定等。

(2)鉴定时间在每年春、秋两季,一般以春季鉴定为主,大多在5月进行。

肉绒兼用山羊的鉴定,一般在春、秋两季抓绒时进行。

(二)绒山羊的鉴定分级标准

1. 辽宁绒山羊鉴定分级标准——GB/T 4630—2011

本标准适用于辽宁绒山羊品种鉴定和等级鉴定。品种标准请参阅品种章节。

评级原则:1岁初评,3岁定等级。

评级方法:

一级:辽宁绒山羊代表型,体型外貌、绒毛品质符合品种特性的要求,生产性能达到一级标准下限。其中三岁公羊产绒量达到1.20 kg以上,母羊达到0.70 kg以上者为特级。1岁公羊绒量达到0.60 kg以上,母羊达到0.50 kg以上者为特级。

二级:体型外貌、绒毛品质符合一级要求,生产性能3岁公羊产绒量为0.75 kg以上,母羊为0.50 kg以上者评为二级;1岁公羊产绒量为0.40 kg以上,母羊为0.35 kg以上者评为二级。

三级:基本符合品种特性要求,产绒量公羊为0.60 kg以上,母羊为0.40 kg以上者评为三级;1岁公羊产绒量为0.35 kg以上,母羊为0.30 kg以上者评为三级。

等外:不符合上述标准的列入等外。

2. 内蒙古白绒山羊鉴定分级标准——NY 623—2002

本标准适用于内蒙古白绒山羊品种鉴定和等级鉴定。品种标准请参阅品种章节。

分级标准:内蒙古白绒山羊分为三级。

一级:为本品种理想型,体型外貌、绒毛品质、生产性能(表3-16)均符合品种标准要求,其中,产绒量或绒厚或体重有一项超过一级羊20%的优秀个体,列为特级。

表 3-16　内蒙古白绒山羊理想型生产性能指标

羊别	绒厚/cm	抓绒后体重/kg	产绒量/g
成年公羊	5.0	40.0	500.0
成年母羊	4.0	28.0	400.0
育成公羊	4.0	25.0	350.0
育成母羊	4.0	20.0	320.0

二级:体型外貌符合品种要求,体格小于一级羊,绒厚 4.0 cm 以上。最低生产性能见表 3-17。

表 3-17　二级内蒙古白绒山羊最低生产性能指标

羊别	抓绒后体重/kg	产绒量/g
成年公羊	38.0	400.0
成年母羊	25.0	300.0
育成公羊	21.0	300.0
育成母羊	20.0	270.0

三级:体型外貌符合品种要求,但体格偏小,绒厚 3.5 cm 以上。最低生产性能见表 3-18。

表 3-18　三级内蒙古白绒山羊最低生产性能指标

羊别	抓绒后体重/kg	产绒量/g
成年公羊	35.0	300.0
成年母羊	22.0	250.0
育成公羊	20.0	250.0
育成母羊	18.0	220.0

等外:凡不符合以上三级者均为等外。

七、奶山羊的鉴定

(一)奶山羊的鉴定时间

(1)母羊的鉴定,在第 1、第 2、第 3 胎泌乳结束后进行一次鉴定,每年的 5～7 月进行外貌鉴定。

(2)成年公羊每年鉴定一次,直到后裔测定工作结束为止。

(3)关中奶山羊初生、3 月龄时初选,3.5 岁时进行终生鉴定。

(二)奶山羊鉴定分级标准

关中奶山羊鉴定分级标准——NY 23—1986

本标准适用于关中奶山羊品种鉴定和等级评定。品种标准请参阅品种章节。

分级标准。

(1)成年公、母羊和1.5岁产奶母羊达到体高、体重标准方可进行外貌鉴定和生产性能的等级评定。

(2)产奶量等级按表3-19标准进行评定。

表3-19　关中奶山羊产奶量等级评定　　　　　　　　kg

等级	第一胎产奶量	第二胎产奶量	第三胎产奶量
特级	500.0	600.0	700.0
一级	430.0	520.0	600.0
二级	360.0	430.0	500.0
三级	300.0	360.0	430.0

产奶量达到标准,乳脂率(乳脂量)或总干物质率有一项达到标准者,即可评为该等级。

(3)种公羊后裔测定。对生长发育、外貌鉴定合格的公羊,进行后裔测定。根据被测公羊相对育种值,按表3-20评定公羊等级。

表3-20　种公羊相对育种值等级标准

相对育种值	115/%及以上	110%及以上	105%及以上	100%及以上
等级	特级	一级	二级	三级

后裔测定条件不具备时,可根据双亲等级评定公羊等级,评定标准见表3-21。

表3-21　按照双亲评级标准

母＼父	特　级	一　级	二　级	三　级
	被　　测　　公　　羊			
特级	特	特	一	二
一级	特	一	二	二
二级	一	二	二	二
三级	二	二	二	三

如父母未鉴定,则先鉴定父母;如父母资料缺一方者,可按另一方表型值降低一级。

(4)外貌评分等级标准。外貌鉴定按百分制评定,评分见表3-22,并按表3-23划分等级。

表3-22　关中奶山羊公母羊外貌鉴定评分标准

项目	满　分　标　准	评分 公	评分 母
整体结构	体质结实,结构匀称,骨架大,肌肉薄,体尺体重符合品种要求,乳用型明显。毛短、白、有光泽。公羊雄性明显	25	25
体躯	母羊颈长,公羊颈粗壮。头、颈、肩结合良好。胸部宽深,肋骨开张,背宽、腰长、背腰平直,尻部长、宽、倾斜适度。母羊腹大不下垂,欺窝大。公羊腹部紧凑	30	30
头部	头长、额宽、鼻直、嘴齐、眼大突出、耳长、直、薄	15	10
乳房及睾丸	乳房形状方圆,基部宽广,附着紧凑,向前延伸,向后突出,质地柔软,乳头匀称,大小适中,乳静脉粗大弯曲,排乳速度快 睾丸发育良好,左右对称,附睾明显,富于弹力	15	25
四肢	四肢结实,肢势端正,关节坚实,系部强,蹄端正	15	10
总计		100	100

表 3-23 外貌评分等级标准

性别	特级	一级	二级	三级
母羊	80.0	75.0	70.0	65.0
公羊	85.0	80.0	75.0	70.0

允许母羊有少量散在黑毛(面积不超过 1 cm²),或颈部毛色为轻度麦粟色,但不能评为特级。

凡有狭胸、凹背、乳房形状不良、后躯发育过差等缺陷之一,且表现严重者,评为等外。

(5)综合评定。凡公母羊的外貌特征符合品种要求,体高、体重达到下限标准者,分别进行泌乳性能或双亲和外貌的等级评定。

产奶母羊根据泌乳性能和外貌的等级,种公羊根据后裔品质和外貌等级进行综合评定,评级标准见表 3-24。对未经后裔品质测定的种公羊,根据双亲和外貌等级按表 3-25 综合评定。但最高也不能评为特级。

表 3-24 关中奶山羊综合评级标准

外貌等级	泌乳性能或后裔品质(双亲)等级			
	特级	一级	二级	三级
特级	特	一	二	二
一级	特	一	二	三
二级	一	一	二	三
三级	二	二	二	三

八、羔皮、裘皮羊的鉴定

(一)羔皮、裘皮羊的鉴定时间

羔皮、裘皮羊的鉴定时间,主要是根据产品特点和质量表现最明显时而定。

1.卡拉库尔羊的鉴定

一生分三次鉴定。

(1)初生鉴定 在生后 2 d 内进行,以此次鉴定为基础。

(2)留种鉴定 在出生后的 12~15 d 进行,以此次鉴定为重点。

(3)育成鉴定 在羊 1.5 岁时进行,以此次鉴定为补充。

2.滩羊的鉴定

一生分三次鉴定。

(1)初生鉴定 在出生后 3 d 内进行,以此次鉴定为基础。

(2)二毛鉴定 在 30 d 进行,以此次鉴定为重点。

(3)育成鉴定 在 1.5 岁进行,以此次鉴定为补充。

3.湖羊的鉴定

一生进行两次鉴定。

（1）初生鉴定　在羔羊生后 24 h 内进行，以此次鉴定为基础。

（2）配种鉴定　育成羊配种前（6 月龄）进行，以此次鉴定为补充。

（二）羔皮、裘皮羊鉴定分级标准

1. 湖羊鉴定分级标准——GB 4631—2006

本标准适用于湖羊品种鉴定和等级鉴定。品种标准请参阅有关品种章节。

（1）初生鉴定　分特级、一级、二级、三级和等外五个等级。鉴定项目见表 3-25。

表 3-25　初生鉴定登记表

序号	父羊号	母羊号	羔羊号	出生日期	同胎羔数	性别	初生重/kg	毛色	花纹类型	花案面积	十字部毛长/cm	花纹宽度	花纹明显度	花纹紧贴度	光泽	体质类型	等级	备注

特级：凡符合以下条件之一的一级优良个体，可列为特级。

①花案面积为 4/4。

②花纹特别优良者。

③同胎三羔以上者。

一级：同胎双羔，具有典型波浪形花纹，花纹面积 2/4 以上，十字部毛长 2.0 cm 以下，花纹宽度 1.5 cm 以下。花纹明显、清晰、紧贴皮板，光泽正常，发育良好，体质结实。

二级：同胎双羔，波浪形花或较紧密的片花。花案面积 2/4 以上，十字部毛长 2.5 cm 以下，花纹较明显，尚清晰，紧贴度较好；或花纹欠明显，紧贴度较差，但花案面积在 3/4 以上。花纹宽度 2.5 cm 以下，光泽正常，发育良好，体质结实；或偏细致、粗糙。

三级：波浪形花或片花，花案面积 2/4 以上，十字部毛长 3.0 cm 以下，花纹不明显，紧贴度差，花纹宽度不等，光泽较差，发育良好。

等外级：凡不符合以上等级要求者，列为等外级。

（2）配种前鉴定　鉴定项目主要为体型外貌、生长发育情况、被毛状况和体质类型。鉴定项目见表 3-26。

表 3-26　育成羊配种前补充鉴定登记表

序号	个体号	父羊号	母羊号	性别	年龄	初生鉴定等级	体型外貌	生长发育状况	被毛状况	体质类型	备注

要求育成羊在体型外貌上具有本品种的特征;生长发育良好,公羊体重在 30.0 kg 以上,母羊在 25.0 kg 以上,被毛中干死毛较少;体质结实。记载分及格、不及格两种。不及格者应酌情降级。

2.滩羊鉴定分级标准——GB/T 2033—2008

本标准适用于滩羊品种鉴定和等级鉴定。品种标准请参阅有关品种章节。

(1)初生羔羊分级标准

一级:初生毛股自然长度 5.0 cm 以上,弯曲数 6 个以上,花案清晰,发育良好。初生重公羔 3.8 kg 以上,母羔 3.5 kg 以上。

二级:毛股自然长度 4.5 cm 以上,弯曲数在 5 个以上,花案较清晰,发育正常,体重与一级相同。

三级:毛股自然长度不足 4.5 cm,弯曲数不到 5 个,花案欠清晰,蹄冠上部允许有色斑,发育正常或稍差。

(2)二毛羔羊分级标准 根据毛股粗细、绒毛含量和弯曲形状不同而分成串字花、软大花和其他花型。

①串字花类型。

特级:毛股弯曲数在 7 个以上或体重达 8.0 kg 以上,其余的与一级相同。

一级:毛股弯曲数在 6 个以上,弯曲部分占毛股长的 2/3～3/4,弯曲弧度均匀,呈平波状,毛股紧实,粗细中等,宽度为 0.4～0.6 cm,花案清晰,体躯主要部位表现一致,毛纤维较细而柔软,光泽良好,无毡结现象,体质结实,外貌无缺陷,活重在 6.5 kg 以上。

二级:毛股弯曲数在 5 个以上,弯曲部分占毛股长的 1/3～1/2,毛股较紧实,花纹较清晰,其余与一级相同。

三级:属下列情况之一者为三级,如毛股弯曲数不足 5 个;弯曲弧度较浅;毛股松散,花案欠清晰;肋部毛毡结和蹄冠上部有色斑;活重不足 5.0 kg。

②软大花类型。

特级:毛股弯曲数在 6 个以上或活重超过 8 kg,其余与一级相同。

一级:毛股弯曲数 5 个以上,弯曲弧度均匀,弯曲部分占毛股长的 2/3 以上,毛股紧实粗大,宽度在 0.7 cm 以上,花案清晰,体躯主要部位花穗一致,毛密度较大,毛纤维柔软,光泽良好,无毡结现象,体质结实,外貌无缺陷,活重在 7.0 kg 以上。

二级:毛股弯曲数在 4 个以上,弯曲部分占毛股长的 1/2～2/3,毛股较粗大,欠紧实,体质结实,活重在 6.5 kg 以上,其余与一级相同。

三级:属下列情况之一者为三级,即毛股弯曲数 3 个以上,毛较粗,干燥,肋部毛毡结和蹄冠上部有少量色斑;活重不足 6.0 kg。

③其他类型。可参考前两种花型等级标准自行拟定。

(3)育成羊分级标准

特级:体格大,体质结实,发育良好。公羊体重 47.0～50.0 kg,母羊 36.0～40.0 kg。毛股长 15.0 cm 以上,呈长毛辫状,体躯主要部位表现一致,毛密度适中,二毛羔羊期鉴定列为特级者。

一级:体格较大,公羊体重 43.0～46.0 kg,母羊 30.0～35.0 kg。二毛羔羊期鉴定属特级或一级者,其余与特级相同。

二级：体格中等，体质结实或偏向细致。公羊体重 40.0～42.0 kg，母羊 27.0～30.0 kg，二毛羔羊期鉴定为二级或二级以上者。

三级：体格较大，偏向粗糙，有髓毛粗短或体格偏小，毛弯较多，蹄冠上部有色斑或有外貌缺陷者。

公羊在一级以上，母羊在二级以上者方可作种用。

3.中卫山羊鉴定分级标准——GB/T 3823—2006

本标准适用于中卫山羊的品种鉴别和品质鉴定。品种标准请参阅品种章节。

(1)初生羔羊品质分级　可分为等内级和等外级。

等内级：发育良好，公羔体重 2.3 kg 以上，母羔 2.0 kg 以上；毛股弯曲数 3 个以上；花案清晰，体躯主要部位表现一致；毛色纯白或纯黑。

等外级：凡一项指标达不到等内级规定者，均列为等外级。

属等内级者，可进行沙毛羔羊品质鉴定。

(2)沙毛羔羊品质分级

特级：在一级中体重达 6.5 kg，肩部毛股弯曲数 5 个以上者。

一级：体质结实，发育良好；体重在 5.5 kg 以上；肩部毛股弯曲数 4 个以上；花大小均匀，光泽正常，花案清晰，体躯主要部位表现一致者。

二级：体重在 4.5 kg 以上；或毛股较松散，花案欠清晰，其他与一级相同。

三级：属下列情况之一者列为三级。肩部毛股弯曲数 3 个；体重在 3.5 kg 以上；花案不清晰，或花穗类型极不一致。

(3)育成羊(1.5 岁)品质分级　最低指标见表 3-27。

表 3-27　育成羊品质分级最低指标

级别	体重/kg		被毛光泽	沙毛羔皮鉴定等级
	公	母		
特级	30.0	24.0	良好	一级以上
一级	26.0	21.0	良好	一级以上
二级	22.0	18.0	较好	
三级	18.0	15.0	尚好	

九、选种时应注意的问题

通过选种，羊群选留优秀个体。选种效果如何，选种目标是否明确、选种依据是否准确可靠，就要在选种时注意遗传力和选择差两个基本方面，同时注意世代间隔是否适当。

(一)遗传力

性状遗传力的大小要注意两个方面：一方面是选择反应的大小；另一方面是选种的准确性。

选择反应就是选留个体子女的平均表型值不同于原群体平均表型值。这种由于选择而在下一代产生的反应。选择效果用选择反应的大小来衡量。在选择差相同的情况下，遗传力高的性状比遗传力低的性状的选择反应大。

遗传力高的性状,表现型的优劣可大体上反应基因型的优劣。所以,遗传力高的性状,表型选择准确性大,因而选择效果就好。

(二)选择差

1.选择差

选留个体的平均表型值不同于原始群体的平均表型值,我们把选留个体均值与群体均值之差称为选择差。

2.留种率

留种率是指留种个体数占全群总个体数的百分比。即:

$$留种率＝(留种个体数/全群总个体数)×100\%$$

选择差与留种率相关,留种率大则选择差小,选种效果就差;留种率小,选择差大,选种效果就好。所以在养羊生产中,为了加快选择的遗传进展,降低留种比例,以增大选择差。

另外,还要注意性状在群体中的变异程度(标准差),同样的留种率,标准差大的选择差也大,选种效果也就好。

(三)世代间隔

1.世代间隔

世代间隔是指头胎羔羊出生时其双亲的平均年龄,也就是从上代到下代所经历的时间。绵、山羊的世代间隔一般为两年左右。世代间隔越长,遗传进展就越慢。因此,在绵、山羊改良和育种工作中应尽可能地缩短世代间隔。

2.年改进量

年改进量不仅与选择反应有关,而且与世代间隔也有关。加快绵、山羊的改良速度,一方面通过加大选择反应束达到,另一方面通过缩短世代间隔的方法来完成。而缩短世代间隔的措施主要有以下 3 点。

(1)加快羊群周转,减少老龄羊的比例。

(2)在绵、山羊的初配年龄(1.5 岁)时即配种利用,饲养管理条件较好地区的羊或早熟品种还可适当提早利用。

(3)缩短产羔间距,对全年发情的羊品种,有条件的地区可实行两年产三胎或一年产两胎的办法。

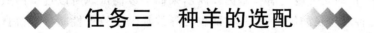

任务三 种羊的选配

一、选配的意义和作用

选配就是根据母羊的特性为其选择适当的配种公羊,使优良个体获得更多的交配机会,使优良基因更好地重新组合,后代能够结合双亲所固有的优良性状和特征,从而使羊群质量逐步提高。因此,选配是选种工作的继续。通过选配可以改变羊群体的遗传结构;稳定遗传性,使理想的性状固定下来;使变异加强。

二、选配的类型

选配可分为品质选配和亲缘选配两种。

(一)品质选配

品质选配亦称表型选配。是以个体本身品质的表型作为选配依据。又可分为同质选配和异质选配。

1.同质选配

也称为选同交配或同型交配。是指选择性状特点相似、性能表现一致或育种值相近的优秀公、母羊交配,以期获得与亲代品质相似的优秀后代,如选用体型大的公羊与体型大的母羊配种,使后代得以继承体型大的特性。同质选配的作用主要是使亲本的优良性状稳定地遗传给后代,使优良性状得以保持与巩固,这也是"以优配优"的选配原则。

2.异质选配

也称为选异交配或异型交配。就是选择具有不同优异性状或同一性状但优劣程度不同的公、母羊进行变配。其包含两种情况:一种是选择具有不同优异性状的公、母羊交配,以期将两个优异性状结合在一起,获得兼有双亲不同优点的后代,创造一个新的类型。另一种是选择同一性状但优劣程度不同的公、母羊交配,以公羊的优点纠正或克服与配母羊的缺点或不足。用特、一级公羊配二级以下母羊即具有异质选配的性质。这就是"公优于母"的选配原则。如,选择体型大、肉用体型结构好的公羊与体型偏小、肉用体型结构稍差的母羊交配,使其后代体格增大,同时体型结构有所改善。异质选配的作用主要是综合或集中亲本的优良性状,丰富后代的遗传基础,创造新的类型,提高后代的适应性和生活力。

(二)亲缘选配

亲缘选配是指具有一定血缘关系的公、母羊之间的交配。按血缘关系的远近可分为近交和远交。

近交是指亲缘关系近的公、母羊间交配,交配双方到共同祖先的代数在5代之内者。反之则为远交。近交可增加纯合基因和固定优良性状,而减少杂合基因,使亲代的优良性状在后代中得到迅速固定,同时可使隐性有害基因暴露出来而加以淘汰。所以近交的效应一方面使群体分化而选育出性状优良的纯系;另一方面也可导致缺陷或致死性状出现。盲目和过分的近亲繁殖会产生一系列不良后果,除生活力下降外,繁殖力、生长发育、生产性能都会降低,表现出近交衰退现象。

三、选配应遵循的原则

(1)公羊的综合品质必须优于母羊;个体选配的种公羊应是特级。

（2）绝不可用有相同缺点的公、母羊选配；也不可用有相反缺点的公、母羊选配。有某些缺点和不足的母羊，必须选择在这方面有突出优点的公羊配种。

（3）应充分发挥特、一级种公羊的作用，二、三级公羊一般不留作种用。

（4）一般情况下不要亲缘交配。采用亲缘选配时应避免盲目和过度。

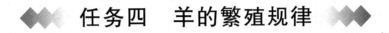

任务四　羊的繁殖规律

一、性成熟和初次配种年龄

公、母羊生长发育到一定的年龄，性器官发育基本完全，并开始形成性细胞和性激素，具备繁殖能力，这时称为性成熟。绵羊的性成熟一般在 7～8 月龄，山羊在 5～7 月龄。性成熟时，公羊开始具有正常的性行为，母羊开始出现正常的发情和排卵。

绵、山羊的性成熟受品种、气候、营养、激素处理等因素的影响。一般表现为个体小的品种的初情期早于个体大的品种，山羊早于绵羊。南方母羊的初情期较北方的早，热带的羊较寒带或温带的早；早春产的母羔即可在当年秋季发情，而夏秋产的母羔一般需到第二年秋季才发情，其差别较大。营养良好的母羊体重增长很快，生殖器官生长发育正常，生殖激素的合成与释放不会受阻，因此其初情期表现较早，营养不足则使初情期延迟。用孕激素固醇类药物对 2 月龄母羔进行处理，继而用孕马血促性腺激素处理，可使母羔出现发情和正常的性周期，并且排卵。

通常性成熟后，就能够配种受胎并生殖后代，但是绵羊达到性成熟时并不意味着可以配种，因为绵羊刚达到性成熟时，其身体并未达到充分发育的程度，如果这时进行配种，不仅阻碍影响其本身的生长发育，而且也影响到胎儿的生长发育和后代体质及生产性能，长此下去，必将引起羊群品质下降。因此，公、母羔在断奶时，一定要分群管理，以免偷配。

山羊的初配年龄一般在 10～12 月龄，绵羊在 12～18 月龄，但也受品种、气候和饲养管理条件的制约。南方有些山羊品种 5 月龄即可进行第一次配种，而北方有些山羊品种初配年龄需到 1.5 岁。分布江浙一带的湖羊生长发育较快，母羊初配年龄为 6 月龄，我国广大牧区的绵羊多在 1.5 岁时开始初次配种。由此看来，分布于全国各地不同的绵羊、山羊品种其初配年龄很不一致，但根据经验，以羊的体重达到成年体重 70%～80% 时进行第一次配种较为合适。种公羊最好到 18 月龄后再进行配种使用。

二、发情与排卵

母羊性成熟之后，所表现出的一种具有周期性变化的生理现象，称为发情。母羊发情征象大多不很明显，一般发情母羊多喜接近公羊，在公羊追逐或爬跨时站立不动，食欲减退，阴唇黏膜红肿、阴户内有黏性分泌物流出，行动迟缓，目光滞钝，神态不安等。处女羊发情更不明显，且多拒绝公羊爬跨,故必须注意观察和做好试情工作,以便适时配种。

母羊从上次发情开始到下次发情开始之间的时间间隔称为发情周期。羊的发情周期与其品种、个体、饲养管理条件等因素有关,绵羊的发情周期为 14～29 d,平均 17 d。山羊的发情周期为 19～24 d,平均 21 d。

从母羊出现发情特征到这些特征消失之间的时间间隔称为发情持续期,一般绵羊为 30～40 h,山羊 24～28 h。在一个发情持续期,绵羊能排出 1～4 个卵子,高产个体可排出 5～8 个卵子。如进行人工超排处理,母羊通常可排出 10～20 个卵子。

了解羊的发情征象及发情持续时间,目的在于正确安排配种时间,以提高母羊的受胎率。母羊在发情的后期就有卵子从成熟的卵泡中排出,排卵数因品种而异,卵子在排出后 12～24 h 内具有受精能力,受精部位在输卵管前端 1/3～1/2 处。因此,绵羊应在发情后 18～24 h、山羊发情后 12～24 h 配种或输精较为适宜。

在实际工作中,由于很难准确地掌握发情开始的时间,所以应在早晨试情后,挑出发情母羊立即配种,如果第二天母羊还继续发情可再配一次。

三、受精与妊娠

精子和卵子结合成受精卵的过程叫受精。受精卵的形成意味着母羊已经妊娠,也称作受胎。母羊从开始怀孕(妊娠)到分娩,称为妊娠期或怀孕期。母羊的妊娠期长短因品种、营养及单双羔因素有所变化。山羊妊娠期正常范围为 142～161 d,平均为 152 d;绵羊妊娠期正常范围为 146～157 d,平均为 150 d。但早熟肉毛兼用品种多在良好的饲养条件下育成,妊娠期较短,平均为 145 d。细毛羊多在草原地区繁育,饲养条件较差,妊娠期长,多在 150 d 左右。

四、繁殖季节

羊的发情表现受光照长短变化的影响。同一纬度的不同季节,以及不同纬度的同一季节,由于光照条件不相同,因此羊的繁殖季节也不相同。在纬度较高的地区,光照变化较明显,因此母羊发情季节较短,而在纬度较低的地区,光照变化不明显,母羊可以全年发情配种。

母羊大量发情的季节称为羊的繁殖季节,一般也称作配种季节。

绵羊的发情表现受光照的制约,通常属于季节性繁殖配种的家畜。繁殖季节因是否有利于配种受胎及产羔季节是否有利于羔羊生长发育等自然选择演化形成,也因地区不同、品种不同而发生变化。生长在寒冷地区或原始品种的绵羊,呈现季节性发情;而生长在热带、亚热带地区或经过人工培育选择的绵羊,繁殖季节较长,甚至没有明显的季节性表现,我国的湖羊和小尾寒羊就可以常年发情配种。我国北方地区,绵羊季节性发情开始于秋,结束于春。其繁殖季节一般是 7 月份至翌年的 1 月份,而 8～10 月份为发情旺季。绵羊冬羔以 8～10 月份配种,春羔以 11～12 月份配种为宜。

山羊的发情表现对光照的影响反应没有绵羊明显,所以山羊的繁殖季节多为常年性的,一般没有限定的发情配种季节。但生长在热带、亚热带地区的山羊,5～6 月份因为高温的影响也表现发情较少。生活在高寒山区,未经人工选育的原始品种藏山羊的发情配种也多集中在秋季,呈明显的季节性。

不管是山羊还是绵羊,公羊都没有明显的繁殖季节,常年都能配种。但公羊的性欲表现,特别是精液品质,也有季节性变化的特点,一般还是秋季最好。

 # 任务五　羊的发情鉴定技术

发情鉴定就是判断母羊发情是否正常,属何阶段,以便确定配种的最适宜时间,提高受胎率。为了提高母羊发情鉴定的准确度,就要了解影响母羊发情的因素及异常发情的表现,这样才能做到鉴定时心中有数。

一、影响母羊发情的因素

1.光照

光照时间的长短变化对羊的性活动有较明显的影响。一般来讲,由长日照转变为短日照的过程中,随着光照时间的缩短,可以促进绵、山羊发情。

2.温度

温度对羊发情的影响与光照相比较为次要,但一般在相对高温的条件下将会推迟羊的发情。山羊虽然是常年发情的畜种,但在5～6月份只有零星发情。

3.营养

良好的营养条件有利于维持生殖激素的正常水平和功能,促进母羊提早进入发情季节。适当补饲,提高母羊营养水平,特别是补足蛋白质饲料,对中等以下膘情的母羊可以促进发情和排卵,诱发母羊产双胎。绵羊在进入发情季节之前,采取催情补饲,加强营养措施以促进母羊的发情和排卵;山羊在配种之前也应提高营养水平,做到满膘配种。

4.生殖激素

母羊的发情表现和发情周期受内分泌生殖激素的控制,其中起主要作用的是脑垂体前叶分泌的促卵泡素和促黄体素两种。

(1)促卵泡素(FSH)　其主要作用是刺激卵巢内卵泡的生长和发育,形成卵泡期,引起母羊生殖器官的变化和性行为的变化,促进羊的发情表现。

(2)促黄体素(LH)　其主要作用是与促卵泡素协同作用,促进卵泡的成熟和雌激素的释放,诱使卵泡壁破裂而引起排卵,并参与破裂卵泡形成黄体,使卵巢进入黄体期,从而对发情表现有相对的抑制作用。促卵泡素和促黄体素虽然功能各异,但又具有协同作用。羊的促卵泡素的分泌量较低,因此发情持续时间较短,与促黄体素比率的绝对值也相对较低,形成羊的排卵时间比较滞后,一般为发情结束期前,同时表现安静排卵的羊较多。

二、异常发情

大多数母羊都有正常的发情表现,但因营养不良、饲养管理不当或环境条件突变等原因,也可导致异常发情,常见有以下几种。

1.安静发情

它是指具有生殖能力的母羊外部无发情表现或外观表现不很明显,但卵巢上的卵泡发育成熟且排卵,也叫隐性发情。这种情况如不细心观察,往往容易被忽视。其原因有三个方面:其一是由于脑下垂体前叶分泌的促卵泡生长素量不足,卵泡壁分泌的雌激素量过少,致使这两种激素在血液中含量过少所致;其二是由于母羊年龄过大,或膘情过于瘦弱所致;其三是因母羊发情期很短,没有发现所致,这种情况叫作假隐性发情。

2.假性发情

假性发情是指母羊在妊娠期发情或母羊虽有发情表现但卵巢根本无卵泡发育。妊娠期间的假性发情,主要是由于母羊体内分泌的生殖激素失调所造成的。

母羊发情配种受孕后,妊娠黄体和胎盘都能分泌孕酮,同时胎盘又能分泌雌激素。通常妊娠母羊体内分泌的孕酮、雌激素能够保持相对平衡,因此,母羊妊娠期间一般不会出现发情现象。但是当两种激素分泌失调后,即孕酮激素分泌减少,雌激素分泌过多,将导致母羊血液里雌激素增多,这样,个别的母羊就会出现妊娠期发情现象。

无卵泡发育的假性发情,多数是由于个别年青母羊虽然已达到性成熟,但卵巢机能尚未发育完全,此时尽管发情,往往没有发育成熟的卵泡排出。或者是个别母羊患有子宫内膜炎,在子宫内膜分泌物的刺激下也会出现无卵泡发育的假性发情。

3.持续发情

持续发情是指发情时间延长,并大大超过正常的发情期限,是由于卵巢囊肿或母羊两侧卵泡不能同时发育所致。卵巢囊肿,主要是卵泡囊肿,即发情母羊的卵巢有发育成熟的卵泡,越发育越大,但就是不破裂,而卵泡壁却持续分泌雌性激素,在雌激素的作用下,母羊的发情时间就会延长。两侧卵泡不同时发育,主要表现是当母羊发情时,一侧卵巢有卵泡发育,但发育几天即停止了,而另一侧卵巢又有卵泡发育,从而使母羊体内雌激素分泌的时间拉长致使母羊的发情时间延长。早春营养不良的母羊也会出现持续发情的情况。

三、发情鉴定

发情鉴定通常采用下列几种方法。

1.外部观察法

外部观察法就是观察母羊的外部表现和精神状态判断母羊是否发情。母羊发情后,兴奋不安、反应敏感,食欲减退,有时反刍停止,频频排尿、摇尾,母羊之间相互爬跨,咩叫摇尾,靠近公羊,接受爬跨。

2.公羊试情法

母羊发情时虽有一些表现,但不很明显,为了适时输精和防止漏配,在配种期间要用公羊试情的办法来鉴别母羊是否发情。此法简单易行,表现明显,易于掌握,适用于大群羊。母羊发情时喜欢接近公羊。

(1)试情时间。在生产实践中,一般是在黎明前和傍晚放牧归来后各进行一次。每次不少于 1.0~1.5 h,如果天亮以后才开始试情,由于母羊急于出牧,性欲下降,故试情效果不好。

（2）试情圈的面积以每羊 1.2～1.5 m² 为宜。试情地点应大小适中，地面平坦，便于观察，利于抓羊，试情公羊能与母羊普遍接近。

（3）试情公羊必须体格健壮，性欲旺盛，营养良好，活泼好动。试情期间要适当休息，以消除疲劳，并加强饲养管理。

（4）试情时将母羊分成 100～150 只的小群，放在羊圈内，并赶入试情公羊。数量可根据公羊的年龄和性欲旺盛的程度来定。一般可放入 3～5 只试情公羊。

（5）用试情布将阴茎兜住不让试情公羊和母羊交配受胎。每次试情结束要清洗试情布，以防布面变硬擦伤阴茎。

（6）试情时，如果发现试情公羊用鼻子去嗅母羊的阴户，或在追逐爬跨时，发情母羊常把两腿分开，站立不动，摇尾示意，或者随公羊绕圈而行者即为发情母羊。用公羊试情就是利用这些特性，作为判定发情的主要依据。

（7）在配种期内，每日定时将试情公羊放入母羊群中去发现发情母羊。

3.阴道检查法

阴道检查法就是通过开膣器检查母羊阴道内变化来判定母羊是否发情。操作简单、准确率高，但工作效率低，适于小规模饲养户应用。检查时，先将母羊保定好，洗净外阴，再把开膣器清洗、消毒、烘干、涂上润滑剂，检查员左手横持开膣器，闭合前端，缓缓插入，轻轻打开前端，用手电筒检查阴道内部变化，当发现阴道黏膜充血、红色、表面光亮湿润，有透明黏液渗出，子宫颈口充血、松弛、开张，呈深红色，有黏液流出时，即可定为发情。

 任务六　羊的配种技术

一、配种时间的确定

绵羊配种时期的选择，主要是根据什么时期产羔最有利于羔羊的成活和母子健壮来决定。一般年产一次的情况下，有冬季产羔和春季产羔两种。冬羔是 7～9 月份配种，12 月份至翌年 1～2 月份所产的羔羊。春羔是 10～12 月份配种，翌年 3～5 月份产的羔羊。国营羊场和农牧民养殖户要根据所在地区的气候和生产技条件来决定产冬羔还是产春羔，不能强求一律。

为了进一步分析羊最适宜的配种时间，就应当把产冬羔和产春羔的优缺点作以下比较。

（一）产冬羔的好处和条件

利用当年羔羊生长快，饲料效益高的特点，搞肥羔生产，当年出售，加快羊群周转，提高商品率，从而可以减轻草场压力和保护草原。

（1）母羊配种期一般在 8～9 月份，是青草茂盛季节，母羊膘情好，发情旺盛，受胎率高。

（2）母羊在怀孕期间，由于营养条件比较好，有利于羔羊的生长发育，所以产的羔羊初生重大，体质结实，存活率高。

(3)母羊产羔期膘情尚好,产羔后奶水充足,羔羊生长快,发育好。

(4)羔羊断奶(4~5月龄)后,就能跟群放牧吃上青草,第一年的越冬度春能力强。

(5)由于产羔季节(12月至翌年2月)气候比较寒冷,因而羔羊肠炎和痢疾等疾病的发病率比春羔低,故羔羊成活率比较高。

(6)冬羔的剪毛量比春羔高。

但是产冬羔有一定的条件。

(1)必须贮备足够的饲草饲料,因在哺乳后期正值枯草季节,母羊容易缺奶,影响羔羊生长发育。

(2)要有保温良好的羊舍,因产冬羔时气候寒冷,羔羊保育有困难。

(二)产春羔的好处和缺点

(1)产春羔的好处

①产春羔时,气候已转暖。母羊产羔后,就能吃到青草,能分泌较多的乳汁哺乳羔羊,羊发育好,同时羔羊也很快能吃到青草,有利于发育,断奶体重比冬羔大。

②产春羔时对圈舍的要求不高。

(2)产春羔的主要缺点

①母羊整个怀孕期处在饲草饲料不足的冬季,营养不良,因而胎儿的发育较差,初生重小,体质弱,这样的羔羊,虽经夏秋季节的放牧可以获得一些补偿,但紧接着冬季到来,比较难于越冬度春,当年死亡较多。

②春季气候多变,母羊及羔羊容易得病,发病率较高,尤其是羔羊抵抗力弱,发病率更高。

③春羔断奶时已是秋季,对母羊的抓膘、发情配种有影响。

一般说来,冬羔的优越性大于春羔,早春羔比晚春羔好。条件较好的地区,可以多产冬羔。

二、配种方法

绵羊的配种方法可分为自然交配和人工授精两种。

(一)自然交配

自然交配是让公羊和母羊自行直接交配的一种方式,包括自由交配和人工辅助交配两种。

1.自由交配

常年或在配种季节将公、母羊混群放牧,任其自由交配,这是一种原始的配种方法。由于完全不加控制,因此存在不少缺点,主要是不能发挥优良种公羊的作用;消耗公羊体力,影响母羊抓膘;较难掌握产羔具体时间;羔羊系谱混乱;容易交叉感染疾病等。所以,多不采用这种方法,只在粗放的粗毛羊或人工授精扫尾采用。

2.人工辅助交配

它是将公、母羊分群放牧,在配种期用试情公羊挑选出发情的母羊,再与指定的公羊交配。其优点是能进行选配和控制产羔时间,克服了自由交配的一些缺点,但还不能完全利用种公羊的作用优势。在羊只数量少,种公羊比较充足,开展人工授精条件不具备的地区,可采用此法。

(二)人工授精

它是一种先进的配种方法。是用器械将精液输入发情母羊的子宫颈内,使母羊受孕的方法。通过人工授精可以发挥优秀种公羊的作用,可以提高母羊的受胎率,节省公羊,节省饲料费,防治传染病,便于血统登记,精液可以长期保存和远距离运输。它是有计划进行羊群改良和培育新品种的一项重要技术措施。人工授精操作步骤如下所述。

1.准备工作

(1)药物配制。

①配制65%酒精。用96%无水酒精68 mL,加入蒸馏水32 mL。为了准确起见,应以酒精比重计测定原酒精的浓度,然后按比例计算,配制出所需浓度。

②配制0.9%氯化钠溶液。每100 mL蒸馏水中,加入化学纯净的氯化钠0.9 g,待充分溶解后,用滤纸过滤两遍。现用现配。

③配制2%重碳酸钠或1.5%碳酸钠溶液。每100 mL温开水中,加入2 g重碳酸钠或1.5 g碳酸钠,使其充分溶解。

④棉球准备。将棉花做成直径1.5～2 cm大小的圆球,分装于有盖广口瓶或搪瓷缸内,分别浸入96%酒精、65%酒精及0.9%氯化钠溶液,以棉球湿润为度。瓶上贴以标签,注明药液的名称、规格,以利识别。氯化钠棉球经过消毒以后使用。

(2)器械用具的洗涤和消毒。凡供采精、输精及与精液接触的器械、用具,都应做到清洁、干净,并经消毒后方可使用。

①洗涤。输精器械用2%重碳酸钠溶液或1.5%碳酸钠溶液反复洗刷后,再用清水冲洗2～3次,最后用蒸馏水冲洗数次,放在有盖布的搪瓷盘内。假阴道内胎用肥皂洗净,以清水冲洗后,吊在室内,任其自然干燥。如急用,可用清洁毛巾擦干。毛巾、台布、纱布、盖布等可用肥皂或肥皂粉洗涤,再用清水淘洗几次。

②消毒。假阴道用棉花球擦干,再用65%酒精消毒。连续使用时,可用96%酒精棉球消毒。

集精杯用65%酒精或蒸气消毒,再用0.9%氯化钠溶液冲洗3～5次。连续使用时,先用2%重碳酸钠溶液洗净,再用开水冲洗,最后用0.9%氯化钠溶液冲洗3～5次。

输精器用65%酒精消毒,再用0.9%氯化钠溶液冲洗3～5次。连续使用时,其处理方法与集精杯相同。

开膣器、镊子、搪瓷盘、搪瓷缸等可用酒精火焰消毒。

其他玻璃器皿、胶质品用65%酒精消毒。

氯化钠溶液、凡士林每日应蒸煮消毒一次。

毛巾、纱布、盖布等洗涤干净后用蒸气消毒,橡皮台布用65%酒精消毒。

擦拭母羊外阴部和公羊包皮的纱布、试情布,用肥皂水洗净,再用2%来苏儿溶液消毒,用清水淘净晒干。

注意:蒸气消毒时,待水沸后蒸煮30 min。最好用高压消毒锅。

(3)做好配种计划的制订、人工授精站的建筑和设备、种公羊的选择和调教、配种母羊群的组织、试情公羊的选择等准备工作。

2.假阴道的准备

(1)将假阴道安装好,按前述器械洗涤、消毒方法和顺序对假阴道清洗消毒。

(2)在假阴道的夹层灌入 50～55℃的温水,水量为外壳与内胎间容量的 1/2～2/3。

(3)把消毒好的集精杯安装在假阴道一端,并包裹双层消毒纱布。

(4)在假阴道另一端深度为 1/3～1/2 的内胎上涂一层薄薄的白凡士林(0.5～1.0 g)。

(5)吹气加压,使未装集精杯的一端内胎呈三角形,松紧适度。

(6)检查温度,以 40～42℃为适宜(气温低时,可适当高些,气温高时,可低些)。

3.采精方法

(1)选择发情旺盛、个体大的母羊作为台羊,保定在采精架上。

(2)引导采精的种公羊到台羊附近,拭净包皮。

(3)采精人右手紧握假阴道,用食、中指夹好集精杯,使假阴道活塞朝下方,蹲在台羊的右后侧。

(4)待公羊爬跨台母羊阴茎伸出时,采精人用左手轻拨(勿捉)公羊包皮(勿接触龟头),将阴茎导入假阴道(假阴道与地平线应呈 35°角)。

(5)当公羊后驱急速向前用力一冲时,即完成射精,此时随着公羊从母羊身上跳下,顺着公羊动作向后移下假阴道,立即竖立,集精杯一端向下。

(6)放出假阴道的空气,擦净外壳,取下集精杯,用盖盖好送精液处理室检查处理。

注意:种公羊每日采精以四次为宜,即上午两次,下午两次。必要时可采五次,但不应超过六次。连续采精时,第一、二次间隔时间应为 5～10 min,第三次采精与第二次相隔 30 min。年轻公羊每天采精不应超过两次。采精应在运动、喂料 1 h 后进行。公羊每采精 6～7 d 应休息一天。

4.精液检查及稀释

(1)精液检查

①肉眼检查。

射精量:一般为 1～1.5 mL,最高可达 3 mL。

色泽:正常精液为乳白色,无味或稍具腥味。如为灰色、红色、黄色、绿色及带有臭味者,不可使用。

云雾状:外观精液呈回转滚动的云雾状态者,即为品质优良的精液。

②显微镜检查。应在 18～25℃室温下进行。用细玻璃棒蘸一滴精液置于载玻片上,加盖玻片(勿使发生气泡),然后在 400～600 倍的显微镜下,检查精子的密度和活力。

密度:根据视野内精子的多少,评为"密"、"中"、"稀"、"无"四等。

活力:根据视野内直线前进精子数的多少评为五、四、三、二、一分或摆死等。

种公羊精液经检查,密度为"密"或"中",活力达到五或四分者方可用以输精。

(2)精液稀释 原精液加入一定的稀释液,可增加精液的容量,延长精子的存活时间,有利于精液的保存和运输,扩大母羊的配种数量。

稀释液配方如下。

配方一:脱脂奶粉 10 g,卵黄 10 g,蒸馏水 100 mL,青霉素 10 万 IU。

配方二:柠檬酸钠 1.4 g,葡萄糖 3.0 g,卵黄 20 g,蒸馏水 100 mL,青霉素 10 万 IU。

两种配方配置时,分别将奶粉、柠檬酸钠、葡萄糖加入蒸馏水中,经过蒸煮消毒、过滤,最后加入卵黄和青霉素,震荡溶解后即制成了稀释液。

精液稀释时,稀释液要预热,其温度应与精液的温度尽量保持一致,在 20～25℃的室温下无菌操作,将稀释液慢慢沿杯壁注入精液中并轻轻搅拌混合均匀,稀释的倍数根据精子的密度、活力来定。一般以 1∶1 为宜,若精液不足,最高也不要超过 1∶3。稀释好的精液在常温(20～30℃)下能保存 1～2 d;低温(0～4℃)下能保存 3～5 d。

5. 输精

(1)保定发情母羊,用小块消毒纱布擦净外阴部。纱布每次使用后必须洗净、消毒,以备下次再用。

(2)输精时,输精人左手握开腔器,右手持输精器,先将开腔器慢慢插入阴道,轻轻旋转,打开开腔器,找到子宫颈,然后把输精器尖端通过开腔器,插入子宫颈 0.5～1 cm,再用右手拇指轻轻推动输精器活塞,注入定量精液。输精后,先取出输精器,然后使开腔器保持一定的开张度而取出,以免夹伤母羊阴道黏膜。

(3)输精量的多少,应依精液品质、稀释倍数、母羊数量和输精技术等来决定。原则上要求每只母羊的一次输精量为 0.05～0.1 mL,输入母羊子宫颈内的精子数为 7 000 万个,不应少于5 000 万个。

(4)当天输精工作完毕后,将用过的全部器械、用具洗净,用 65% 酒精消毒后,放在搪瓷盘里,盖上盖布,以备下次使用。

(5)输精时间和次数与受胎率有密切关系。在母羊发情开始后 12 h 进行第一次输精为宜。如连续发情,应每隔 12 h 重新输精一次。但在生产实践中,由于大群管理,母羊发情开始时间较难掌握,一般采用早晨一次试情,早晚两次输精。秋季每天 6:00 试情,8:00 第一次输精;17:00～18:00 第二次输精。第二天继续发情的羊,重新输精。

(6)已输精的母羊、试情后发情的母羊,应做好标记,以便识别。

(7)人工授精工作结束后,应将一切器械、用具彻底清洗擦干,金属类涂上油剂,内胎涂以滑石粉,并妥善包装保存。

为了积累资料,总结经验,检查绵羊改良和育种工作成果,人工授精中必须作好种公羊精液品质检查、发情母羊输精情况及选配等记录工作。记录务求清楚、准确,并进行统计分析。配种工作结束后,人工授精站必须作出全面的工作总结。

6. 提高受胎率的主要措施

(1)加强对公羊的选择及精液品质的鉴定 对单睾、隐睾或睾丸形状不正常等存在生殖缺陷的公羊不能留作种用,一经发现应立即淘汰。同时还应避免一些公羊因长途运输、夏秋季气温过高等因素造成的暂时性不育情况。通过精液品质检查,根据精子活力、正常精子的百分率、精子密度等判定公羊能否参加配种。

(2)母羊的发情鉴定及适时输精 掌握母羊发情鉴定技术确定适时输精时间是非常重要的。羊人工授精的最佳时间是发情后 12～24 h。因为这个时段子宫颈口开张,容易做到子宫颈内输精。一般可根据阴道流出的黏液来判定发情的早晚:黏液呈透明黏稠状即是发情开始;颜色为白色即到发情中期;如已混浊,呈不透明的黏胶状,即是到了发情晚期,是输精的最佳时期。

(3)严格执行人工授精操作规程 人工授精从采精、精液处理到适时输精,都是环环相扣的,任何一环掌握不好均会影响受胎率,因此,配种员应严格遵守人工授精操作规程,提高操作质量,才能有效地提高受胎率。

三、高效繁殖新技术

(一)冷冻精液生产技术

公羊的精液在常温(15~25℃)或低温(0~5℃)下保存的时间都不长,冷冻精液是超低温保存精液的一种方法,是人工授精技术的新发展。精液冷冻,可以解决羊精液长期保存的问题,使精液的利用突破时间、地域和种公羊等的限制,为品种的省际、国际间交流提供方便,极大限度地提高优良种公羊的利用率,加速品种的育成和改良步伐。同时,使优良种公羊在短期进行后裔测定成为可能,为保留和恢复某一品种或个体公羊的优秀遗传特性提供了方便;在血统更新、引种、降低生产成本等方面均具有重要意义。但目前羊冷冻精液的受胎率还较低,其理论基础和操作程序有待于进一步完善。

(二)生殖免疫与免疫多胎

生殖免疫是现代高新生物工程技术之一。它是在免疫学、生物化学、内分泌学等学科基础上兴起的一门边缘学科。近年来,此项生物技术用于提高绵羊的繁殖力已得到普遍重视,已成为实现绵羊高频率繁殖的一项关键技术。

生物免疫的基本原理是以蛋白质激素、多肽激素抗原或以类固醇激素半抗原为免疫原,注射给动物后,机体产生相应的激素抗体,主动或被动中和动物体内相应的激素,破坏其原有的代谢平衡,使该激素的生物活性全部或部分丧失,从而引起内分泌平衡的改变,引起各种生理变化,达到人为的控制目的。目前,生殖免疫技术发展十分迅速,主要的生殖激素都已用于激素免疫的研究,涉及人和猪、牛、羊、马、犬、鼠、猴、鹿等多种动物。主要包括垂体促性腺激素释放激素(CnRH)免疫,促性腺激素免疫,性腺激素免疫,抑制素免疫,褪黑激素免疫,前列腺素免疫,催产素免疫。

(三)胚胎移植技术

胚胎移植又叫受精卵移植,或简称卵移植。是将1只良种母羊配种后的早期胚胎取出,移植到另1只生理状态相同的母羊体内,使之继续发育成为新个体,所以又通俗地称之为人工授胎或借腹怀胎。提供胚胎的母体称为供体,接受胚胎的母体称为受体。胚胎移植实际上是由产生胚胎的供体和养育胚胎的受体分工合作共同繁殖后代的技术。该技术的意义在于:充分发挥优良母畜的繁殖潜力,提高繁殖效率;缩短世代间隔,加快遗传进展;增加肉用种畜的双胎率,提高生产效率;便于保种和基因交流;使不孕母畜获得生殖能力;为研究其他繁殖新技术,如体外受精、克隆和胚胎干细胞技术等提供手段。胚胎移植技术也是胚胎学、细胞遗传学等基础理论的重要研究手段。

目前,我国的胚胎移植技术已由实验室阶段转向生产实际应用,在生产中发挥了重大作用。国家制定的2005年至2015年科技规划,已将胚胎移植技术作为重点推广应用的产业化科技项目之一。在工厂化高效养羊体系中,此项技术的应用占有较大比重。因此,必须重视胚胎移植技术的应用和技术开发,加强技术培训,使其在高效养羊中发挥重大作用。

(四)胚胎冷冻技术

胚胎冷冻保存就是对胚胎采取特殊的保护措施和降温程序,使之在-196℃下停止代谢,而升温后又不失去代谢能力的一种长期保存胚胎的技术。这一技术为建立优良品种的胚胎库或基因库提供了条件,可使因疾病或其他原因丢失的各种动物品种、品系和稀有突变体得以保存;可使胚胎移植不受地域的限制,节约成本,便于胚胎移植向产业化方向发展;便于胚胎在国际间的交流,可以代替活体引种,节约引种费用,减少疫病的传播;可在一定程度上促进体外授精、性别鉴定、转基因、核移植等技术的发展,同时对发育生物学等基础理论的研究也有重要意义。

(五)高频繁殖技术

高频繁殖也称为密集产羔体系,是采用繁殖生物工程技术,打破母羊的季节性繁殖的限制,一年四季均可发情配种,全年均衡生产羔羊,充分利用饲草资源,使每只母羊每年所提供的胴体重量达到最高值。高频繁殖是为实现工厂化高效养羊,特别是肥育羊生产而发展起来的高效繁殖体系。高频繁殖可使母羊产羔间隔时间大大缩短,最大限度地发挥母羊的繁殖生产潜力,依市场需求来均衡供应肥羔上市,克服了传统羔羊生产对母羊繁殖无法控制,一年中断断续续产羔,给生产和管理带来很大不便的问题;资金周转期缩短,最大限度提高养羊设施利用率,降低成本,从而显著提高养羊经济效益。

1.1年2产体系

该体系可使母羊的年繁殖率提高90%～100%,在不增加羊圈设施投资的前提下,母羊生产力提高1倍,生产效益提高40%～50%。1年2产体系的核心技术是母羊发情调控、羔羊超早期断奶、早期妊娠检查。按照1年2产生产的要求,制订周密的生产计划,将饲养、兽医保健、管理等融为一体,最终达到预定生产目标。这种生产体系在新疆石河子大学和新疆生产建设兵团实际运用,从已有的经验分析,该体系技术密集,难度大,只要按照标准程序执行,1年2产的目标可以达到。1年2产的第一产宜选在12月,第二产选在翌年7月。

2.2年3产体系

该体系是国外20世纪50年代后期提出的一种生产体系。要达到2年3产,母羊必须8个月产羔1次。该体系一般有固定的配种和产羔计划,如5月配种,10月产羔,翌年1月份配种,6月份产羔,9月份配种,第3年2月份产羔。羔羊一般是2月龄断奶,母羊断奶后1个月配种。为了达到全年的均衡产羔,在生产中,将羊群分成8个月产羔间隔相互错开的4个组,每2个月安排1次生产。这样每隔2个月就有一批羔羊屠宰上市。如果母羊在第一组内妊娠失败,2个月后可参加下一个组配种。用该体系组织生产,生产效率比1年1产体系增加40%。该体系的核心技术是母羊的多胎处理、发情调控和羔羊早期断奶、强化肥育。

3.3年4产体系

该体系是按产羔间隔9个月设计的,由美国BELTSVILLE试验站首先提出的。这种体系适宜于多胎品种的母羊,一般首次在母羊产后第四个月配种,以后几轮则是在第三个月配种,即1月份、4月份、6月份和10月份产羔,5月份、8月份、11月份和翌年2月份配种。这样,全群母羊的产羔间隔为6个月、9个月。

4.3年5产体系

它又称为星式产羔体系,是一种全年产羔的方案。由美国康奈尔(CORNELL)大学伯拉·玛吉(BRAIN. MAGEE)设计提出的。母羊妊娠期一般是 73 d,正好是一年的 1/5,羊群可分为 3 组。开始时,第一组母羊在第一期产羔,第二期配种,第四期产羔,第五期再配种;第二组母羊在第二期产羔,第三期配种,第五期产羔,第一期再次配种;第三组母羊在第三期产羔,第四期配种,第一期产羔,第二期再次配种。如此周而复始,产羔间隔 7.2 个月。对于 1 胎产 1 羔的母羊,1 年可获 1.67 只羔羊;若 1 胎产双羔,1 年可获 3.34 只羔羊。

5.机会产羔体系

该体系是依市场设计的一种生产体系。按照市场预测和市场价格组织生产,在条件有利时,可安排一次额外产羔。具体做法是母羊配种后,通过妊娠诊断对空怀母羊进行 1 次额外配种,尽量降低空怀母羊数。此体系对个体养羊者来说,是一种很有效的快速产羔方式。

 # 任务七 羊的妊娠诊断技术

一、妊娠

妊娠是指母羊自发情接受输精或交配后,受精卵的形成意味着妊娠。精卵结合形成胚胎开始到发育成熟的胎儿出生为止,胚胎在母体内发育的整个时期为妊娠期。

妊娠期间,母羊的全身状态特别是生殖器官相应地发生一些生理变化。

(一)妊娠母羊体况的变化

(1)食欲 妊娠母羊新陈代谢旺盛,食欲明显增强,消化能力提高。

(2)体重 由于胎儿的快速发育,加上母羊妊娠期食欲的增强,怀孕母羊体重明显上升。

(3)体况 怀孕前期因代谢旺盛,妊娠母羊营养状况改善,表现毛色光润、膘肥体壮;怀孕后期则因胎儿急剧生长消耗母体营养,如饲养管理较差时,妊娠母畜则表现瘦弱。

(二)妊娠母羊生殖器官的变化

(1)卵巢 母羊怀孕后,妊娠黄体在卵巢中持续存在,从而使发情周期中断。

(2)子宫 妊娠母羊子宫增生,继而生长和扩展,以适应胎儿的生长发育。

(3)外生殖器 怀孕初期阴门紧闭,阴唇收缩,阴道黏膜的颜色苍白。随妊娠时间的进展,阴唇表现水肿,其水肿程度逐渐增加。

(三)妊娠期母羊体内生殖激素的变化

母羊怀孕后,首先是内分泌系统协调孕激素的平衡,以维持妊娠。妊娠期间,几种主要孕激素变化和功能如下。

(1)孕酮 在促黄体素的作用下卵巢排卵,破裂卵泡处生成黄体,而后受生乳素的刺激释放一种生殖激素,这种激素就叫作孕酮,也叫作黄体酮。孕酮与雌激素协同发挥作用,维持妊娠。

(2)雌激素　雌激素是在促性腺激素作用下由卵巢释放,继而进入血液,通过血液中雌激素和孕酮的浓度来控制脑下垂体前叶分泌促卵泡素和促黄体素的水平,从而控制发情和排卵。雌激素也是维持妊娠所必需的。

二、早期妊娠诊断

母羊配种后应尽早进行妊娠诊断,其优点是能及时发现空怀母羊,以便采取补配措施;对已受孕的母羊加强饲养管理,避免流产。

母羊的早期妊娠诊断通常有以下几种方法。

(一)表观症状观察

母羊受孕后,在孕激素的制约下,发情周期停止,不再表现有发情症状,性情变得较为温顺。同时,孕羊的采食量增加,毛色变得光亮润泽。但这种方法不易早期确切诊断母羊是否怀孕,因此还应结合触诊法来确诊。

(二)触诊法

待检查母羊自然站立,然后用两只手以抬抱方式在腹壁前后滑动,抬抱的部位是乳房的前上方,用手触摸是否有胚胎胞块。

(三)阴道检查法

妊娠母羊阴道黏膜的色泽、黏液性状及子宫颈口形状均有一些和妊娠相一致的规律变化。

(1)阴道黏膜　母羊怀孕后,阴道黏膜变为苍白色,但用开膣器打开阴道后,很短时间内即由白色又变成粉红色;而空怀母羊黏膜始终为粉红色。

(2)阴道黏液　孕羊的阴道黏液呈透明状,量少、浓稠,能在手指间牵成线。如果黏液量多、稀薄、颜色灰白,则视为未孕。

(3)子宫颈　孕羊子宫颈紧闭,色泽苍白,并有糊状的黏块堵塞在子宫颈口,人们称之为"子宫栓"。

(四)免疫学诊断

怀孕母羊血液、组织中具有特异性抗原,可用制备的抗体血清与母羊细胞进行血球凝集反应,如母羊已怀孕,则红细胞会出现凝集现象。若加入抗体血清后红细胞不会发生凝集,则视为未孕。

(五)超声波探测法

超声波探测仪是一种先进的诊断仪器,有条件的地方利用它来做早期妊娠诊断便捷可靠。其查方法是将待查母羊保定后,在腹下乳房前毛稀少的地方涂上凡士林或石蜡油,将超声波探测仪的探头对着骨盆入口方向探查。在母羊配种 40 d 以后,用这种方法诊断,准确率较高。

三、妊娠期和预产期的推算

(一)妊娠期

羊的妊娠期平均 150 d。不同品种、怀单羔多羔妊娠期有所不同。山羊妊娠期长于绵羊，山羊的妊娠期为 142~161 d，平均为 152 d；绵羊的妊娠期为 146~157 d，平均为 150 d。产多胎的母羊妊娠期短于单胎母羊。

(二)预产期的推算

母羊怀孕后，为了做好分娩前的准备工作，应准确推算出预产期，推算方法为配种月份加 5，配种日期数减 3。例如，一母羊于 2013 年 4 月 28 日配种，预产期为：预产月份＝4＋5＝9，即 9 月；预产日＝28－3＝25，即 25 日。

因此，该母羊的预产日期是 2013 年 9 月 25 日。

如果遇到月份加 5 大于 12 时，应减 12 所得数为预产月份，预产日计算方相同。

例如，某羊的配种日期是 2013 年 12 月 8 日，它的预产期为：预产月份＝（12＋5）－12＝5，即翌年的 5 月；预产日＝8－3＝5，即 5 日。因此，该母羊的预产期是 2014 年 5 月 5 日。

◆◆◆ 任务八　提高繁殖力的主要方法 ◆◆◆

一、繁殖力及衡量指标

繁殖力是指动物维持正常生殖机能、繁衍后代的能力，是评定种用动物生产力的主要指标。羊群的繁殖力指标是提高选育效果和增加养羊生产经济效益的前提，衡量指标有配种率、受胎率、产羔率、双羔率、羔羊成活率、繁殖率及繁殖成活率等。

$$配种率＝\frac{发情配种母羊数}{参配母羊数}×100\%$$

$$受胎率＝\frac{受胎母羊数}{参配母羊数}×100\%$$

$$产羔率＝\frac{产活羔羊数}{分娩母羊数}×100\%$$

$$双羔率＝\frac{产活羔羊数－分娩母羊数}{分娩母羊数}×100\%$$

$$羔羊成活率＝\frac{断奶羔羊数}{产活羔羊数}×100\%$$

$$繁殖率 = \frac{产活羔羊数}{适繁母羊数} \times 100\%$$

$$繁殖成活率 = \frac{断奶羔羊数}{适繁母羊数} \times 100\%$$

二、提高繁殖力的主要方法

繁殖是养羊业生产中的重要环节,只有提高繁殖力才能增加数量和提高质量,获得较好的经济效益。因此,畜牧工作者采用各种方法和途径来提高羊的繁殖力。

(一)加强选种

选育高产母羊是提高繁殖力的有效措施,坚持长期选育可以提高整个羊群的繁殖性能。一般采用群体继代选育法,即首先选择繁殖性能本身较好的母羊组建基础群,作为选育零世代羊,以后各世代繁殖过程中均不要引进其他群种羊,实行闭锁繁育,但应避免全同胞的近亲交配,第三世代群体近交系数控制在 12.5% 以内。随机编组交配,严格选留后代种公羊、种母羊。群体继代选育的关键是在建立的零世代基础群应具备较好的繁殖性能。选择产羔率较高的种羊有以下一些方法。

1.根据出生类型选留种羊

母羊随年龄的增长其产羔率有所变化。一般初产母羊能产双羔的,除了其本身繁殖力较高外,其后代也具有繁殖力高的遗传基础,这些羊都可以选留作种。

2.根据母羊的外形选留种羊

细毛羊脸部是否生长羊毛与产羔率有关。眼睛以下没有被覆细毛的母羊产羔性能较好,所以选留的青年母绵羊应该体型较大,脸部无细毛覆盖。山羊中一般无角母羊的产羔数高于有角母羊,有肉髯母羊的产羔性能略高于无肉髯的母羊。但是无角山羊中容易产生间性羊(雌雄同体),因此,山羊群体中应适当保留一定比例的有角羊,以减少间性羊的出生。

(二)引入多胎品种的遗传基因

引入具有多胎性的绵、山羊的基因,可以有效地提高绵、山羊的繁殖力。我国绵羊的多胎品种主要有:大尾寒羊,平均产羔率为 185%;小尾寒羊,平均产羔率可达 270% 左右;苏联美利奴,平均产羔率为 140%;考力代羊,平均产羔率为 120%;湖羊,平均产羔率可达 235% 左右。但是这些品种产毛量低,羊毛品质较差,杂交改良会对毛用性能带来不利影响。我国山羊具有多胎性能,平均产羔率可以达到 200% 左右,而北方地区的山羊品种产羔率通常较低,可以引进繁殖力较高的品种进行杂交。

(三)提高繁殖公母羊的饲养水平

营养条件对绵、山羊繁殖力的影响极大,丰富和平衡的营养,可以提高种公羊的性欲,提高精液品质,促进母羊发情和排卵数的增加。因此,加强对公、母羊的饲养,特别是我国北方和高海拔地区,由于气候的季节性变化,存在着牧草生长的枯荣交替的季节性不平衡。枯草季节,羊采食不足,身体瘦弱影响羊的繁殖受胎率和羔羊成活率。配种季节应加强公母羊的放牧补饲,配种前两个月即应满足羊的营养需求。一方面延长放牧时间,早出晚归,尽量使羊有较多的采食时间;另一方面还应适当补饲草料。公羊保持中上等膘情,配种前加强运动;母羊确保满膘配种。母羊在配种期如满膘体壮,就能发情正常,增加排卵数量,所谓"羊满膘,多产羔"就是这个道理。

(四)提高适龄繁殖母羊的比例

母羊承担着繁育羔羊的重任,提高适龄繁殖母羊(2～5岁)的比例是提高羊群繁殖力的重要措施。如果让适龄繁殖母羊的比例在整个羊群中达到60%以上,可大大提高羊群的繁殖力。

母羊一般到5岁时达到最佳生育状态,随后生育能力会逐渐降低,到7岁后逐渐会出现一些生育障碍,并由于体况变差,繁活率会大大下降。因此,7岁以后的老龄母羊应逐渐淘汰,这样才能提高适龄繁殖母羊在羊群中的比重。

(五)利用药物制剂和激素免疫法

在营养良好的饲养条件下,一般绵羊每次可排出2～6个卵子,山羊排出2～7个卵子,有时能排出10个以上的卵子。但由于卵巢上的各个卵泡发育成熟及破裂排卵的时间先后不一致,导致有些卵子排出后错过了和精子相遇而受精的机会,因而不能形成多胎。同时,子宫容积对发育胎儿个数有一定的限制,过多的受精卵不能适时着床而死亡。

注射孕马血清可以诱发母羊在发情配种最佳时间同时多排卵,因为孕马血清除了和促卵泡素有着相似的功能外,同时还含有类似促黄体素的功能,能促使排卵和黄体形成。

注射孕马血清的时间应在母羊发情开始的前3～4 d。因此,在配种前半个月对母羊试情,将发情的母羊每天做不同标记,经过13～14 d后在母羊后腿内侧皮下进行注射,注射剂量一般根据羊的体重决定:体重在55 kg以上者注射15 mL,45～55 kg者注射10 mL,45 kg以下者注射8 mL。注射后1～2 d内羊开始发情,因此,在注射后第二天开始试情。

新疆生产的以雄烯二酮为主体的激素抗原免疫型药物(商品名称为xjc-a型双羔苗),在配种前40 d,每只羊肌肉注射双羔苗2 mL,28～30 d后再注射一次,用量与第一次相同,过10 d左右配种,能显著地提高母羊的产羔率。影响双羔苗应用效果的因素有以下几个方面:①母羊膘情好,产双羔的增多。营养缺乏,矿物质供应不足,双羔苗应用效果不大。②繁殖力较低的品种比繁殖力较高的品种应用效果好。③母羊配种时体重大的比体重小的应用双羔苗的效果好。④初配羊与经产羊应用双羔苗的效果无明显差异。

🍁 测评作业

一、名词解释

性成熟、体成熟、发情周期、发情持续期、妊娠期、繁殖季节、安静发情、假性发情、持续发情、公羊试情法、阴道检查法、自然交配、人工授精、胚胎移植、供体、受体、超数排卵、妊娠期、子宫栓、杂交、导入杂交、级进杂交、经济杂交、育成杂交、繁殖力、配种率、受胎率、产羔率、双羔率、羔羊成活率、繁殖率及繁殖成活率。

二、填空题

1.一般绵羊的性成熟在_____月龄,初配年龄在_____月龄,发情周期_____d,发情持续期_____d,发情后_____h配种较为合适;其妊娠期平均为_____d。

2.一般山羊的性成熟在_____月龄,初配年龄在_____月龄,发情周期_____d,发情持续期_____d,发情后_____h配种较为合适;其妊娠期平均为_____d。

3.在北方地区,由于气候寒冷,绵羊一般安排在4~5月份产羔,那么应该在_____月份配种为宜。

4.羊为短日照季节性发情动物,光照缩短,母羊生殖机能处于兴奋和旺盛状态,促进母羊_____;反之,光照时间延长则会抑制母羊发情。

5.提高母羊营养水平,特别是补足蛋白质饲料,对中等以下膘情的母羊可以促进_____,诱发母羊产双胎。

6.假性发情是指母羊在_____期发情或母羊虽有发情表现但_____根本无卵泡发育。

7.羊的发情鉴定通常有_____法、_____法和_____法。

8.绵羊的配种方法可分为_____和_____两种。

9.冬羔是_____月份配种,12月至翌年1~2月份所产的羔羊;春羔是10~12月份配种,翌年_____月份产的羔羊。

10.采精时,假阴内温度以_____为宜;精液镜检时,室温应保持在_____。

11.胚胎移植中,提供受精卵或早期胚胎的母羊叫作_____。

12.妊娠母羊生殖器会发生一些变化,由于黄体的存在,_____中断,子宫_____,以适应胎儿的生长发育,怀孕初期阴道黏膜颜色呈现_____色。

13.母羊早期妊娠诊断的方法有_____、_____、_____、_____。

14.羊的常用杂交改良方法有_____、_____、_____、_____。

15.育成杂交大致可分为_____、_____、_____三个阶段。

三、简答题

1.羊的初次配种年龄如何决定?

2.你认为羊的繁殖是如何受季节制约的。

3.对发情外部特征不明显的羊,应采取何种发情鉴定方法?

4.简述胚胎移植。

5.试述产春羔和产冬羔的优缺点。根据你所在地区分析,是产春羔好还是产冬羔好?

6.你所在地区的绵羊配种时,采用的是哪些方法?为什么要用这些方法?

7.妊娠早期母羊体况有哪些变化?

8.为什么要母羊早期妊娠诊断,其方法有哪些?

9.你所在地区用哪些方法为母羊做早期妊娠诊断,正确率如何?

10.在绵羊改良中各种杂交方法如何应用?

11.简述提高绵、山羊繁殖力的主要方法。

考核评价

羊的选种选配与繁殖

专业班级		姓名		学号	

一、考核内容与标准

说明：总分 100 分，分值越高表明该项能力或表现越佳，综合得分≥90 为优秀，75≤综合得分＜90 为良好，60≤综合得分＜75 为合格，综合得分＜60 为不合格。

考核项目	考核内容	考核标准	综合得分
过程考核	操作态度 （10 分）	积极主动，服从安排	
	合作意识 （15 分）	积极配合小组成员，善于合作	
	生产资料检阅 （15 分）	积极查阅、收集生产资料，认真思考，并对任务完成过程中遇到的问题进行分析，提出解决方案	
	选种选配与杂交繁育（40 分）	结合器材、羊只，准确实施选种选配与杂交繁育关键技能，正确回答考评员提出的问题	
结果考核	选种选配与人工授精（10 分）	准确	
	报表填报 （10 分）	报表填写认真，上交及时	
合　　计			

综合分数：_____分　　优秀（　）　　良好（　）　　合格（　）　　不合格（　）

二、综合评价

（该学生是否掌握了该岗位的专业知识、专业技能及掌握程度，能否通过该岗位技能考核）

考核人签字：

年　　月　　日

项目四

绵羊的饲养管理

🍁 教学内容与工作任务

项目名称	教学内容	工作任务与技能目标
羊的饲养管理技术	羊的生物学特性及消化生理	1.熟悉羊的生物学特性； 2.了解羊的消化生理特点； 3.正确应用羊的生物学特性及消化生理特点,提高羊的生产性能。
	羊的营养需要	1.了解营养需要、维持需要、生产需要的概念及意义； 2.掌握羊在不同生理状态和生产水平下对营养物质需要的特点及规律； 3.根据羊的生理状态和生产水平不同,选定相应的牧草,制订相应的配方方案。
	羊的饲养标准	1.了解饲养标准的概念及表示方法； 2.正确应用绵羊、山羊的饲养标准。
	羊的日粮配合与各类饲料的调制	1.熟悉日粮和日粮配合的概念； 2.掌握日粮配合的原则与步骤； 3.熟练掌握常用的饲料配方方法。
	放牧条件下羊的饲养管理	1.根据不同情况合理组织放牧羊群； 2.讲述放牧羊群的队形与控制措施； 3.复述羊群四季放牧要点； 4.叙述放牧羊的补饲方法、补饲注意事项。
	舍饲条件下羊的饲养管理	1.学会羊舍地址选择、羊舍规划设计、羊舍设备的安装等羊舍建筑设计方法； 2.讲述舍饲条件下羊的饲养管理要点。
	种公羊的饲养管理	1.熟悉种公羊的饲养管理目标； 2.掌握种公羊饲养管理要点； 3.了解种公羊的合理利用技术。

续表

项目名称	教学内容	工作任务与技能目标
羊的饲养管理技术	繁殖母羊的饲养管理	1.了解繁殖母羊空怀期、妊娠期和哺乳期的生理特点; 2.掌握繁殖母羊不同时期的饲养管理技术。
	羔羊的饲养管理	1.熟悉羔羊的生长发育和消化生理特点; 2.掌握初生期、哺乳期羔羊的饲养管理技术。
	育成羊的饲养管理	1.熟知育成羊的生长发育和消化生理特点; 2.掌握育成羊的饲养管理技术。
	育肥羊的饲养管理	1.熟知羔羊消化生理特点及体重发育规律; 2.了解国外肥羔生产的特点; 3.掌握羔羊早期育肥、断奶羔羊育肥技术; 4.了解成年羊育肥的原理,熟悉成年羊育肥的基本方式,掌握成年羊育肥的技术要点。
	羊的日常饲养管理	1.了解羊只编号、断尾、去势的方法及注意事项; 2.掌握羊只梳绒、剪毛、药浴的方法。

 知识链接

 任务一　羊的生物学特性及消化生理

一、羊的生物学特性

1.采食能力强,对粗饲料的利用率高

羊的颜面细长,嘴尖,嘴唇灵活,牙齿锐利,上唇中央有一纵沟,下颚切齿向前倾斜,对采食地面低草、小草、花蕾和灌木枝叶很有利,对草籽的咀嚼也很充分。羊善于啃食很短的牧草,在马、牛放牧过的草场或马、牛不能利用的草场,羊都可以正常放牧采食,故可以进行牛、羊混牧。

绵羊和山羊的采食特点明显不同:①山羊后肢能站立,有助于采食高处的灌木或乔木的幼嫩枝叶,而绵羊只能采食地面上或低处的草尖与枝叶;②绵羊与山羊合群放牧时,山羊总是走在前面抢食,而绵羊则慢慢跟随后边低头啃食;③山羊舌上苦味感受器发达,对各种苦味植物较乐意采食;④绵羊中的粗毛羊爱吃"走草",即边走边采食,移动较勤,游走较快,能扒雪吃草,对当地毒草有较高的识别能力;而细毛羊及其杂种,则吃的是"盘草"(站立吃草),游走较慢,常落在后面,扒雪吃草和识别毒草的能力较差。

羊作为反刍动物,能较好地利用粗饲料。在青草能吃饱的季节或有较好青干草补饲的情况下,不需要精饲料补饲,羊只就可以保证正常的生理活动和肥育。所以,羊较其他家畜更容易安全越冬,具有较强的抗春乏能力。

2.合群性强

羊的合群性很强。放牧时虽很分散,但不离群,一有惊吓或驱赶便马上集中。群体中各个体主要通过视、听、嗅、触等感官活动,来传递和接受各种信息,以保持和调整群体成员之间的活动。利用合群性,在羊群出圈、入圈、过河、过桥、饮水、换草场、运羊等活动时,只要有领头羊先行,其他羊只即跟随领头羊前进并发出保持联系的叫声,为生产中的大群放牧提供了方便。但由于群居行为强,羊群间距离近时,容易混群,故在管理上应避免混群。在自然群体中,羊群的领头羊多是由年龄较大、子孙较多的母羊来担任,也可利用山羊行动敏捷、易于训练及记忆力好的特点选做领头羊。应注意,经常掉队的羊,往往不是患病,就是老弱跟不上群。

一般地讲,山羊的合群性好于绵羊;绵羊中的粗毛羊好于细毛羊和肉用羊,肉用羊最差;夏、秋季牧草丰盛时,羊只的合群性好于冬、春季牧草较差时。

3.喜干厌湿

"羊性喜干厌湿,最忌湿热湿寒,利居高燥之地",说明养羊的牧地、圈舍和休息场所,都以高燥为宜。如久居泥泞潮湿之地,则羊只易患寄生虫病和腐蹄病,甚至毛质降低,脱毛加重。不同的绵羊、山羊品种对气候的适应性不同,如细毛羊喜欢温暖、干旱、半干旱的气候,而肉用羊和肉毛兼用半细毛羊则喜欢温暖、湿润、全年温差较小的气候,但长毛肉用品种的罗姆尼羊,较能耐湿热气候和适应沼泽地区,对腐蹄病有较强的抗力。

我国北方很多地区相对湿度平均在 40%~60%(仅冬、春两季有时可高达 75%),故适于养羊特别是养细毛羊;而在南方的高湿高热地区,则较适于养山羊和长毛肉用羊。

4.嗅觉灵敏

羊的嗅觉比视觉和听觉更灵敏,这与其发达的腺体有关。其具体作用表现在以下三方面。

(1)靠嗅觉识别羔羊　羔羊出生后与母羊接触几分钟,母羊就能通过嗅觉鉴别出自己的羔羊。羔羊吮乳时,母羊总要先嗅一嗅其臀尾部,以辨别是不是自己的羔羊,利用这一点可在生产中寄养羔羊,即在被寄养的孤羔和多胎羔身上涂抹保姆羊的羊水或尿液,寄养多会成功。

(2)靠嗅觉辨别植物种类或枝叶　羊在采食时,能依据植物的气味和外表细致地区别出各种植物或同一植物的不同品种(系),选择含蛋白质多、粗纤维少、没有异味的牧草采食。

(3)靠嗅觉辨别食物和饮水的清洁度　羊爱清洁,在采食草料和饮水之前,总要先用鼻子嗅一嗅再吃。凡被污染、践踏或发霉变质有异味的食物和饮水,都会拒食。所以,要保持草料的清洁卫生,保证正常采食。

5.山羊活泼好动,绵羊性情温驯,胆小易惊

山羊性机警灵敏,活泼好动而勇敢,记忆力强,易于训练成特殊用途的羊(如登台演出);而绵羊则性情温顺,胆小易惊,反应迟钝,易受惊吓而出现"炸群"。当遇兽害或其他突然惊吓时,山羊能主动大呼求救,并且有一定的抗御能力;而绵羊性情温驯,缺乏抵抗力,四散逃避,不会联合抵抗。山羊喜角斗,角斗形式有正向互相顶撞和跳起斜向相撞两种,绵羊则只有正向相撞一种。因此,有"精山羊,疲绵羊"之说。

6.抗逆性强

羊对逆境有良好的适应性,主要表现为抗寒耐热,抗饥渴耐粗饲,耐粗放管理发病力低等。

(1)抗寒耐热　由于羊毛有绝热作用,能阻止太阳辐射热迅速传到皮肤,所以较能耐热。

但绵羊的汗腺不发达,蒸发散热主要靠呼吸,其耐热性较山羊差,故当夏季中午炎热时,常有停食、喘气甚至"扎窝子"等表现;而山羊对扎窝子却从不参加,照常东游西窜,气温37.8℃时仍能继续采食。粗毛羊与细毛羊比较,前者较能耐热,只有当中午气温高于26℃时才开始扎窝子;而后者则在22℃左右即有此种表现。

由于绵羊有厚密的被毛和较多的皮下脂肪,可以减少体热散发,故其耐寒性高于山羊。细毛羊及其杂种的被毛虽厚,但皮板较薄,故其耐寒能力不如粗毛羊;长毛肉用羊原产于英国的温暖地区,皮薄毛稀,引入气候严寒之地,为了增强抗寒能力,皮肤常会增厚,被毛有变密变短的倾向。

(2)抗饥渴耐粗饲 羊在极端恶劣条件下,具有令人难以置信的生存能力,能依靠粗劣的秸秆、树叶维持生活。与绵羊相比,山羊更能耐粗,除能采食各种杂草外,还能啃食一定数量的草根树皮,对粗纤维的消化率比绵羊要高出3.7%。

羊对饥渴的抵抗力强于其他家畜。当夏秋季缺水时,羊只能在黎明时分,沿牧场快速移动,用唇和舌接触牧草,以搜集叶上凝结的露珠。在野葱、野韭、野百合、大叶棘豆等牧草分布较多的牧场放牧,可几天乃至十几天不采食不饮水。张松荫教授曾用羊作过饥饿试验,甘肃细毛羊不吃、不喝20多天后才开始死亡,有些个体可存活40 d之久。但比较而言,山羊更能耐渴,山羊每千克体重代谢需水188 mL,绵羊则需水197 mL。

(3)耐粗放管理,发病力低 放牧条件下的各种羊,只要能吃饱饮足,一般全年发病较少。在夏秋膘肥时期,对疾病的耐受能力较强,一般不表现症状,有的临死还勉强吃草跟群。为做到早治,必须细致观察,才能及时发现。山羊的抗病能力强于绵羊,感染内寄生虫和腐蹄病的也较少。粗毛羊的抗病能力较细毛羊及其杂种强。

二、羊的消化生理特点

(一)消化器官的特点

羊属于反刍类家畜,具有复胃结构,分为瘤胃、网胃、瓣胃和皱胃四个胃室。其中,前三个胃室总称为前胃,胃壁黏膜无胃腺,犹如单胃的无腺区;皱胃称为真胃,胃壁黏膜有腺体,其功能与单胃动物相同。据测定,绵羊的胃总容积约为30 L,山羊为16 L左右,各胃室容积占总容积比例不同。瘤胃呈椭圆形,容积最大,其功能是贮藏在较短时间采食的未经充分咀嚼而咽下的大量牧草,待休息时反刍;内有大量的能够分解消化食物的微生物。网胃呈梨形,与瘤胃紧连在一起,其消化生理作用基本相似。瓣胃黏膜形成新月状的瓣页,容积最小,对食物起机械压榨作用。皱胃可分泌胃液(主要是盐酸和胃蛋白酶),对食物进行化学性消化。

羊的小肠细长曲折,长度约为25 m,相当于体长的26~27倍。胃内容物进入小肠后,在各种消化液(胰液和肠液等)的参与下进行化学性消化,分解为各种营养物质被小肠吸收。未被消化吸收的食物,经小肠蠕动被推进大肠。

大肠的直径比小肠小,长度比小肠短,约为8.5 m。大肠的主要功能是吸收水分和形成粪便。在小肠没有被消化的食物进入大肠,在大肠微生物和由小肠带入大肠的各种酶的作用下,继续消化吸收,余下部分变成粪便排出体外。

(二)消化机能的特点

1. 反刍

反刍是指反刍草食动物在食物消化前把食团吐出经过再咀嚼和再咽下的活动。其机制是饲料刺激网胃、瘤胃前庭和食管的黏膜引起的反射性逆呕。反刍是羊的重要消化生理特点,反刍停止是疾病征兆,不反刍会引起瘤胃鼓气。

羔羊出生后,40 d 左右开始出现反刍行为。羔羊在哺乳期,早期补饲容易消化的植物性饲料,能刺激前胃的发育,可提早出现反刍行为。反刍多发生在吃草之后。反刍中也可随时转入吃草。反刍姿势多为侧卧式,少数为站立。正常情况下反刍时间与放牧采食时间的比值为 0.8:1,与舍饲采食时间之比为 1.6:1。

2. 瘤胃微生物的作用

瘤胃环境适宜于瘤胃微生物的栖息繁殖。瘤胃内存在大量细菌和原虫,每毫升内容物约含有细菌 $10^{10} \sim 10^{11}$ 个,原虫 $10^5 \sim 10^6$ 个。原虫中主要是纤毛虫,其体积大,是细菌的 1 000 倍。瘤胃是一个复杂的生态系统,反刍家畜摄取大量的草料并将其转化为畜产品,主要靠瘤胃(包括网胃)内复杂的消化代谢过程。瘤胃内微生物的主要营养作用如下:

(1)消化碳水化合物,尤其是消化纤维素 食入的碳水化合物,在瘤胃内由于受到多种微生物分泌酶的综合作用,使其发酵和分解,并形成挥发性低级脂肪酸(VFA),如乙酸、丙酸、丁酸等,这些酸被瘤胃壁吸收,通过血液循环,参与代谢,是羊体最重要的能量来源。据测定,由于瘤胃微生物的发酵作用,羊采食饲草饲料中有 $55\% \sim 95\%$ 的碳水化合物、$70\% \sim 95\%$ 的纤维素被消化。

(2)可同时利用植物性蛋白质和非蛋白氮(NPN)构成微生物蛋白质 饲料中的植物性蛋白质,通过瘤胃微生物分泌酶的作用,最后被分解为肽、氨基酸和氨;饲料中的非蛋白氮物质,如酰胺、尿素等,也被分解为氨。这些分解产物,在瘤胃内,在能源供应充足和具有一定数量蛋白质的条件下,瘤胃微生物可将其合成微生物蛋白质(其中,细菌蛋白质占主要成分)。微生物蛋白质含有各种必需氨基酸,且比例合适,组成较稳定,生物学价值高。它随食糜进入皱胃和小肠,作为蛋白质饲料被消化。因而,通过瘤胃微生物作用,提高了植物性蛋白质的营养价值。同时,在养羊业中,可利用部分非蛋白氮(尿素、铵盐等)作为补充饲料代替部分植物性蛋白质。瘤胃内可合成 10 种必需氨基酸,这保证了绵羊必需氨基酸的需要。

(3)对脂类有氢化作用 可以将牧草中不饱和脂肪酸转变成羊体内的硬脂酸。同时,瘤胃微生物亦能合成脂肪酸。Sutton(1970)测定,绵羊每天可合成长链脂肪酸为 22 g 左右。

(4)合成 B 族维生素 主要包括维生素 B_1、维生素 B_2、维生素 B_6、维生素 B_{12}、偏多酸和尼克酸等,同时还能合成维生素 K。这些维生素合成后,一部分在瘤胃中被吸收,其余在肠道中被吸收、利用。

 # 任务二 羊的营养需要

羊的营养需要是指每天每只羊对能量、蛋白质、矿物质和维生素等营养物质的总需要量,包括维持营养需要和生产营养需要。维持营养需要是指羊为了维持正常体温、血液循环、组织更新等生命活动从饲料中摄取的营养物质。生产营养需要是指羊用于生长、肥育、繁殖、泌乳、产毛等生产活动所需要的养分与能量。在实际生产中,根据羊在不同生理状态和生产水平下对营养物质需要的特点及规律,科学合理供给羊的营养物质,一方面能充分发挥羊的生产潜力,生产出量多质优的畜产品,另一方面可提高饲料转化率,经济有效地利用饲草饲料。

一、维持营养需要

羊在维持正常生命活动过程中,如果各种营养物质得不到满足,机体就会动用体内贮存的养分来弥补亏损,导致体重下降和体质衰弱等不良后果。只有当日粮中的能量、蛋白质、矿物质和维生素等营养物质超出羊的维持需要时,羊才能维持一定水平的生产能力。干乳空怀的母羊和非配种季节的成年公羊,大都处于维持饲养状态,对营养水平要求不高。山羊的维持需要与同体重的绵羊相似或略低。

二、生长的营养需要

羊从出生到 1.5 岁,肌肉、骨骼和各器官组织的发育较快,需要沉积大量的蛋白质和矿物质,尤其是初生至 8 月龄,是羊出生后生长发育最快的阶段,对营养物质的需要量较高。羊增重的可食成分主要是蛋白质(肌肉)和脂肪。如果饲料中的蛋白质、脂肪、矿物质供应不足,将直接影响羊的体型形成和体重增加。

三、肥育的营养需要

肥育的目的就是要增加羊肉和脂肪等可食部分,改善羊肉品质。羔羊的肥育以增加肌肉为主,而对成年羊主要是增加脂肪。因此,成年羊的肥育,对日粮蛋白质水平要求不高,只要能提供充足的能量饲料,就能取得较好的肥育效果。

四、产奶的营养需要

产奶是母羊的重要生理机能。羊奶中的酪蛋白、白蛋白、乳脂和乳糖等营养成分,都是饲料中不存在的,必须经过乳房合成。如果母羊饲料中的碳水化合物、蛋白质、矿物质、维生素供应不足时,会影响产奶量,缩短泌乳期。

五、产毛的营养需要

羊毛是一种由 18 种氨基酸组成的角化蛋白质,富含硫氨基酸,其胱氨酸的含量可占角蛋白总量的 9%～14%。瘤胃微生物可利用饲料中的无机硫合成含硫氨基酸,以满足羊毛生长的需要,提高羊毛产量,改善羊毛品质。在羊日粮干物质中,氮、硫比例以保持(5～10):1为宜。

产毛的营养需要与维持、生长、肥育和繁殖等的营养需要相比,所占比例不大,并远低于产奶的营养需要。但是,当日粮的粗蛋白水平低于 5.8％时,也不能满足产毛的最低需要。产毛的能量需要约为维持需要的 10％。铜与羊的产毛关系密切,缺铜的羊除表现贫血、瘦弱和生长发育受阻外,羊毛弯曲变浅,被毛粗乱,直接影响羊毛的产量和品质。但应注意的是,绵羊对铜的耐受力非常有限,每千克饲料干物质中铜的含量达 5～10 mg 已能满足羊的需要;超过 20 mg 时有可能造成羊的铜中毒。维生素 A 对羊毛生长和羊的皮肤健康十分重要,在枯草期应适当补充。

六、繁殖的营养需要

羊的体况好坏与繁殖能力有密切的关系,而营养水平又是影响羊体况的重要因素。

1.种公羊的营养需要

一年中,种公羊处于两种不同的生理阶段,即配种期和非配种期。在配种期内,要根据种公羊的配种强度或采精次数,合理调整日粮的能量和蛋白质水平,并保证日粮中真蛋白质占有较大的比例。在非配种期,种公羊的营养需要可比维持高 10％～20％,已能满足需要;日粮的粗料比例也可增加。

2.繁殖母羊的营养需要

母羊配种受胎后即进入妊娠阶段,这时除满足母羊自身的营养需要外,还必须为胎儿提供生长发育所需的养分。

(1)妊娠前期(前 3 个月)营养需要　这是胎儿生长发育最强烈的时期,胎儿各器官、组织的分化和形成大多在这一时期内完成,但胎儿的增重较小。在这一阶段,对日粮的营养水平要求不高,但必须提供一定数量的优质蛋白质、矿物质和维生素,以满足胎儿生长发育的营养需要。

(2)妊娠后期(后 2 个月)营养需要　到妊娠后期,胎儿和母羊自身的增重加快,母羊增重的 60％和胎儿贮积纯蛋白质的 80％均在这一时期内完成。随着胎儿的生长发育,母羊腹腔容积减小,采食量受限,草料容积过大或水分含量过高,均不能满足母羊对干物质的要求,应给母羊补饲一定的优质青干草或混合精料。妊娠后期母羊的热能代谢比空怀期高 15％～20％,对蛋白质、矿物质和维生素的需要量明显增加,需注意添加。

(3)泌乳期营养需要　母羊分娩后泌乳期的长短和泌乳量的高低,对羔羊的生长发育和健康有重要影响。母羊产后 4～6 周泌乳量达到高峰,维持一段时间后母羊的泌乳量开始下降。一般,山羊的泌乳期较长,尤其是乳用山羊品种。母羊泌乳前期的营养需要高于后期。羊乳中含有乳酪素、白蛋白、乳糖和乳脂,这些成分必须经母羊乳腺细胞合成分泌。如果母羊饲料中的蛋白质、糖类、矿物质和维生素不足,就会直接影响乳的产量和品质。

综上所述,为了使公母羊保持良好的体况和高的繁殖力,应根据羊不同的营养需要合理配制和调整日粮,满足其对各种营养物质的需求;饲料种类要多样化,日粮的浓度和体积要符合羊的生理特点,并注意维生素 A、维生素 D 及微量元素铁、锌、锰、钴和硒的补充,使羊保持正常的繁殖机能,减少流产和空怀。

任务三 羊的饲养标准

　　饲养标准是根据羊的性别、年龄、体重、生理状态和生产性能等,通过生产实践积累的经验,结合物质平衡试验与饲养试验结果,科学地规定每只羊每日应给予的能量和各种营养物质的最低数量。羊对各种营养物质的需要,不但数量要充足,而且比例要恰当。按照饲养标准所规定的营养供给量饲喂羊,对提高生产性能和饲料利用率都有明显的效果。饲养标准有两种表示方法:一是每只羊每日所需各种营养物质的数量;二是对于自由采食的羊群,用每千克饲粮中各种营养物质的含量或所占百分数表示。

一、肉用绵羊饲养标准——NY/T 816—2004

　　各生产阶段肉用绵羊对干物质进食量和消化能、代谢能、粗蛋白质、钙、磷、食盐饲养标准见表 4-1 至表 4-6,对硫、维生素 A、维生素 D、维生素 E、微量元素的每日添加量推荐值见表4-7。

　　1. 生长肥育羔羊饲养标准

　　4~20 kg 体重阶段生长肥育绵羊羔羊不同日增重下日粮干物质进食量和消化能、代谢能、粗蛋白质、钙、总磷、食盐饲养标准见表 4-1,对硫、维生素 A、维生素 D、维生素 E、微量元素的日粮添加量见表 4-7。

表 4-1　生长肥育绵羊羔羊饲养标准

体重 /kg	日增重 /(kg/d)	DMI /(kg/d)	DE /(MJ/d)	ME /(MJ/d)	粗蛋白质 /(g/d)	钙 /(g/d)	总磷 /(g/d)	食盐 /(g/d)
4	0.1	0.12	1.92	1.88	35	0.9	0.5	0.6
4	0.2	0.12	2.8	2.72	62	0.9	0.5	0.6
4	0.3	0.12	3.68	3.56	90	0.9	0.5	0.6
6	0.1	0.13	2.55	2.47	36	1.0	0.5	0.6
6	0.2	0.13	3.43	3.36	62	1.0	0.5	0.6
6	0.3	0.13	4.18	3.77	88	1.0	0.5	0.6
8	0.1	0.16	3.10	3.01	36	1.3	0.7	0.7
8	0.2	0.16	4.06	3.93	62	1.3	0.7	0.7
8	0.3	0.16	5.02	4.60	88	1.3	0.7	0.7
10	0.1	0.24	3.97	3.60	54	1.4	0.75	1.1
10	0.2	0.24	5.02	4.60	87	1.4	0.75	1.1
10	0.3	0.24	8.28	5.86	121	1.4	0.75	1.1
12	0.1	0.32	4.60	4.14	56	1.5	0.8	1.3
12	0.2	0.32	5.44	5.02	90	1.5	0.8	1.3
12	0.3	0.32	7.11	8.28	122	1.5	0.8	1.3

续表 4-1

体重 /kg	日增重 /(kg/d)	DMI /(kg/d)	DE /(MJ/d)	ME /(MJ/d)	粗蛋白质 /(g/d)	钙 /(g/d)	总磷 /(g/d)	食盐 /(g/d)
14	0.1	0.4	5.02	4.60	59	1.8	1.2	1.7
14	0.2	0.4	8.28	5.86	91	1.8	1.2	1.7
14	0.3	0.4	7.53	6.69	123	1.8	1.2	1.7
16	0.1	0.48	5.44	5.02	60	2.2	1.5	2.0
16	0.2	0.48	7.11	8.28	92	2.2	1.5	2.0
16	0.3	0.48	8.37	7.53	124	2.2	1.5	2.0
18	0.1	0.56	8.28	5.86	63	2.5	1.7	2.3
18	0.2	0.56	7.95	7.11	95	2.5	1.7	2.3
18	0.3	0.56	8.79	7.95	127	2.5	1.7	2.3
20	0.1	0.64	7.11	8.28	65	2.9	1.9	2.6
20	0.2	0.64	8.37	7.53	96	2.9	1.9	2.6
20	0.3	0.64	9.62	8.79	128	2.9	1.9	2.6

注 1：表中日粮干物质进食量(DMI)、消化能(DE)、代谢能(ME)、粗蛋白质(CP)、钙、总磷、食盐每日需要量推荐数值参考自内蒙古自治区地方标准《细毛羊饲养标准》(DB15/T 30—92)。

注 2：日粮中添加的食盐应符合 GB 5461 中的规定。

2. 育成母羊饲养标准

25 ～50 kg 体重阶段绵羊育成母羊日粮干物质进食量和消化能、代谢能、粗蛋白质、钙、磷、食盐饲养标准见表 4-2,对硫、维生素 A、维生素 D、维生素 E、微量元素的日粮添加量见表 4-7。

表 4-2　育成母绵羊饲养标准

体重 /kg	日增重 /(kg/d)	DMI /(kg/d)	DE /(MJ/d)	ME /(MJ/d)	粗蛋白质 /(g/d)	钙 /(g/d)	总磷 /(g/d)	食盐 /(g/d)
25	0	0.8	5.86	4.60	47	3.6	1.8	3.3
25	0.03	0.8	6.70	5.44	69	3.6	1.8	3.3
25	0.06	0.8	7.11	5.86	90	3.6	1.8	3.3
25	0.09	0.8	8.37	6.69	112	3.6	1.8	3.3
30	0	1.0	6.70	5.44	54	4.0	2.0	4.1
30	0.03	1.0	7.95	6.28	75	4.0	2.0	4.1
30	0.06	1.0	8.79	7.11	96	4.0	2.0	4.1
30	0.09	1.0	9.20	7.53	117	4.0	2.0	4.1
35	0	1.2	7.95	6.28	61	4.5	2.3	5.0
35	0.03	1.2	8.79	7.11	82	4.5	2.3	5.0
35	0.06	1.2	9.62	7.95	103	4.5	2.3	5.0
35	0.09	1.2	10.88	8.79	123	4.5	2.3	5.0
40	0	1.4	8.37	6.69	67	4.5	2.3	5.8
40	0.03	1.4	9.62	7.95	88	4.5	2.3	5.8
40	0.06	1.4	10.88	8.79	108	4.5	2.3	5.8
40	0.09	1.4	12.55	10.04	129	4.5	2.3	5.8
45	0	1.5	9.20	8.79	94	5.0	2.5	6.2
45	0.03	1.5	10.88	9.62	114	5.0	2.5	6.2
45	0.06	1.5	11.71	10.88	135	5.0	2.5	6.2
45	0.09	1.5	13.39	12.10	80	5.0	2.5	6.2

续表 4-2

体重 /kg	日增重 /(kg/d)	DMI /(kg/d)	DE /(MJ/d)	ME /(MJ/d)	粗蛋白质 /(g/d)	钙 /(g/d)	总磷 /(g/d)	食盐 /(g/d)
50	0	1.6	9.62	7.95	80	5.0	2.5	6.6
50	0.03	1.6	11.30	9.20	100	5.0	2.5	6.6
50	0.06	1.6	13.39	10.88	120	5.0	2.5	6.6
50	0.09	1.6	15.06	12.13	140	5.0	2.5	6.6

注1:表中日粮干物质进食量(DMI)、消化能(DE)、代谢能(ME)、粗蛋白质(CP)、钙、总磷、食盐每日需要量推荐数值参考自内蒙古自治区地方标准《细毛羊饲养标准》(DB15/T 30—92)。

注2:日粮中添加的食盐应符合 GB 5461 中的规定。

3.育成公羊饲养标准

20～70 kg 体重阶段绵羊育成母羊日粮干物质进食量和消化能、代谢能、粗蛋白质、钙、总磷、食盐饲养标准见表4-3,对硫、维生素 A、维生素 D、维生素 E、微量元素的日粮添加量见表4-7。

表 4-3 育成公绵羊饲养标准

体重 /kg	日增重 /(kg/d)	DMI /(kg/d)	DE /(MJ/d)	ME /(MJ/d)	粗蛋白质 /(g/d)	钙 /(g/d)	总磷 /(g/d)	食盐 /(g/d)
20	0.05	0.9	8.17	6.70	95	2.4	1.1	7.6
20	0.10	0.9	9.76	8.00	114	3.3	1.5	7.6
20	0.15	1.0	12.20	10.00	132	4.3	2.0	7.6
25	0.05	1.0	8.78	7.20	105	2.8	1.3	7.6
25	0.10	1.0	10.98	9.00	123	3.7	1.7	7.6
25	0.15	1.1	13.54	11.10	142	4.6	2.1	7.6
30	0.05	1.1	10.37	8.50	114	3.2	1.4	8.6
30	0.10	1.1	12.20	10.00	132	4.1	1.9	8.6
30	0.15	1.2	14.76	12.10	150	5.0	2.3	8.6
35	0.05	1.2	11.34	9.30	122	3.5	1.6	8.6
35	0.10	1.2	13.29	10.90	140	4.5	2.0	8.6
35	0.15	1.3	16.10	13.20	159	5.4	2.5	8.6
40	0.05	1.3	12.44	10.20	130	3.9	1.8	9.6
40	0.10	1.3	14.39	11.80	149	4.8	2.2	9.6
40	0.15	1.3	17.32	14.20	167	5.8	2.6	9.6
45	0.05	1.3	13.54	11.10	138	4.3	1.9	9.6
45	0.10	1.3	15.49	12.70	156	5.2	2.9	9.6
45	0.15	1.4	18.66	15.30	175	6.1	2.8	9.6
50	0.05	1.4	14.39	11.80	146	4.7	2.1	11.0
50	0.10	1.4	16.59	13.60	165	5.6	2.5	11.0
50	0.15	1.5	19.76	16.20	182	6.5	3.0	11.0
55	0.05	1.5	15.37	12.60	153	5.0	2.3	11.0
55	0.10	1.5	17.68	14.50	172	6.0	2.7	11.0
55	0.15	1.6	20.98	17.20	190	6.9	3.1	11.0

续表 4-3

体重 /kg	日增重 /(kg/d)	DMI /(kg/d)	DE /(MJ/d)	ME /(MJ/d)	粗蛋白质 /(g/d)	钙 /(g/d)	总磷 /(g/d)	食盐 /(g/d)
60	0.05	1.6	16.34	13.40	161	5.4	2.4	12.0
60	0.10	1.6	18.78	15.40	179	6.3	2.9	12.0
60	0.15	1.7	22.20	18.20	198	7.3	3.3	12.0
65	0.05	1.7	17.32	14.20	168	5.7	2.6	12.0
65	0.10	1.7	19.88	16.30	187	6.7	3.0	12.0
65	0.15	1.8	23.54	19.30	205	7.6	3.4	12.0
70	0.05	1.8	18.29	15.00	175	6.2	2.8	12.0
70	0.10	1.8	20.85	17.10	194	7.1	3.2	12.0
70	0.15	1.9	24.76	20.30	212	8.0	3.6	12.0

注1：表中日粮干物质进食量（DMI）、消化能（DE）、代谢能（ME）、粗蛋白质（CP）、钙、总磷、食盐每日需要量推荐数值参考自内蒙古自治区地方标准《细毛羊饲养标准》（DB15/T 30—92）。

注2：日粮中添加的食盐应符合 GB 5461 中的规定。

4.育肥羊饲养标准

20～45 kg 体重阶段舍饲育肥羊日粮干物质进食量和消化能、代谢能、粗蛋白质、钙、总磷、食盐饲养标准见表4-4，对硫、维生素 A、维生素 D、维生素 E、微量元素的日粮添加量见表4-7。

表 4-4　育肥羊饲养标准

体重 /kg	日增重 /(kg/d)	DMI /(kg/d)	DE /(MJ/d)	ME /(MJ/d)	粗蛋白质 /(g/d)	钙 /(g/d)	总磷 /(g/d)	食盐 /(g/d)
20	0.10	0.8	9.00	8.40	111	1.9	1.8	7.6
20	0.20	0.9	11.30	9.30	158	2.8	2.4	7.6
20	0.30	1.0	13.60	11.20	183	3.8	3.1	7.6
20	0.45	1.0	15.01	11.82	210	4.6	3.7	7.6
25	0.10	0.9	10.50	8.60	121	2.2	2	7.6
25	0.20	1.0	13.20	10.80	168	3.2	2.7	7.6
25	0.30	1.1	15.80	13.00	191	4.3	3.4	7.6
25	0.45	1.1	17.45	14.35	218	5.4	4.2	7.6
30	0.10	1.0	12.00	9.80	132	2.5	2.2	8.6
30	0.20	1.1	15.00	12.30	178	3.6	3	8.6
30	0.30	1.2	18.10	14.80	200	4.8	3.8	8.6
30	0.45	1.2	19.95	16.34	351	6.0	4.6	8.6
35	0.10	1.2	13.40	11.10	141	2.8	2.5	8.6
35	0.20	1.3	16.90	13.80	187	4.0	3.3	8.6
35	0.30	1.3	18.20	16.60	207	5.2	4.1	8.6
35	0.45	1.3	20.19	18.26	233	6.4	5.0	8.6
40	0.10	1.3	14.90	12.20	143	3.1	2.7	9.6
40	0.20	1.3	18.80	15.30	183	4.4	3.6	9.6
40	0.30	1.4	22.60	18.40	204	5.7	4.5	9.6
40	0.45	1.4	24.99	20.30	227	7.0	5.4	9.6

续表 4-4

体重 /kg	日增重 /(kg/d)	DMI /(kg/d)	DE /(MJ/d)	ME /(MJ/d)	粗蛋白质 /(g/d)	钙 /(g/d)	总磷 /(g/d)	食盐 /(g/d)
45	0.10	1.4	16.40	13.40	152	3.4	2.9	9.6
45	0.20	1.4	20.60	16.80	192	4.8	3.9	9.6
45	0.30	1.5	24.80	20.30	210	6.2	4.9	9.6
45	0.45	1.5	27.38	22.39	233	7.4	6.0	9.6
50	0.10	1.5	17.90	14.60	159	3.7	3.2	11.0
50	0.20	1.6	22.50	18.30	198	5.2	4.2	11.0
50	0.30	1.6	27.20	22.10	215	6.7	5.2	11.0
50	0.45	1.6	30.03	24.38	237	8.5	6.5	11.0

注1：表中日粮干物质进食量（DMI）、消化能（DE）、代谢能（ME）、粗蛋白质（CP）、钙、总磷、食盐每日需要量推荐数值参考自新疆维吾尔自治区企业标准《新疆细毛羔舍饲肥育标准》（1985）。

注2：日粮中添加的食盐应符合 GB 5461 中的规定。

5.妊娠母羊饲养标准

不同妊娠阶段妊娠母羊日粮干物质进食量和消化能、代谢能、粗蛋白质、钙、总磷、食盐饲养标准见表 4-5，对硫、维生素 A、维生素 D、维生素 E、微量元素的日粮添加量见表 4-7。

表 4-5 妊娠母绵羊饲养标准

妊娠阶段	体重 /kg	DMI /(kg/d)	DE /(MJ/d)	ME /(MJ/d)	粗蛋白质 /(g/d)	钙 /(g/d)	总磷 /(g/d)	食盐 /(g/d)
前期[a]	40	1.6	12.55	10.46	116	3.0	2.0	6.6
	50	1.8	15.06	12.55	124	3.2	2.5	7.5
	60	2.0	15.90	13.39	132	4.0	3.0	8.3
	70	2.2	16.74	14.23	141	4.5	3.5	9.1
后期[b]	40	1.8	15.06	12.55	146	6.0	3.5	7.5
	45	1.9	15.90	13.39	152	6.5	3.7	7.9
	50	2.0	16.74	14.23	159	7.0	3.9	8.3
	55	2.1	17.99	15.06	165	7.5	4.1	8.7
	60	2.2	18.83	15.90	172	8.0	4.3	9.1
	65	2.3	19.66	16.74	180	8.5	4.5	9.5
	70	2.4	20.92	17.57	187	9.0	4.7	9.9
后期[c]	40	1.8	16.74	14.23	167	7.0	4.0	7.9
	45	1.9	17.99	15.06	176	7.5	4.3	8.3
	50	2.0	19.25	16.32	184	8.0	4.6	8.7
	55	2.1	20.50	17.15	193	8.5	5.0	9.1
	60	2.2	21.76	18.41	203	9.0	5.3	9.5
	65	2.3	22.59	19.25	214	9.5	5.4	9.9
	70	2.4	24.27	20.50	226	10.0	5.6	11.0

注1：表中日粮干物质进食量（DMI）、消化能（DE）、代谢能（ME）、粗蛋白质（CP）、钙、总磷、食盐每日需要量推荐数值参考自内蒙古自治区地方标准《细毛羊饲养标准》（DB15/T 30—92）。

注2：日粮中添加的食盐应符合 GB 5461 中的规定。

a 指妊娠期的第 1 个月至第 3 个月。

b 指母羊怀单羔妊娠期的第 4 个月至第 5 个月。

c 指母羊怀双羔妊娠期的第 4 个月至第 5 个月。

6.泌乳母羊饲养标准

40～70 kg 泌乳母羊的日粮干物质进食量和消化能、代谢能、粗蛋白质、钙、总磷、食盐饲养标准见表 4-6,对硫、维生素 A、维生素 D、维生素 E、微量元素的日粮添加量见表 4-7。

表 4-6　泌乳母绵羊饲养标准

体重/kg	日泌乳量/(kg/d)	DMI/(kg/d)	DE/(MJ/d)	ME/(MJ/d)	粗蛋白质/(g/d)	钙/(g/d)	总磷/(g/d)	食盐/(g/d)
40	0.2	2.0	12.97	10.46	119	7.0	4.3	8.3
40	0.4	2.0	15.48	12.55	139	7.0	4.3	8.3
40	0.6	2.0	17.99	14.64	157	7.0	4.3	8.3
40	0.8	2.0	20.50	16.74	176	7.0	4.3	8.3
40	1.0	2.0	23.01	18.83	196	7.0	4.3	8.3
40	1.2	2.0	25.94	20.92	216	7.0	4.3	8.3
40	1.4	2.0	28.45	23.01	236	7.0	4.3	8.3
40	1.6	2.0	30.96	25.10	254	7.0	4.3	8.3
40	1.8	2.0	33.47	27.20	274	7.0	4.3	8.3
50	0.2	2.2	15.06	12.13	122	7.5	4.7	9.1
50	0.4	2.2	17.57	14.23	142	7.5	4.7	9.1
50	0.6	2.2	20.08	16.32	162	7.5	4.7	9.1
50	0.8	2.2	22.59	18.41	180	7.5	4.7	9.1
50	1.0	2.2	25.10	20.50	200	7.5	4.7	9.1
50	1.2	2.2	28.03	22.59	219	7.5	4.7	9.1
50	1.4	2.2	30.54	24.69	239	7.5	4.7	9.1
50	1.6	2.2	33.05	26.78	257	7.5	4.7	9.1
50	1.8	2.2	35.56	28.87	277	7.5	4.7	9.1
60	0.2	2.4	16.32	13.39	125	8.0	5.1	9.9
60	0.4	2.4	19.25	15.48	145	8.0	5.1	9.9
60	0.6	2.4	21.76	17.57	165	8.0	5.1	9.9
60	0.8	2.4	24.27	19.66	183	8.0	5.1	9.9
60	1.0	2.4	26.78	21.76	203	8.0	5.1	9.9
60	1.2	2.4	29.29	23.85	223	8.0	5.1	9.9
60	1.4	2.4	31.80	25.94	241	8.0	5.1	9.9
60	1.6	2.4	34.73	28.03	261	8.0	5.1	9.9
60	1.8	2.4	37.24	30.12	275	8.0	5.1	9.9
70	0.2	2.6	17.99	14.64	129	8.5	5.6	11.0
70	0.4	2.6	20.50	16.70	148	8.5	5.6	11.0
70	0.6	2.6	23.01	18.83	166	8.5	5.6	11.0
70	0.8	2.6	25.94	20.92	186	8.5	5.6	11.0
70	1.0	2.6	28.45	23.01	206	8.5	5.6	11.0
70	1.2	2.6	30.96	25.10	226	8.5	5.6	11.0
70	1.4	2.6	33.89	27.61	244	8.5	5.6	11.0
70	1.6	2.6	36.40	29.71	264	8.5	5.6	11.0
70	1.8	2.6	39.33	31.80	284	8.5	5.6	11.0

注1:表中日粮干物质进食量(DMI)、消化能(DE)、代谢能(ME)、粗蛋白质(CP)、钙、总磷、食盐每日需要量推荐数值参考自内蒙古自治区地方标准《细毛羊饲养标准》(DB15/T 30—92)。

注2:日粮中添加的食盐应符合 GB 5461 中的规定。

表 4-7　肉用绵羊对硫、维生素、微量元素日粮需要量（以干物质为基础）

体重阶段\n营养元素	生长羔羊\n4～20 kg	育成母羊\n25～50 kg	育成公羊\n20～70 kg	育肥羊\n20～50 kg	妊娠母羊\n40～70 kg	泌乳母羊\n40～70 kg	最大耐受浓度[b]
硫/(g/d)	0.24～1.2	1.4～2.9	2.8～3.5	2.8～3.5	2.0～3.0	2.5～3.7	—
维生素 A/(IU/d)	188～940	1 175～2 350	940～3 290	940～2 350	1 880～3 948	1 880～3 434	—
维生素 D/(IU/d)	26～132	137～275	111～389	111～278	222～440	222～380	—
维生素 E/(IU/d)	2.4～12.8	12～24	12～29	12～23	18～35	26～34	—
钴/(mg/kg)	0.018～0.096	0.12～0.24	0.21～0.33	0.2～0.35	0.27～0.36	0.3～0.39	10
铜[a]/(mg/kg)	0.97～5.2	6.5～13	11～18	11～19	16～22	13～18	25
碘/(mg/kg)	0.08～0.46	0.58～1.2	1.0～1.6	0.94～1.7	1.3～1.7	1.4～1.9	50
铁/(mg/kg)	4.3～23	29～58	50～79	47～83	65～86	72～94	500
锰/(mg/kg)	2.2～12	14～29	25～40	23～41	32～44	36～47	1 000
硒/(mg/kg)	0.016～0.086	0.11～0.22	0.19～0.30	0.18～0.31	0.24～0.31	0.27～0.35	2
锌/(mg/kg)	2.7～14	18～36	50～79	29～52	53～71	50～77	750

注：表中维生素 A、维生素 D、维生素 E 每日需要量数据参考自 NRC(1985)，维生素 A 最低需要量为 47 IU/kg 体重，1 mg β-胡萝卜素效价相当于 681 IU 维生素 A。维生素 D 需要量为早期断奶羔羊最低需要量为 5.55 IU/kg 体重；其他生产阶段羔羊对维生素 D 的最低需要量为 6.66 IU/kg 体重，1 IU 维生素 D 相当于 0.025 μg 胆钙化醇。维生素 E 需要量为体重低于 20 kg 的羔羊对维生素 E 的最低需要量为 20 IU/kg 干物质进食量；体重大于 20 kg 的各生产阶段绵羊对维生素 E 的最低需要量为 15 IU/kg 干物质进食量，1 IU 维生素 E 效价相当于 1 mg 维生素 D,L-α-生育酚醋酸酯。

a 当日粮中钼含量大于 3.0 mg/kg 时，铜的添加量要在表中推荐值基础上增加 1 倍。

b 参考自 NRC(1985)提供的估计数据。

二、肉用山羊饲养标准——NY/T 816—2004

1.生长育肥山羊羔羊饲养标准

生长育肥山羊羔羊饲养标准见表 4-8。

表 4-8　生长育肥山羊羔羊饲养标准

体重\n/kg	日增重\n/(kg/d)	DMI\n/(kg/d)	DE\n/(MJ/d)	ME\n/(MJ/d)	粗蛋白质\n/(g/d)	钙\n/(g/d)	总磷\n/(g/d)	食盐\n/(g/d)
1	0	0.12	0.55	0.46	3	0.1	0.0	0.6
1	0.02	0.12	0.71	0.60	9	0.8	0.5	0.6
1	0.04	0.12	0.89	0.75	14	1.5	1.0	0.6
2	0	0.13	0.90	0.76	5	0.1	0.1	0.7
2	0.02	0.13	1.08	0.91	11	0.8	0.6	0.7
2	0.04	0.13	1.26	1.06	16	1.6	1.0	0.7
2	0.06	0.13	1.43	1.20	22	2.3	1.5	0.7
4	0	0.18	1.64	1.38	9	0.3	0.2	0.9
4	0.02	0.18	1.93	1.62	16	1.0	0.7	0.9
4	0.04	0.18	2.20	1.85	22	1.7	1.1	0.9
4	0.06	0.18	2.48	2.08	29	2.4	1.6	0.9
4	0.08	0.18	2.76	2.32	35	3.1	2.1	0.9

续表 4-8

体重 /kg	日增重 /(kg/d)	DMI /(kg/d)	DE /(MJ/d)	ME /(MJ/d)	粗蛋白质 /(g/d)	钙 /(g/d)	总磷 /(g/d)	食盐 /(g/d)
6	0	0.27	2.29	1.88	11	0.4	0.3	1.3
6	0.02	0.27	2.32	1.90	22	1.1	0.7	1.3
6	0.04	0.27	3.06	2.51	33	1.8	1.2	1.3
6	0.06	0.27	3.79	3.11	44	2.5	1.7	1.3
6	0.08	0.27	4.54	3.72	55	3.3	2.2	1.3
6	0.10	0.27	5.27	4.32	67	4.0	2.6	1.3
8	0	0.33	1.96	1.61	13	0.5	0.4	1.7
8	0.02	0.33	3.05	2.5	24	1.2	0.8	1.7
8	0.04	0.33	4.11	3.37	36	2.0	1.3	1.7
8	0.06	0.33	5.18	4.25	47	2.7	1.8	1.7
8	0.08	0.33	6.26	5.13	58	3.4	2.3	1.7
8	0.10	0.33	7.33	6.01	69	4.1	2.7	1.7
10	0	0.46	2.33	1.91	16	0.7	0.4	2.3
10	0.02	0.48	3.73	3.06	27	1.4	0.9	2.4
10	0.04	0.50	5.15	4.22	38	2.1	1.4	2.5
10	0.06	0.52	6.55	5.37	49	2.8	1.9	2.6
10	0.08	0.54	7.96	6.53	60	3.5	2.3	2.7
10	0.10	0.56	9.38	7.69	72	4.2	2.8	2.8
12	0	0.48	2.67	2.19	18	0.8	0.5	2.4
12	0.02	0.50	4.41	3.62	29	1.5	1.0	2.5
12	0.04	0.52	6.16	5.05	40	2.2	1.5	2.6
12	0.06	0.54	7.90	6.48	52	2.9	2.0	2.7
12	0.08	0.56	9.65	7.91	63	3.7	2.4	2.8
12	0.10	0.58	11.40	9.35	74	4.4	2.9	2.9
14	0	0.50	2.99	2.45	20	0.9	0.6	2.5
14	0.02	0.52	5.07	4.16	31	1.6	1.1	2.6
14	0.04	0.54	7.16	5.87	43	2.4	1.6	2.7
14	0.06	0.56	9.24	7.58	54	3.1	2.0	2.8
14	0.08	0.58	11.33	9.29	65	3.8	2.5	2.9
14	0.10	0.60	13.40	10.99	76	4.5	3.0	3.0
16	0	0.52	3.30	2.71	22	1.1	0.7	2.6
16	0.02	0.54	5.73	4.70	34	1.8	1.2	2.7
16	0.04	0.56	8.15	6.68	45	2.5	1.7	2.8
16	0.06	0.58	10.56	8.66	56	3.2	2.1	2.9
16	0.08	0.60	12.99	10.65	67	3.9	2.6	3.0
16	0.10	0.62	15.43	12.65	78	4.6	3.1	3.1

注1：表中 0～8 kg 体重阶段肉用绵羊羔羊日粮干物质进食量（DMI）按每千克代谢体重 0.07 kg 估算；体重大于 10 kg 时，按中国农业科学院畜牧研究所 2003 年提供的如下公式计算获得。

$$DMI = (26.45 \times W^{0.75} + 0.99 \times ADG)/1\,000$$

式中，DMI 为干物质进食量，单位为 kg/d；

W 为体重，单位为 kg；

ADG 为日增重，单位为 g/d。

注2：表中代谢能（ME）、粗蛋白质（CP）数值参考自杨在宾等（1997）对青山羊数据资料。

注3：表中消化能（DE）需要量数值根据 ME/0.82 估算。

注4：表中钙需要量按表 4-14 中提供参数估得到，总磷需要量根据钙磷为1.5:1估算获得。

注5：日粮中添加的食盐应符合 GB 5461 中的规定。

15～30 kg 体重阶段育肥山羊消化能、代谢能、粗蛋白质、钙、总磷、食盐饲养标准见表 4-9。

表 4-9　育肥山羊饲养标准

体重 /kg	日增重 /(kg/d)	DMI /(kg/d)	DE /(MJ/d)	ME /(MJ/d)	粗蛋白质 /(g/d)	钙 /(g/d)	总磷 /(g/d)	食盐 /(g/d)
15	0	0.51	5.36	4.40	43	1.0	0.7	2.6
15	0.05	0.56	5.83	4.78	54	2.8	1.9	2.8
15	0.10	0.61	6.29	5.15	64	4.6	3.0	3.1
15	0.15	0.66	6.75	5.54	74	6.4	4.2	3.3
15	0.20	0.71	7.21	5.91	84	8.1	5.4	3.6
20	0	0.56	6.44	5.28	47	1.3	0.9	2.8
20	0.05	0.61	6.91	5.66	57	3.1	2.1	3.1
20	0.10	0.66	7.37	6.04	67	4.9	3.3	3.3
20	0.15	0.71	7.83	6.42	77	6.7	4.5	3.6
20	0.20	0.76	8.29	6.80	87	8.5	5.6	3.8
25	0	0.61	7.46	6.12	50	1.7	1.1	3.0
25	0.05	0.66	7.92	6.49	60	3.5	2.3	3.3
25	0.10	0.71	8.38	6.87	70	5.2	3.5	3.5
25	0.15	0.76	8.84	7.25	81	7.0	4.7	3.8
25	0.20	0.81	9.31	7.63	91	8.8	5.9	4.0
30	0	0.65	8.42	6.90	53	2.0	1.3	3.3
30	0.05	0.70	8.88	7.28	63	3.8	2.5	3.5
30	0.10	0.75	9.35	7.66	74	5.6	3.7	3.8
30	0.15	0.80	9.81	8.04	84	7.4	4.9	4.0
30	0.20	0.85	10.27	8.42	94	9.1	6.1	4.2

注 1：表中干物质进食量（DMI）、消化能（DE）、代谢能 ME）、粗蛋白质（CP）数值来源于中国农业科学院畜牧所（2003），具体的计算公式如下。

$$DMI(kg/d) = (26.45 \times W^{0.75} + 0.99 \times ADG)/1\,000$$

$$DE(MJ/d) = 4.184 \times (140.61 \times LBW^{0.75} + 2.21 \times ADG + 210.3)/1\,000$$

$$ME(MJ/d) = 4.184 \times (0.475 \times ADG + 95.19) \times LBW^{0.75}/1\,000$$

$$CP(g/d) = 28.86 + 1.905 \times LBW^{0.75} + 0.2024 \times ADG$$

以上式中，DMI 为干物质进食量，单位为 kg/d；

DE 为消化能，单位为 MJ/d；

ME 为代谢能，单位为 MJ/d；

CP 为粗蛋白质，单位为 g/d；

LBW 为活体重，单位为 kg；

ADG 为平均日增重，单位为 g/d。

注 2：表中钙、总磷每日需要量来源见表 4-8 中注 4。

注 3：日粮中添加的食盐应符合 GB 5461 中的规定。

2.后备公山羊饲养标准

后备公山羊饲养标准见表 4-10。

表 4-10 后备公山羊饲养标准

体重 /kg	日增重 /(kg/d)	DMI /(kg/d)	DE /(MJ/d)	ME /(MJ/d)	粗蛋白质 /(g/d)	钙 /(g/d)	总磷 /(g/d)	食盐 /(g/d)
12	0	0.48	3.78	3.10	24	0.8	0.5	2.4
12	0.02	0.50	4.10	3.36	32	1.5	1.0	2.5
12	0.04	0.52	4.43	3.63	40	2.2	1.5	2.6
12	0.06	0.54	4.74	3.89	49	2.9	2.0	2.7
12	0.08	0.56	5.06	4.15	57	3.7	2.4	2.8
12	0.10	0.58	5.38	4.41	66	4.4	2.9	2.9
15	0	0.51	4.48	3.67	28	1.0	0.7	2.6
15	0.02	0.53	5.28	4.33	36	1.7	1.1	2.7
15	0.04	0.55	6.10	5.00	45	2.4	1.6	2.8
15	0.06	0.57	5.70	4.67	53	3.1	2.1	2.9
15	0.08	0.59	7.72	6.33	61	3.9	2.6	3.0
15	0.10	0.61	8.54	7.00	70	4.6	3.0	3.1
18	0	0.54	5.12	4.20	32	1.2	0.8	2.7
18	0.02	0.56	6.44	5.28	40	1.9	1.3	2.8
18	0.04	0.58	7.74	6.35	49	2.6	1.8	2.9
18	0.06	0.60	9.05	7.42	57	3.3	2.2	3.0
18	0.08	0.62	10.35	8.49	66	4.1	2.7	3.1
18	0.10	0.64	11.66	9.56	74	4.8	3.2	3.2
21	0	0.57	5.76	4.72	36	1.4	0.9	2.9
21	0.02	0.59	7.56	6.20	44	2.1	1.4	3.0
21	0.04	0.61	9.35	7.67	53	2.8	1.9	3.1
21	0.06	0.63	11.16	9.15	61	3.5	2.4	3.2
21	0.08	0.65	12.96	10.63	70	4.3	2.8	3.3
21	0.10	0.67	14.76	12.10	78	5.0	3.3	3.4
24	0	0.60	6.37	5.22	40	1.6	1.1	3.0
24	0.02	0.62	8.66	7.10	48	2.3	1.5	3.1
24	0.04	0.64	10.95	8.98	56	3.0	2.0	3.2
24	0.06	0.66	13.27	10.88	65	3.7	2.5	3.3
24	0.08	0.68	15.54	12.74	73	4.5	3.0	3.4
24	0.10	0.70	17.83	14.62	82	5.2	3.4	3.5

注:日粮中添加的食盐应符合 GB 5461 中的规定。

3.妊娠期母山羊饲养标准

妊娠期母山羊饲养标准见表 4-11。

表 4-11 妊娠期母山羊饲养标准

妊娠阶段	体重 /kg	DMI /(kg/d)	DE /(MJ/d)	ME /(MJ/d)	粗蛋白质 /(g/d)	钙 /(g/d)	总磷 /(g/d)	食盐 /(g/d)
空怀期	10	0.39	3.37	2.76	34	4.5	3.0	2.0
	15	0.53	4.54	3.72	43	4.8	3.2	2.7
	20	0.66	5.62	4.61	52	5.2	3.4	3.3
	25	0.78	6.63	5.44	60	5.5	3.7	3.9
	30	0.90	7.59	6.22	67	5.8	3.9	4.5

续表 4-11

妊娠阶段	体重 /kg	DMI /(kg/d)	DE /(MJ/d)	ME /(MJ/d)	粗蛋白质 /(g/d)	钙 /(g/d)	总磷 /(g/d)	食盐 /(g/d)
1~90 d	10	0.39	4.80	3.94	55	4.5	3.0	2.0
	15	0.53	6.82	5.59	65	4.8	3.2	2.7
	20	0.66	8.72	7.15	73	5.2	3.4	3.3
	25	0.78	10.56	8.66	81	5.5	3.7	3.9
	30	0.90	12.34	10.12	89	5.8	3.9	4.5
91~120 d	15	0.53	7.55	6.19	97	4.8	3.2	2.7
	20	0.66	9.51	7.8	105	5.2	3.4	3.3
	25	0.78	11.39	9.34	113	5.5	3.7	3.9
	30	0.90	13.20	10.82	121	5.8	3.9	4.5
120 d 以上	15	0.53	8.54	7.00	124	4.8	3.2	2.7
	20	0.66	10.54	8.64	132	5.2	3.4	3.3
	25	0.78	12.43	10.19	140	5.5	3.7	3.9
	30	0.90	14.27	11.7	148	5.8	3.9	4.5

注：日粮中添加的食盐应符合 GB 5461 中的规定。

4. 泌乳期母山羊饲养标准

泌乳期母山羊饲养标准见表 4-12 至表 4-15。

表 4-12　泌乳前期母山羊饲养标准

体重 /kg	日增重 /(kg/d)	DMI /(kg/d)	DE /(MJ/d)	ME /(MJ/d)	粗蛋白质 /(g/d)	钙 /(g/d)	总磷 /(g/d)	食盐 /(g/d)
10	0	0.39	3.12	2.56	24	0.7	0.4	2.0
10	0.50	0.39	5.73	4.70	73	2.8	1.8	2.0
10	0.75	0.39	7.04	5.77	97	3.8	2.5	2.0
10	1.00	0.39	8.34	6.84	122	4.8	3.2	2.0
10	1.25	0.39	9.65	7.91	146	5.9	3.9	2.0
10	1.50	0.39	10.95	8.98	170	6.9	4.6	2.0
15	0	0.53	4.24	3.48	33	1.0	0.7	2.7
15	0.50	0.53	6.84	5.61	31	3.1	2.1	2.7
15	0.75	0.53	8.15	6.68	106	4.1	2.8	2.7
15	1.00	0.53	9.45	7.75	130	5.2	3.4	2.7
15	1.25	0.53	10.76	8.82	154	6.2	4.1	2.7
15	1.50	0.53	12.06	9.89	179	7.3	4.8	2.7
20	0	0.66	5.26	4.31	40	1.3	0.9	3.3
20	0.50	0.66	7.87	6.45	89	3.4	2.3	3.3
20	0.75	0.66	9.17	7.52	114	4.5	3.0	3.3
20	1.00	0.66	10.48	8.59	138	5.5	3.7	3.3
20	1.25	0.66	11.78	9.66	162	6.5	4.4	3.3
20	1.50	0.66	13.09	10.73	187	7.6	5.1	3.3
25	0	0.78	6.22	5.10	48	1.7	1.1	3.9
25	0.50	0.78	8.83	7.24	97	3.8	2.5	3.9
25	0.75	0.78	10.13	8.31	121	4.8	3.2	3.9
25	1.00	0.78	11.44	9.38	145	5.8	3.9	3.9
25	1.25	0.78	12.73	10.44	170	6.9	4.6	3.9
25	1.50	0.78	14.04	11.51	194	7.9	5.3	3.9

续表 4-12

体重/ kg	日增重/ (kg/d)	DMI/ (kg/d)	DE/ (MJ/d)	ME/ (MJ/d)	粗蛋白质/ (g/d)	钙/ (g/d)	总磷/ (g/d)	食盐/ (g/d)
30	0	0.90	6.70	5.49	55	2.0	1.3	4.5
30	0.50	0.90	9.73	7.98	104	4.1	2.7	4.5
30	0.75	0.90	11.04	9.05	128	5.1	3.4	4.5
30	1.00	0.90	12.34	10.12	152	6.2	4.1	4.5
30	1.25	0.90	13.65	11.19	177	7.2	4.8	4.5
30	1.50	0.90	14.95	12.26	201	8.3	5.5	4.5

注1:泌乳前期指泌乳第 1~30 天。

注2:日粮中添加的食盐应符合 GB 5461 中的规定。

表 4-13 泌乳后期母山羊饲养标准

LBW/ kg	泌乳量/ (kg/d)	DMI/ (kg/d)	DE/ (MJ/d)	ME/ (MJ/d)	粗蛋白质/ (g/d)	钙/ (g/d)	磷/ (g/d)	食盐/ (g/d)
10	0	0.39	3.71	3.04	22	0.7	0.4	2.0
10	0.15	0.39	4.67	3.83	48	1.3	0.9	2.0
10	0.25	0.39	5.30	4.35	65	1.7	1.1	2.0
10	0.50	0.39	6.90	5.66	108	2.8	1.8	2.0
100	0.75	0.39	8.50	6.97	151	3.8	2.5	2.0
15	0	0.53	5.02	4.12	30	1.0	0.7	2.7
15	0.15	0.53	5.99	4.91	55	1.6	1.1	2.7
15	0.25	0.53	6.62	5.43	73	2.0	1.4	2.7
15	0.50	0.53	8.22	6.74	116	3.1	2.1	2.7
15	0.75	0.53	9.82	8.05	159	4.1	2.8	2.7
20	0	0.66	6.24	5.12	37	1.3	0.9	3.3
20	0.15	0.66	7.20	5.90	63	2.0	1.3	3.3
20	0.25	0.66	7.84	6.43	80	2.4	1.6	3.3
20	0.50	0.66	9.44	7.74	123	3.4	2.3	3.3
20	0.75	0.66	11.04	9.05	166	4.5	3.0	3.3
25	0	0.78	7.38	6.05	44	1.7	1.1	3.9
25	0.15	0.78	8.34	6.84	69	2.3	1.5	3.9
25	0.25	0.78	8.98	7.36	87	2.7	1.8	3.9
25	0.50	0.78	10.57	8.67	129	3.8	2.5	3.9
25	0.75	0.78	12.17	9.98	172	4.8	3.2	3.9
30	0	0.90	8.46	6.94	50	2.0	1.3	4.5
30	0.15	0.90	9.41	7.72	76	2.6	1.8	4.5
30	0.25	0.90	10.06	8.25	93	3.0	2.0	4.5
30	0.50	0.90	11.66	9.56	136	4.1	2.7	4.5
30	0.75	0.90	13.24	10.86	179	5.1	3.4	4.5

注1:泌乳后期指泌乳第 31~70 天。

注2:日粮中添加的食盐应符合 GB 5461 中的规定。

表 4-14　山羊对常量矿物质元素饲养标准参数

常量元素	维持/ (mg/kg 体重)	妊娠/ (g/kg 胎儿)	泌乳/ (g/kg 产奶)	生长/ (g/kg)	吸收率/ %
钙 Ca	20	11.5	1.25	10.7	30
总磷 P	30	6.6	1.0	6.0	65
镁 Mg	3.5	0.3	0.14	0.4	20
钾 K	50	2.1	2.1	2.4	90
钠 Na	15	1.7	0.4	1.6	80
硫 S	0.16%～0.32%(以进食日粮干物质为基础)				—

注 1：表中参数参考自 Kessler(1991)和 Htaenlein(1987)资料信息。

注 2：表中"—"表示暂无此项数据。

表 4-15　山羊对微量元素需要量(以进食日粮干物质为基础)　　　　mg/kg

微量元素	推荐量
铁 Fe	30～40
铜 Cu	10～20
钴 Co	0.11～0.2
碘 I	0.15～2.0
锰 Mn	60～120
锌 Zn	50～80
硒 Se	0.05

注：表中推荐数值参考自 AFRC(1998)，以进食日粮干物质为基础。

任务四　羊的日粮配合与各类饲料的调制

一、羊的日粮配合

日粮是羊一昼夜所采食的饲草饲料总量。日粮配合就是根据羊的饲养标准和饲料营养特性，选择若干种饲料原料及添加剂按一定比例搭配，使所提供的各种养分均能满足羊的营养需要的过程。因此，日粮配合实质上是使饲养标准具体化。在生产上，对具有同一生产用途的羊群，按日粮中各种饲料的百分比，配合而成大量的、再按日分顿喂给羊只的混合饲料，称为饲粮。

1.日粮配合的原则

一是日粮要符合饲养标准，即保证供给羊只所需要各种营养物质。但饲养标准是在一定的生产条件下制订的,各地自然条件和羊的情况不同,故应通过实际饲养的效果,对饲养标准酌情修订。二是选用饲料的种类和比例,应取决于当地饲料的来源、价格以及适口性等。原则上,既要充分利用当地的青、粗饲料,也要考虑羊的消化生理特点,其体积要求羊能全部吃进去。

2.日粮配合的步骤

第一步,确定每只羊每日营养供给量,作为日粮配方的基本依据。

第二步,计算出每千克饲粮的养分含量,用所规定的每只羊、每日营养需要量,除以每只羊、每日采食的风干饲料的千克数,即为每千克饲粮的养分含量(%)。

第三步,确定拟用的饲料,列出选用饲料的营养成分和营养价值表,以便选用计算。

第四步,根据对日粮能量含量的要求,试配能量混合饲料。

第五步,在保持初配混合料能量浓度基本不变的前提下,用蛋白料替补,使能量和蛋白质这两项基本营养指标符合规定要求。

第六步,在能量和蛋白质的含量以及饲料搭配基本符合规定要求的基础上,补充钙、磷和食盐等其他指标。

3.注意事项

羊是群饲家畜,在实际工作中,对以放牧饲养的羊群,应在日粮中扣除放牧采食获得的营养数量,不足部分补给干草、青贮料和精料(包括矿物质和食盐)。此外,在高温季节或地区,羊采食量下降,为减轻热应激、降低日粮中的热增耗而保持净能不变,在做日粮调整时,应减少粗饲料含量,保持有较高浓度的脂肪、蛋白质和维生素,以平衡生理上需要。抗高温添加剂有维生素C、阿司匹林、氯化钾、碳酸氢钠、氯化铵、无机磷、瘤胃素、碘化酪蛋白等。在寒冷地区或寒冷季节,为减轻冷应激,在日粮中,应添加含热能较高的饲料。从经济上考虑,用粗饲料作热能饲料比精饲料价格低。

4.羊日粮配制举例

(1)用品及给定条件　现有一批活重30 kg羔羊进行育肥,计划日增重300 g。试用现有野干草、中等品质苜蓿干草、黄玉米和豆饼4种饲料,配制育肥日粮。备用饲养标准、饲料营养成分表、计算器等。

(2)步骤和方法

第一步,查阅饲养标准表,记下相应育肥羔羊的营养需要量;同时查阅饲料营养价值表,记下所用几种饲料的营养成分,见表4-16。

表4-16　羔羊营养需要量及所用饲料的营养成分

区别		干物质/%	消化能/MJ/kg	粗蛋白质/%	钙/%	磷/%
羔羊需要量		1.3 kg	17.15	191 g	6.6 g	3.2 g
饲料组成	野干草	92.21	7.99	11.20	0.98	0.41
	苜蓿干草	92.45	10.13	12.30	1.67	0.52
	玉米	80.0	14.02	6.95	0.05	0.36
	豆饼	95.26	18.16	42.10	0.39	1.01

第二步,计算粗饲料提供的营养量。根据羊的精饲料给量,不能超过日粮量60%,并以控制在40%~20%为较合适的原则。设日粮的粗饲料给量为60%,则两种干草混合的总给量为羔羊日需干物质总量1.3×0.6＝0.78 kg。这样,混合精料的干物质给量则为1.3×0.78＝1.014 kg。那么,混合干草可提供的各种营养量如下。

设野干草和苜蓿干草的配比为70%和30%,则野干草日给干物质量为0.78×0.7＝0.546(kg),苜蓿干草的干物质量为0.78－0.546＝0.234(kg)。它们的风干量分别为0.546÷0.922 1＝0.592 1(kg)和0.234÷0.924 5＝0.253 1(kg)。

可提供的营养物质分别为:

消化能为0.592 1×7.99＋0.253 1×10.13＝7.294 8(MJ);

粗蛋白质为592.1×0.112＋253.1×0.123＝97.45(g);

钙为592.1×0.009 8＋253.1×0.016 7＝10.03(g);

磷为592.1×0.004 1＋253.1×0.005 21＝3.74(g)。

消化能和粗蛋白质分别比羔羊的日需量少9.855 2 MJ和93.55 g(即17.15－7.294 8＝9.855 2;191－97.45＝93.55)。钙和磷均超过需要量,并磷钙比为1:2.68,处于1:(2~3)的合理范围内。

第三步,调配玉米和豆饼两种精饲料以补充其所缺少的消化能和粗蛋白质。

先按经验,设所缺消化能由玉米解决70%,则由玉米提供的消化能为9.855 2×0.7≈6.898 6(MJ),这样,玉米所给的风干饲料量为6.898 6－14.02＝0.492 5(kg),它所能提供的粗蛋白质则为492.5×0.069 5≈34.23(g)。

那么,豆饼提供的消化能为9.855 2－6.898 6＝2.956 6(MJ),风干豆饼的给量则为2.956 6÷18.16＝0.162 9(kg)。可提供粗蛋白质0.162 9×421＝68.69(g)。

总计玉米和豆饼可提供的粗蛋白质量如下。

34.23＋68.59＝102.82(g),完全满足标准的规定。

第四步,总结为活重30 kg、日增重300 g的育肥羔羊日粮,见表4-17。

表4-17 育肥羔羊日粮配比表

饲料名称	干物质量/kg	风干物质/kg	所占比例/%		消化物/MJ	粗蛋白质/g
			干物质	风干物		
野干草	0.546 0	0.592 1	41.08	39.46	4.731 7	66.315 2
苜蓿	0.234 0	0.253 1	17.60	16.87	2.562 7	31.131 3
玉米	0.394 0	0.492 5	29.64	32.82	6.903 2	34.230 0
豆饼	0.155 2	0.162 9	11.68	10.86	2.958 5	68.590 0
合计	1.329 2	1.500 6	100.00	100.01	17.156 1	200.27

可见,由这4种饲料所组成的日粮,都能满足育肥羔羊对消化能和粗蛋白质以及钙、磷的需要。为进一步提高育肥的效果,只需在上述日粮中,根据当地的实际情况,有针对性地另外添加一些矿物质微量元素和生长剂即可。

二、各类饲料的调制

饲料调制的目的是保证饲料的品质,减少营养损失,增加适口性,易于消化,便于采食,提高饲料的营养价值和利用率。此外,对某些不能直接饲用的副产品,通过加工调制后可变成饲料,有利于开辟饲料来源。饲料通过加工调制后,结合饲用特点进行利用。

1.粗饲料的调制

(1)干草的调制　青绿饲料的含水量一般为65%～85%,需要降低到15%～20%,才能抑制植物酶和微生物酶的活动,以达到贮备干草的目的。贮备干草的方法有田间干燥法、人工干燥法和干草块法。

田间干燥法:它是调制干草最普通的方法。因牧草含水量降至38%时,植物酶和微生物酶对养分的分解才减慢。所以,牧草刈割后,即采用薄层平铺暴晒4～5 h,使水分迅速降至38%。当水分降至38%后,水分仍继续蒸发,但速度减慢,可采用小堆晒干。为了提高干燥速度,可用压扁机把牧草压扁、破碎。有条件还可利用田间机械快速干燥。我国调制干草正值雨季,在高寒地区调制燕麦干草,可推迟到5月份播种,9月份早霜来临,植株被冻死冻干,仍保持绿色,调制冻干草,可避开雨季。在调制干草过程中,应尽量避免营养丰富的叶片脱落。我国一般以堆垛形式贮藏干草。堆垛的地点选择在地势高燥、易于排水的地方。垛底垫有树枝或石头。堆垛后盖好垛顶,垛顶的斜度大于45°。外干草贮藏在草棚或草房内损失很少,5年可收回草棚费用,10年收回草房费用。

人工干燥法:其办法是将鲜草置于45～50℃小室内停放几小时,水分降至10.5%～12%,或在500～1 000℃温度下干燥6 s,水分可降至10%～12%。这种干燥方法可保存干草养分的90%～95%。

干草块法:当牧草水分干燥至15%左右时,用干草制块机制作干草块。通常每块重45～50 g。其形状有砖块状、柱状和饼状等。干草块的特点是保存养分性能好,单位体积重量大,在通风良好的情况下,可贮存6个月,可作为羊的基础饲料。

此外,还可采用传统的草架晒制干草的方法。

(2)秸秆的调制

铡短和粉碎:干草和秸秆可切短至2～3 cm长,或用粉碎机粉碎,但不宜粉碎得过细或成粉面状,以免引起反刍停滞,降低消化率。

浸泡:秸秆铡短或粉碎后,用水或淡盐水浸泡,使其软化,可增强适口性,提高采食量。用此种方法调制的饲料,水分不能过大,应按用量处理,一次性喂。

秸秆碾青:在晒场上,先铺上约30 cm厚的麦秸,再铺约30 cm的鲜苜蓿,最后在苜蓿上面铺约30 cm厚的秸秆,用石滚或镇压器碾压,把苜蓿压扁,汁液流出被麦秸吸收。这样既缩短苜蓿干燥的时间,减少了养分的损失,又提高了麦秸的营养价值和利用率。

秸秆颗粒饲料:一种是将秸秆、秕壳和干草等粉碎后,根据羊的营养需要。配合适当的精料,糖蜜(糊精和甜菜渣)、维生素和矿物质添加剂混合均匀,用机器生产出不同大小和形状的颗粒饲料。秸秆和秕壳在颗粒饲料中的适宜含量为30%～50%。这种饲料,营养价值全面,体积小,易于保存和运输。另一种是秸秆添加尿素。其做法是,将秸秆粉碎后,加入尿素(占全部日粮总氮量的 30%)、糖蜜(1 份尿素,5～10 份糖蜜)、精料、维生素和矿物质,压制成颗粒、饼状或块状。这种饲料,粗蛋白质含量提高,适口性好,延缓氨在瘤胃中释放速度,防止中毒,可降低饲料成本和节约蛋白质饲料。

秸秆的氨化处理:秸秆氨化处理的机理是氨和秸秆中的有机物作用,破坏了木质素的乙酰基,形成醋酸铵。同时,在反应过程中,所生成的氢氧根(—OH)与木质素作用形成羟基木质素,改变了粗纤维的结构,纤维素和半纤维素与木质素之间的酯键被打开,细胞壁破解,细胞内的碳水化合物、氮化物和脂类等可释放出来。还因秸秆细胞壁破坏,变得疏松,瘤胃液体易于进入,故秸秆氨化后较易消化。此外,反应过程中形成的铵盐和秸秆所携带的氨,成为瘤胃微生物活动的氮源,用其合成微生物蛋白质。因此,秸秆氨化后提高了粗蛋白质含量。世界上发达国家,普遍推广秸秆氨化处理。目前,处理秸秆所用的氨有气氨、液氨和固体氨三种,但多用液氨。氨化秸秆的含水量应达到 20%～30%。可在壕、窖或塑料袋等容器内进行,亦可堆垛。在容器内氨化,秸秆可铡短装入,按每 100 kg 秸秆洒入浓度为 25% 的氨水 12～20 kg,亦可按 100 kg 秸秆 30～40 kg 水和 2.0 kg 尿素配制的溶液洒入秸秆、密封。对大捆大堆秸秆氨化,用 0.15～0.2 mm 厚的聚乙稀薄膜或其他不透气薄膜覆盖严密,通过铁管带喷头,从堆或捆几个点注入氨水。温度保持在 20℃ 以上,暖季约 1 周、冷季约 1 月即可"熟化"利用。

2. 青贮饲料的调制

青贮饲料的调制有三种方法,即常规青贮、半干青贮和加入添加剂青贮。

(1)常规青贮　青贮成功必备的条件:青贮原料的含糖量一般不低于 1.0%～1.5%,以保证乳酸菌繁殖的需要;含水量适度,一般为 65%～75%,标准含量为 70%;密闭缺氧环境;青贮容器内温度不得超过 38℃(19～37℃)。

青贮建筑的基本要求:坚实、不透气、不漏水、不导热;高出地下水位 0.5m 以上;内壁光滑垂直或上小下大,壕的四角应为圆形;窖(壕)应选择在地势高燥、地下水位低、土质坚实、易排水和距羊舍较近的地方。

青贮的具体步骤如下。

①青贮原料的收割时期。全株玉米青贮在乳熟至蜡熟期收割;玉米秆青贮在完熟而茎叶尚保持绿色时收割;甘薯藤青贮在霜前收割;天然牧草在盛花期收割。

②青贮原料的铡短、装填与压紧。青贮原料铡短至 2～3 cm(牧草亦可整株青贮)。装填时,若原料太干,可加水或含水量高的青绿饲料;若太湿,可加入铡短的秸秆,再加入 1%～2% 的食盐。在装填前,底部铺 10～15 cm 厚的秸秆,然后分层装填青贮料。每装 15～30 cm,必须压紧一次,尤其应注意压紧四周。

③青贮的封顶。青贮原料高出窖(壕)上沿 1 m,在上面覆盖一层塑料薄膜,然后覆土 30～50 cm。封顶后要经常检查,若有下陷和出现裂缝的地方应及时培土。四周应设排水沟,以防雨水进入。

(2)半干青贮　半干青贮又叫低水分青贮。是将青贮原料的水分降到 40%～55%,使厌氧微生物(包括乳酸菌)处于干燥状态,植物细胞质的渗透压为 55～60 atm 时(1 atm = 0.101 3 MPa),其活动均减弱。半干青贮营养成分损失少,一般不超过 10%～15%。对建筑物的要求基本同常规青贮。

半干青贮原料的收割物候期,豆科为初花期,禾本科为抽穗期。水分含量豆科为 50%,禾本科为45％。青贮原料的铡短、装填、压严、封顶、密闭的要求同常规青贮。

（3）加入添加剂青贮　根据添加到青贮料中的物质，归纳为两类。一类是有利于乳酸菌活动的物质，如糖蜜、甜菜和乳酸菌制剂等；另一类是防腐剂，如甲酸、丙酸、亚硫酸、焦亚硫酸钠、甲醛等。如果在青贮中加酸，青贮料在发酵过程中，pH很快降到所需要的酸度。从而降低了青贮初期好氧和厌氧发酵对营养物质的消耗。如每吨青贮原料加入甲酸2.3 kg，可使其pH下降到4.2～4.6，加上青贮中相继的发酵过程，可使pH进一步降到所需要的水平。加入添加剂青贮，能使青贮料的营养物质得到提高。但由于加入添加剂数量很少，所以务必与青贮料混合均匀，否则影响青贮饲料的质量。

3.精饲料的调制

禾谷类和豆类籽实被覆着颖壳或种皮，需加工调制。如果精料单独饲喂，可制成颗粒状（2.0 mm）或压扁，若制成粉状则羊不爱吃。如果精料与粉碎的饲料混合拌喂，可提高适口性，增加采食量。

精料压扁是将精饲料如玉米、大麦、高粱等加入16％的水，用蒸汽加热至120℃左右，用压扁机压成片状，干燥并配以所需的添加剂，便制成了压扁饲料。

油饼类饲料加工，可采用溶剂浸提法和压榨法。浸提法所生产的油饼类，未经高温处理，须脱毒处理后才能作饲料。压榨法通过高温处理，生产的油饼类不须脱毒处理。但由于高温、高压处理，赖氨酸和精氨酸之类的碱性氨基酸损失大。

4.块根块茎饲料的调制和饲喂方法

块根块茎饲料附有泥土，饲喂前应洗净，除去腐烂部分，切成小薄片或小长条，以利于羊的采食和消化。不喂整块，以避免因羊抢食而造成的食道梗塞。

5.矿物质饲料的调制

矿物质饲料，市场上多有成品出售。为了降低饲养成本，在有条件的地区，可以自行生产，加工调制。骨粉的调制，可利用各类兽骨，经高压蒸制后，晒干粉碎。石灰石粉（碳酸钙）的调制，可将石灰石打碎磨成粉状。还可将陈旧的石灰和商品碳酸钙等调制成粉状。蛋壳和贝壳，经煮沸消毒后，晒干制成粉状。磷矿石经脱氟处理，调制成粉状。

此外，微量元素和维生素添加剂以及动物性饲料，根据羊体需要均可拌在精料中喂给，但务必混合均匀。

任务五　放牧条件下羊的饲养管理

羊的生活习性与消化功能特点决定了羊适宜放牧饲养。放牧饲养的优势是能充分利用天然的植物资源、降低养羊生产成本及增加运动量而有利于羊体健康等。因此，在我国广大地区，尤其是牧区和农牧交错地区应广泛采用放牧饲养方式来发展养羊业。实践证明，绵、山羊放牧效果的好坏，主要取决于两个条件：一是草场的质量和利用是否合理；二是放牧的方法和技术是否适宜。

一、放牧羊群的组织

合理组织羊群是科学放牧饲养绵、山羊的重要措施之一。组织放牧羊应根据羊只的数量、羊别(绵羊与山羊)、品种、性别、年龄、体质强弱和放牧场的地形地貌而定。羊数量较多时,同一品种可分为种公羊群、试情公羊群、成年母羊群、育成公羊群、育成母羊群、羯羊群和育种母羊核心群等。在成年母羊群和育成母羊群中,还可按等级组成等级羊群。羊数量较少时,不宜组成太多的羊群,应将种公羊单独组群(非种用公羊应去势),母羊可分成繁殖母羊群和淘汰母羊群。为确保种公羊群、育种核心群、繁殖母羊群安全越冬度春,每年秋末冬初,应根据冬季放牧场的载畜能力、饲草饲料贮备情况和羊的营养需要,对老龄和瘦弱以及品质较差的羊只进行淘汰,确定羊的饲养量,做到以草定畜。

我国放牧羊群的规模受放牧场地的影响而差别较大。繁殖母羊牧区以 250～500 只、半农半牧区 100～150 只、山区 50～100 只、农区 30～50 只为宜;育成公羊和母羊可适当增加,核心群母羊可适当减少;成年种公羊以 20～30 只、后备种公羊以 40～60 只为宜。

二、放牧方式

放牧方式是指对放牧场的利用方式。目前,我国的放牧方式可分为固定放牧、围栏放牧、季节轮牧和小区轮牧四种。

1. 固定放牧

它是指羊群一年四季在一个特定区域内自由放牧采食。这是一种原始的放牧方式。此方式不利于草场的合理利用与保护,载畜量低,单位草场面积提供的畜产品数量少,每个劳动力所创造的价值不高。牲畜的数量与草地生产力之间自求平衡,牲畜多了就必然死亡。这是现代化养羊业应该摒弃的一种放牧方式。

2. 围栏放牧

它是指根据地形把放牧场围起来,在一个围栏内,根据牧草所提供的营养物质数量,结合羊的营养需要量,安排一定数量的羊只放牧。此方式能合理利用和保护草场,对固定草场使用权也起着重要的作用。

3. 季节轮牧

它是指根据四季牧场的划分,按季节轮流放牧。这是我国牧区目前普遍采用的放牧方式,能较合理利用草场,提高放牧效果。为了防止草场退化,可定期安排休闲牧地,以利于牧草恢复生机。

4. 小区轮牧

它又称分区轮牧,是指在划定季节牧场的基础上,根据牧草的生长、草地生产力、羊群的营养需要和寄生虫侵袭动态等,将牧地划分为若干个小区,羊群按一定的顺序在小区内进行轮回放牧。

不管采用哪种方式放牧,都要按时给羊饮水,定期喂盐,经常数羊。饮水要清洁,不饮池塘死水,以免感染寄生虫病。饮水次数随季节、气候、牧草含水量的多少而有差异。四季都必须喂盐,若羊流动放牧,可间隔 5～10 d 喂盐 1 次。为了避免丢羊,要勤数羊。俗话说:"一天数三遍,丢了在眼前;三天数一遍,丢了找不见。"每天出牧前、放牧中、收牧后都要数羊。

三、放牧羊群的队形与控制

为了控制羊群游走、休息和采食时间,使其多采食、少走路而有利于抓膘,在放牧实践中,应通过一定的队形来控制羊群。羊群的放牧队形名称甚多,但基本队形主要有"一条鞭"和"满天星"两种。放牧队形应根据地形、草场品质、季节和天气灵活应用。

1.一条鞭

它是指羊群放牧时排列成"一"字形的横队。横队一般有1~3层。放牧员在羊群前面控制羊群前进的速度,使羊群缓缓前进,并随时命令离队的羊只归队,如有助手可在羊群后面防止少数羊只掉队。出牧初期是羊采食高峰期,应控制住领头羊,放慢前进速度;当放牧一段时间,羊快吃饱时,前进的速度可适当快一点;待到大部分羊只吃饱后,羊群出现站立不采食或躺卧休息时,放牧员在羊群左右走动,不让羊群前进;羊群休息反刍结束,再继续前进放牧。此种放牧队形,适用于牧地比较平坦、植被比较均匀的中等牧场。春季采用这种队形,可防止羊群"跑青"。

2.满天星

它是指放牧员将羊群控制在牧地的一定范围内让羊只自由散开采食,当羊群采食一定时间后,再移动更换牧地。散开面积的大小,主要决定于牧草的密度。牧草密度大、产量高的牧地,羊群散开面积小,反之则大。此种队形,适用于任何地形和草原类型的放牧地。对牧草优良、产草量高的优良牧场或牧草稀疏、覆盖不均匀的牧场均可采用。

总之,不管采用何种放牧队形,放牧员都应做到"三勤"(腿勤、眼勤、嘴勤)、"四稳"(出入圈稳、放牧稳、走路稳、饮水稳)、"四看"(看地形、看草场、看水源、看天气),宁为羊群多磨嘴,不让羊群多跑腿,保证羊一日三饱。否则,羊走路多,采食少,不利于抓膘。

四、四季放牧技术要点

(一)四季牧场的选择

不同季节、不同地形牧草生长情况不同。因此,必须按照季节、牧草、地形特点选择牧场,以利于放牧管理。春季牧场应选择在气候较温暖,雪融较早,牧草最先萌发,离冬季牧场较近的平川、盆地或浅丘草场;夏季牧场应选气候凉爽,蚊蝇少,牧草丰茂,有利于增加羊只采食量的高山地区;秋季牧场的选择和利用,可先由山岗到山腰,再到山底,最后放牧到平滩地,利于抓好秋膘,此外,秋季还可利用割草后的再生草地和农作物收割后的茬子地放牧抓膘;冬季牧场应选择在背风向阳、地势较低的暖和低地和丘陵的阳坡。一般平原丘陵地区按照"春洼、夏岗、秋平、冬暖"选择牧地;山区按照"冬放阳坡、春放背、夏放岭头、秋放地"选择牧地。

(二)四季放牧要点

1.春季放牧

春季气候逐渐转暖,草场逐渐转青,是羊群由补饲逐渐转入全放牧的过渡时期。主要任务是恢复体况。初春时,羊只经过漫长的冬季,膘情差,体质弱,产冬羔母羊仍处于哺乳期,加上气候不稳定,易出现"春乏"现象。这时,牧草刚萌发,羊看到一片青,却难以采食到草,常疲于奔青找草,增加体力消耗,导致瘦弱羊只的死亡;再则,啃食牧草过早,将降低其再生能力,破坏植被而降低产草量。因此,初春时放牧技术要求控制羊群,挡住强羊,看好弱羊,防止"跑青"。在牧地选择上,应选阴坡或枯草高的牧地放牧,使羊看不见青草,但在草根部分又有青草,羊只可将青草、干草一起采食,此期一般为2周时间。待牧草长高后,可逐渐转到返青早、开阔向阳的牧地放牧。到晚春,青草鲜嫩,草已长高,放牧手法可以松一点,使其自由地多采食些青草,以促进羊群复壮。春季对瘦弱羊只,可单独组群,适当予以照顾;对带羔母羊及待产母羊,留在羊舍附近较好的草场放牧,若遇天气骤变,以便迅速赶回羊舍。

2.夏季放牧

羊群经春季牧场放牧后,其体力逐渐得到恢复。此时牧草丰茂,正值开花期,营养价值较高,是抓膘的好时期。但夏季气温高,多雨、湿度较大,蚊蝇较多,不利于羊只的采食。因此,在放牧技术上要求早出牧,晚收牧,中午天热要大休息,延长有效放牧时间。南方气候炎热,可实行1d2次放牧法,即早、晚两次放牧,中午在羊舍休息,效果也很好。夏季绵、山羊需水量增多,每天应保证充足的饮水,同时,应注意补充食盐和其他矿物质。夏季选择高燥、凉爽、饮水方便的牧地放牧,可避免气候炎热、潮湿、蚊蝇骚扰对羊群抓膘的影响。

总之,夏季放牧的中心是抓好复膘,在良好的放牧条件下,羊只身体健壮,促使早发情,为夏秋配种做好准备。

3.秋季放牧

秋季牧草结籽,营养丰富;秋高气爽,气候适宜,是羊群抓油膘的黄金季节。秋季抓膘的关键是尽量延长放牧时间,中午可以不休息,做到羊群多采食、少走路。对刈割草场或农作物收获后的秋茬地,可进行抢茬放牧,以便羊群利用茬地遗留的茎叶和籽实以及田间杂草。秋季也是绵、山羊母羊的配种季节,要做到抓膘、配种两不误。但在霜冻天气来临时,不宜早出牧,以防妊娠母羊采食了霜冻草而引起流产或生病。

4.冬季放牧

冬季放牧的主要任务是保膘、保胎,促使羊只安全越冬。冬季气候寒冷,牧草枯黄,放牧时间长,放牧地有限,草畜矛盾突出。应延长在秋季草场放牧的时间,推迟羊群进入冬季草场的时间。对冬季草场的利用原则是:先远后近,先阴坡后阳坡,先高处后低处,先沟壑地后平地。严冬时,要顶风出牧,但出牧时间不宜太早;顺风收牧,而收牧时间不宜太晚。冬季放牧应注意天气预报,以避免风雪袭击。对妊娠母羊放牧的前进速度宜慢,不跳沟、不惊吓,出入圈舍不拥挤,以利于羊群保胎。在羊舍附近划出草场,以备大风雪天或产羔期利用。

五、放牧羊的补饲技术

我国广大牧区,寒冷季节长达6~8个月之久,气候严寒,牧草枯黄,品质下降,特别是粗蛋白质含量严重不足。牧草生长期粗蛋白质含量为13.6%~15.57%,而枯草期则下降至2.26%~3.28%。另外,冬、春季节是全年气温最低,能量消耗最大,母羊妊娠、哺乳、营养需要增多的时期。此时单纯依靠放牧,不能满足羊的营养需要,特别是生产性能较高的羊,更有必要进行补饲以弥补营养的不足。

1.补饲时间

补饲开始的早晚,应根据羊群具体情况与草料储备情况来定。原则上是从体重开始出现下降时补起,最迟也不能晚于12月份。补饲过早,不利于降低饲养成本;补饲过晚,羊只已掉膘乏瘦,体力和膘情难以恢复,达不到补饲目的。"早喂在腿上,晚喂在嘴上",就深刻说明了这个道理。而一旦开始补饲,就应连续进行,直至能接上吃青。

2.补饲方法

补饲既可在出牧前进行,也可以安排在归牧后。如果仅补草,最好安排在归牧后;如果草、料都补。则可以在出牧前补料,归牧后补草。

在草、料利用上,应先喂质量较次的草,后喂较好的草。在草、料分配上,应保证优羊优饲,对于种公羊和核心群母羊的补饲应多些。其他羊则可按先弱后强、先幼后壮的原则来进行补饲。补草时最好用草架,既可以避免造成饲草的浪费,又可以减少草渣、草屑混入被毛,影响羊毛质量。饲喂青贮时,特别注意妊娠母羊采食过多,造成酸度过高而引起流产。

补饲量,一般可按每只羊每日补干草 0.5～1 kg 和混合精料 0.1～0.3 kg。

3.补饲技术

补饲的目的是通过增加营养投入来提高生产水平。但如果不考虑羊体本身的营养消耗和对饲料养分的利用率,也达不到补饲的最终目的。因此,现代饲养理论是补饲和营养调控融为一体,针对放牧存在的主要营养限制因素,采取整体营养调控措施来提高现有补饲饲料的利用率和整体效益。根据我国养羊生产的现状和饲草、料资源状况,提出主要的营养调控措施有以下几点。

(1)补饲可发酵氮源　常用的可发酵氮源为尿素。补饲尿素时,应注意严格控制喂量,成年羊日喂 10～15 g 是比较安全的;饲喂尿素应分次喂给,而且必须配合易消化的精料或少量的糖蜜;还应配合适量的硫和磷。注意不能与豆饼、苜蓿混合饲喂,有病和饥饿状态下的羊也不要喂尿素,以防引起尿素中毒。

(2)使用过瘤胃技术　常用过瘤胃蛋白和过瘤胃淀粉。补饲过瘤胃蛋白,不仅可以提高放牧羊的采食量,而且可增加小肠吸收的氨基酸数量,达到提高毛量和产乳量的效果。

(3)增加发酵能　常用补饲非结构性碳水化合物的方法来提供可发酵能量。

(4)青贮催化性补饲　在枯草期内,常用少量青贮玉米进行催化性补饲,以刺激羊瘤胃微生物生长,达到提高粗饲料利用率的目的。

(5)补饲矿物质　养羊生产中存在的普遍问题是放牧羊体内矿物质缺乏和不平衡。由于矿物质缺乏存在明显的地域性特点。因此,需要在矿物质营养检测的基础上进行补饲。羊可能缺乏的矿物质元素有钙、磷、钠、钾、硒、铜、锌、碘、硫等。矿物质补饲方法可采用混入精料饲喂,或制成盐砖等进行补饲。

4.供给充足的饮水和食盐

充足的饮水对羊很重要。如果饮水不足,对羊体健康、泌乳量和剪毛量都有不良影响。羊饮水量的多少,与天气冷热、牧草干湿都有关系。夏季每天可饮水两次,其他季节每天至少饮水一次。饮水以河水、井水或泉水最好,死水易使羊感染寄生虫病,不宜饮用。饮河水时,应把羊群散开,避免拥挤;饮井水时,应安装适当长度的饮水槽。

每只绵羊每日需食盐 5～10 g,哺乳母羊宜多给些。补饲食盐时,可隔日或 3 d 给 1 次,把盐放在料槽里或粉碎掺在精料里喂均可。

任务六　舍饲条件下羊的饲养管理

专业化、规模化、标准化养羊业的发展,开创了我国养羊产业化的新局面,增强了羊产品在国内外市场上的竞争力,确保了我国养羊业的持续发展。与传统的放牧饲养方式相比,羊的舍饲饲养有利于形成饲养规模,降低生产消耗,提高产品质量与生产效益;有利于先进技术的推广应用;有利于生态环境的改善。因此,舍饲养羊已经成为养羊业由粗放型向高效集约型经营方式转变的必然趋势和基本方法。

一、饲料多样化供应

羊的饲料种类甚多,可分为植物性饲料、动物性饲料、矿物质饲料及其他特殊饲料。其中,植物性饲料(包括粗饲料、青贮饲料、多汁饲料和精料)对羊特别重要。羊喜食多种饲草,若经常饲喂少数的几种,会造成羊的厌食、采食量减少、增重减慢,影响生长。因此,要注意增加饲草品种,尽可能地提高羊的食欲。更换饲料应由少到多逐渐过渡,避免突然换料。

二、定时定量饲喂

实践证明,定时定量少喂勤添饲喂可使羊保持较高的食欲,并减少饲料浪费。每天可饲喂3次,早晨7:30～8:30、中午13:00～13:30、晚上19:00～20:00各饲喂1次。精饲料与粗饲料应间隔供给,青贮饲料和多汁饲料也应与青干草间隔饲喂,每次喂量不宜太多。饲喂日程应根据饲料种类和饲喂量安排,通常是先粗料后精料。精料喂完后不宜马上喂多汁饲料或抢水喝,否则,羊胃严重扩张,逐渐变成"大腹羊"。饲喂青贮饲料要由少到多,逐步适应;为提高饲草利用率,减少饲草的浪费,饲喂青干草时要切短,或粉碎后和精饲料混合饲喂,也可以经过发酵后饲喂。每天自由饮水2～3次。

三、合理分群,稳定羊群结构

在规模化、集约化养羊生产中,合理分群,稳定羊群结构是保持较高生产率的基础。规模化羊场应按照不同品种、不同年龄、不同体况,将羊群分为公羊舍、育成羊舍、母羊舍、哺乳母羊舍、断奶羔羊舍、病羊舍及育肥羊舍,并根据各种羊的情况分别饲养管理。据统计,理想的羊群公母比例是1:36,繁殖母羊、育成羊、羔羊比例应为5:3:2,可保持高的生产效率、繁殖率和持续发展后劲。每年入冬前要对羊群进行一次调整,淘汰老、弱、病、残母羊和次羊,补充青壮母羊参与繁殖,并推行羔羊当年育肥出栏。

四、加强运动

每天保持充足的运动,才能促进新陈代谢,保持正常的生长发育。夏季时常保持羊舍与运动场连通,便于羊只自由出入进行活动。其他季节应与保暖措施结合,合理安排。冬季宜选择天气较好时运动。种公羊非配种季节每日运动量不低于 4 h,配种季节可适当缩减。母羊怀孕后期也可适当加强运动,以保证良好的体况,促进胎儿发育,有利于分娩。

五、做好饲养卫生和消毒工作

日常喂给的饲料、饮水必须保持清洁。不喂发霉、变质、有毒及夹杂异物的饲料。母羊怀孕后,禁止饲喂棉籽饼、菜籽饼、酒糟等饲料。日常饮水要清洁卫生充足,怀孕母羊、刚产羔的母羊供应温水,预防流产或产后疾病。饲喂用具经常保持干净。羊舍、运动场要经常打扫,每月作一次常规消毒。羊舍四周环境要不定期铺撒生石灰来消毒。羊场大门设消毒池对进出车辆进行消毒,门卫室设紫外线灯,对进入羊场的工作人员实行消毒。严禁闲杂人员进入场区。要坚持自繁自养,尽可能不从疫区购羊,防止疫病传播。如果必须从外地引入时,要严格检疫,至少经过 10～15 d 隔离观察,并经兽医确认无病后方可合群。定期进行疫苗注射。

六、定期驱除体内外寄生虫

驱虫的目的是减少寄生虫对机体的不利影响。一般每年春秋两季要对羊群驱肝片吸虫一次。对寄生虫感染较重的羊群可在 2～3 月份提前治疗性驱虫一次;对寄生虫感染较重的地区,还应在入冬前再驱一次虫。常用的驱虫药物有四咪唑、驱虫净、丙硫咪唑、虫克星(阿维菌素)等,其中,丙硫咪唑又称抗蠕敏,是效果较好的新药,口服剂量为每千克体重 15～20 mg,对线虫、吸虫、绦虫等都有较好的治疗效果。研究表明,针对性地选择驱虫药物或交叉使用 2～3 种驱虫药等都会取得更好的驱虫效果。

为驱除羊体外寄生虫、预防疥癣等皮肤病的发生,每年要在春季放牧前和秋季舍饲前进行药浴。

七、坚持进行健康检查

在日常饲养管理中,注意观察羊的精神、食欲、运动、呼吸、粪便等状况,发现异常及时检查,如有疾病及时治疗。当发生传染病或疑似传染病时,应立即隔离,观察治疗,并根据疫情和流行范围采取封锁、隔离、消毒等紧急措施,对病死羊的尸体要深埋或焚烧,做到切断病源,控制流行,及时扑灭。

◆ 测评作业

1.羊的生物学特性及消化生理特点有哪些?对实际生产有何指导意义?

2.试述羊在不同生理状态和生产水平下对营养物质需要的特点及规律。

3.简述羊的饲养标准中日粮干物质进食量(DMI)、总能(GE)消化能(DE)、代谢能(ME)、粗蛋白质(CP)等术语的概念及表示单位。

4.配制羊的日粮时应遵循哪些原则？如何进行羊日粮的配制？

5.简述各类饲料的调制方法。

6.羊群四季放牧要点有哪些？枯草期放牧羊群如何进行补饲？

7.舍饲羊舍建筑对地址选择、参数设计有何要求？

8.简述舍饲条件下羊的日常饲养管理要点。

考核评价

妊娠母羊的日粮配方设计

专业班级		姓名		学号	

一、考核内容与标准

说明：总分100分，分值越高表明该项能力或表现越佳，综合得分≥90为优秀，75≤综合得分<90为良好，60≤综合得分<75为合格，综合得分<60为不合格。

考核项目	考核内容	考核标准	综合得分
过程考核	操作态度（10分）	小组成员积极主动，服从安排	
	合作意识（15分）	积极配合小组成员，善于合作	
	生产资料查验（10分）	查看养殖场饲养妊娠母羊品种及体重等指标；查验养殖场饲料种类及质量，列表陈述	
	配方设计（45分）	按照日粮配方设计的步骤，进行饲养标准及原料营养价值的查阅，选择正确的方法进行配方设计	
结果考核	配方设计结果（10分）	符合营养标准，满足妊娠母羊营养需要	
	报表填报（10分）	报表填写认真，上交及时	
合　计			

综合分数：_____分　　优秀（　）　良好（　）　合格（　）　不合格（　）

二、综合评价

（该学生是否掌握了该岗位的专业知识、专业技能及掌握程度，能否通过该岗位技能考核）

考核人签字：

年　　月　　日

任务七 种公羊的饲养管理

俗话说："公羊好,好一坡,母羊好,好一窝"。种公羊数量虽少,但对羊群的生产水平、产品质量都有重要影响。如应用人工授精技术,1头优秀的种公羊在1个配种期与配母羊数可达300～500只以上,能繁殖大量的后代。因此,种公羊的质量和饲养管理的好坏,直接影响羊群的生产潜力。

一、种公羊的饲养目标

种公羊的饲养应使其常年保持中上等膘情,体质结实、四肢健壮、精神活泼、精力充沛、性欲旺盛,能够产生量多质优的精液。

二、科学的日粮组成

种公羊日粮必须含有丰富的蛋白质、维生素和矿物质。蛋白质对提高公羊性欲、增加精子密度和射精量有决定性作用;维生素缺乏时,可引起公羊睾丸萎缩、精子受精能力降低、畸形精子增加、射精量减少;钙、磷等矿物质也是保证精子质量和体质不可缺少的重要元素,日粮中钙、磷比不低于2:1,钙磷比例失调时易导致尿结石症。据研究,1次射精需蛋白质25～37 g,1只主配公羊每日采精5～6次,需消耗大量的营养物质和体力。

种公羊日粮应由公羊喜欢采食的、质量好的多种饲料组成,其饲料定额应该根据公羊体重、膘情与采精次数来决定,日粮营养要长期稳定。饲料要求质量好、营养完全、易消化、适口性好。优质的禾本科和豆科混合干草是种公羊的主要饲料,一年四季应尽量喂给。夏季补以半数青草,冬季补充适量胡萝卜、甜菜或青贮玉米等多汁饲料。日粮营养不足时,要补充混合精料。理想的精饲料有豆粕、高粱、大麦、麸皮、玉米等。配种任务繁重的优秀公羊可补动物性饲料。

三、合理的饲养方法

种公羊的饲养可分配种期和非配种期两个阶段。

1. 非配种期

在非配种期除放牧外,冬、春季每日每羊可补给混合精料0.4～0.6 kg,胡萝卜或莞根0.5 kg,干草3 kg,食盐5～10 g,骨粉5 g。夏、秋季以放牧为主,每日每羊补混合精料0.4～0.5 kg,饮水1～2次。

2. 配种期

配种期又可分配种预备期(配种前1～1.5个月)、配种正式期(正式采精或本交阶段)及配种后复壮期(配种停止后 1～1.5 个月)三个阶段。

精子的生成一般需要 50 d 左右,营养物质的补充需要较长的时期才能见到成效。因此,根据各地情况和配种计划安排,配种前准备阶段的日粮水平应逐渐提高,到配种开始时达到标准。配种预备期应增加精料量,按配种正式期给量的 60%～70% 补给,要求逐渐增加并过渡到正式期的喂量。配种正式期以补饲为主,适当放牧。饲料补饲量大致为:混合精料 1.0～1.5 kg,苜蓿干草或其他优质干草 2 kg,胡萝卜 0.5～1.5 kg,骨粉 5～10 g,食盐 15～20 g,血粉或鱼粉 5 g。当配种任务繁重时,应提前 15 d 开始每日每只种公羊加喂鸡蛋 1～2 枚或脱脂乳 0.5～1 kg。每日的草料分 2～3 次饲喂,每日饮水 3～4 次。配种后复壮期,初期精料不减,增加放牧时间,过些时间后再逐渐减少精料,直至过渡到非配种期的饲养标准。

种公羊最好是采取放牧和舍饲相结合的饲养方式,青草期以放牧为主,枯草期以舍饲为主。放牧场应选择优质的天然或人工草场。种公羊要单独组群和放牧,放牧时距离母羊要远。

四、科学的管理

1.确定合理操作程序,建立良好的条件反射

为使公羊在配种期养成良好的条件反射,必须制订的种公羊饲养管理程序(表 4-18),供参考。

表 4-18　种公羊饲养管理程序

日程安排		饲养管理内容
上午	6:00	舍外运动
	7:00	饮水
	8:00	喂精饲料 1/3,在草架上添加青干草,放牧休息
	9:00	按顺序采精
	11:30	喂精饲料 1/3,鸡蛋,添加青干草
下午	12:30	放牧员吃午饭,休息
	13:30	放牧
	15:00	回圈,添加青干草
	15:30	按顺序采精
	17:30	喂精饲料 1/3
	18:30	饮水,添加青干草,放牧员吃晚饭
	21:00	添加夜草,查群,放牧员休息

2.加强公羊的运动

运动是配种期种公羊管理的重要内容。运动量的多少直接关系到精液质量和种公羊的体质。在放牧条件下,种公羊的适量运动量能得到保证;舍饲条件下每天驱赶其运动 2 h 左右,公羊运动时应快步驱赶和自由行走相交替,快步驱赶的速度以使羊体皮肤发热而不致喘气为宜。运动量以平均 5 km/h 左右为宜。

3.公、母羊分开饲养

种公羊的管理要专人负责,保持常年相对稳定,单独组群放牧和补饲。非配种期药浴母羊

保持一定距离,配种开始之前再拴于羊圈外或饲养在相邻羊圈内。传统的公、母混养方式不利于保证公羊持久而旺盛的配种能力。

4.及时调教

种公羊一般在10月龄开始调教,体重达到60 kg以上时应及时训练配种能力。调教时地面要平坦,不能太粗糙或太光滑。要选择与其匹配的母羊本交,或给公羊带上试情布放在母羊群中,令其寻找发情母羊,以刺激和激发其产生性欲,每次15~20 min后再进行采精,采精时假阴道的温度一定要控制在38~40℃。

5.定期进行精液质量检查

在配种前一个月开始采精,进行精液质量检查。采精训练开始时,每周采精检查一次,以后增至每周两次,并根据种公羊的体况和精液质量来调整日粮或增加运动。对精液稀薄的种公羊,应增加日粮中蛋白质饲料的比例;当精子活力差时,应加强种公羊的放牧和运动。

6.控制配种强度

种公羊的合理使用要根据羊的年龄、体况和种用价值来确定。对1.5岁左右的种公羊每天采精或配种1~2次为宜,不要连续采精连续配种2~3 d,休息1 d;成年公羊每天可采精2~3次,每次采精应有2 h左右的休息时间。有条件时,要尽量安排集中配种和集中产羔,使公羊配种期不至于太长,以利于种公羊的监看和提高羔羊成活率。

7.创造适宜的环境条件

一般种公羊的圈舍要适当大一些,应保证每只种公羊占地1.5~2 m²,运动场面积不小于种公羊舍面积的2倍,保持阳光充足,空气流通,地面坚实、干燥,适宜温度18~20℃。冬季圈舍要防寒保温,以减少饲料的消耗和疾病的发生;夏季高温时防暑降温,高温会影响食欲、性欲及精液质量。

8.经常观察羊的采食、饮水、运动及粪尿的排泄等情况

保持饲料、饮水、环境的清洁卫生。

任务八 繁殖母羊的饲养管理

种母羊饲养管理情况直接关系到羔羊的发育、生长及成活。繁殖母羊应常年保持良好的营养水平,以达到多胎、多产、多活、多壮的目的。一年中母羊可分为空怀期、妊娠期和哺乳期三个阶段。对各阶段的母羊应根据其配种、妊娠、哺乳情况而给予合理饲养,以满足不同生理阶段母羊的营养需求。

一、空怀期

(一)饲养管理目标

空怀期的母羊刚刚经历了比较漫长的哺乳期,都有一定程度的消瘦,空怀期的营养状况与母羊的发情、配种受胎以及胎儿发育有很大关系。所以这一阶段的母羊饲养管理目标主是抓

膘复壮、恢复体况、促使母羊早发情,多排卵,早受胎。

由于各地产羔季节不同,母羊空怀季节也不同。产冬羔的母羊一般 5～7 月份为空怀期,产春羔的母羊一般 8～10 月份为空怀期。

(二)饲养管理措施

1. 短期优饲

放牧饲养的空怀期母羊正处在青草季节,不配种也不怀孕,营养需要量低。只要抓紧时间搞好放牧,即可满足母羊的营养需要。但在母羊体况较差或草场植被欠缺时,应在配种前 1～1.5 个月对母羊实行短期优饲,提高饲养水平,使母羊在短期内增加体重和恢复体质,促进母羊发情整齐和多排卵。短期优饲的方法,一是延长放牧时间,二是除放牧外,适当补饲精料(0.2～0.4 kg)。舍饲时,应按空怀母羊的饲养标准,制订配合日粮进行饲养。对 1 年产 2 胎的母羊,一是要补给必需的营养,二是为了促使母羊身体早恢复、早发情,要给所产羔羊早补料。对 1 胎产 5～6 羔以上的母羊,可采用找保姆羊或人工哺乳的方法哺育羔羊,以减少母羊负担,使其早发情。一般经过 1～2 个月的抓膘,母羊可增重 10～15 kg。

2. 做好发情鉴定,适时配种

制订好选种选配方案,做好配种记录。加强人工观察和公羊试情,及时发现母羊发情,适时配种。尤其是分娩后第一次发情,要正确掌握,这对一年二胎,非常关键。注意配种卫生,在配种前应按操作规程,做好公羊母羊生殖器、开膣器和输精管的消毒。

二、妊娠期

分妊娠前期和妊娠后期两个阶段。

(一)母羊妊娠前期

妊娠前期指妊娠的前 3 个月。此阶段胎儿生长发育缓慢,胎儿重是初生羔羊的 10%～15%,胎儿主要发育脑、心脏、肝脏、胃等器官,营养需要与空怀期大致相同,但应补喂一定量的优质蛋白质饲料,以满足胎儿生长发育和组织器官对蛋白质的需要。一般放牧均可满足需要。若配种季节较晚,枯草已枯黄,则应补喂青干草或少量的精饲料,应按照饲养标准进行。初配母羊此阶段的营养水平应略高于成年母羊。日粮的精料比例为 5%～10%。管理上要避免吃霜草和霉烂饲料,不饮冰水,不使受惊猛跑,以免发生流产。

(二)母羊妊娠后期

妊娠后期指妊娠的后 2 个月。此阶段胎儿生长迅速,其中,初生羔羊体重的 85%～90% 是此时增加的,胎儿的骨骼、肌肉、皮肤及血液的生长与日俱增,母羊对营养物质的需要明显增加。妊娠后期,因母羊腹腔容积有限,采食量相对减少饲喂饲料体积过大或水分含量过高的日粮均不能满足其营养需要。因此,对妊娠后期母羊而言,除提高日粮的营养水平外,还应考虑日粮中饲料的种类,增加精料的比例。在妊娠前期的基础上,后期的能量和可消化粗蛋白质应分别提高 20%～30% 和 40%～60%,钙、磷比增加 1～2 倍(钙、磷比为 2.25:1)。产前 8 周,日粮精料比例提高至 20%;6 周为 25%～30%;产前 1 周适当减少精料比例,以免胎儿体重过大造成难产。一般母羊要增加 7～8 kg 的体重,因此,单靠放牧是不够的,必须给予补饲。要求按营养标准配合日粮进行饲养。一般在放牧条件下,每羊每天补饲混合料 0.4～0.5 kg,优质青干草 1.5～2.0 kg,胡萝卜 0.5 kg,食盐 10～15 g,骨粉 10 g 左右。

妊娠期母羊的管理中心是保胎,不要让羊吃霜冻草或发霉饲料,不饮冰碴水,严防惊吓、拥挤、跳沟和疾病发生。羊群出牧、归牧、饮水、补饲时,要慢而稳,羊舍保持温暖、干燥、通风良好,冬季舍温不应低于 5℃。增加舍外运动时间,产后 1 周,不得远牧,以便分娩时能及时回到羊舍。

三、哺乳期

(一)哺乳前期

哺乳前期是指哺乳期的前 2 个月。哺乳期是羔羊一生中增重最快的阶段,母乳是羔羊营养的主要来源。如果母羊营养良好,奶水充足,羔羊生长发育好,抗病力强,成活率高。羔羊生长变化的 75% 同母羊泌乳量有关,每千克鲜奶约可使羔羊增重 0.176 kg。产羔后,母羊泌乳量逐渐上升,在 4～6 周内达到高峰,10 周后逐渐下降。所以如何想方设法增加哺乳母羊的采食量,延长母羊泌乳量高峰期,增大泌乳量,以保证哺乳羔羊充足的母乳供应,是哺乳前期母羊饲养管理的中心任务。

在产后 1～3 d 内,应少喂精料,以免造成消化不良或发生乳房炎。为调节母羊的消化功能,促进恶露排除,可喂少量轻泄性饲料,如在温水中加入少量麸皮,1 周后逐渐恢复正常饲喂标准。在大多数地区,哺乳前期的母羊正处在枯草或青草萌发期,单靠放牧显然满足不了营养需要,需加强补饲;舍饲时应提高日粮营养水平。为满足羔羊生长发育的需要,应根据母羊膘情、泌乳量的高低以及带羔的多少,加强母羊的补饲,特别是产后的前 20～30 d。一般情况下,产单羔的母羊,每羊每日补饲混合精料 0.5～0.7 kg,优质青干草最好是豆科牧草 1.5 kg,胡萝卜 0.5 kg,食盐 10～15 g,骨粉 10 g 左右。对双羔母羊还应适当增加补饲量。给母羊喂一些优质青干草和青贮多汁饲料,同时供应充足的饮水,保证母羊旺盛的食欲,促进母羊的泌乳功能。在管理上要勤换垫草、勤打扫、保持圈舍干燥卫生。产后 1 周内的母子群应舍饲或就近放牧,1 周后逐渐延长放牧距离和时间,并注意天气变化,防止暴风雪对母子的伤害。舍内保持清洁,胎衣、毛团等污物及时清除,以防羔羊食入生病。

(二)哺乳后期

羔羊 2 月龄后,母羊泌乳能力下降,即使增加补饲量也难以达到泌乳前期的泌乳水平。而此时羔羊的胃肠功能也趋于完善,可以利用青草和粉碎饲料,对母乳的依赖程度减少,母乳仅能满足羔羊营养需要的 5%～10%。饲养上注意恢复母羊体况,为下一阶段配种作准备。因此,对哺乳后期的母羊,应以放牧采食为主,逐渐取消补饲;舍饲时降低日粮营养水平。若处于枯草期,可适当补喂青干草。管理上应注意经常检查母羊乳房发现有乳孔闭塞、乳房发炎或乳汁过多等情况,及时采取相应措施。应注意安全断奶,断奶前 1 周要减少母羊的精料、多汁料和青贮料,以防乳房炎的发生。

任务九 羔羊的饲养管理

从出生到断奶这个阶段的羊称为羔羊,一般为2~4个月。羔羊阶段是羊只一生中生长发育最快的时期。据资料,小尾寒羊4个月内公羔从3.61 kg增长到30.04 kg,母羔从3.84 kg增到27.33 kg。此时的消化机能还不完善,对外界适应能力差,且营养来源从血液、奶汁到草料的过程,变化很大。羔羊的发育又同以后的成年羊体重、生产性能密切相关。因此,必须高度重视羔羊的饲养管理,把好羔羊培育关。羔羊饲养管理的目标是,提高成活率,降低发病率,提高整齐度,降低淘汰率,提高羔羊断奶重。

一、羔羊的生长发育特点

1.生长发育快

从出生到4月龄断奶的哺乳期内,羔羊生长发育迅速,所需要的营养物质相应需要较多,特别是质好良多的蛋白质。羔羊出生后2 d内体重变化不大,此后的1个月内,生长速度较快。母乳充足,营养好时,生后2周活重可增加1倍,肉用品种羔羊日增重在300 g以上。

2.适应能力差

哺乳期是羔羊由胎生到独立生活的过渡阶段,从母体环境转到自然环境中生活,生存环境发生了根本性的改变。此阶段羔羊的各组织器官的功能尚不健全,如出生1~2周内羔羊调节体温的机能发育不完善,神经反射迟钝,皮肤保护机能差,特别是消化道的黏膜容易受细菌侵袭而发生消化道的疾病。

3.可塑性强

羔羊在哺乳期可塑性强。外部环境的变化能引起机体相应的变化,容易受外界条件的影响而发生变异,这对羔羊的定向培育具有重要意义。

二、羔羊的饲养管理

(一)新生期羔羊的护理

新生期羔羊,是指出生15 d以内的羔羊。新生期羔羊的护理是提高羔羊成活率的关键时期,一定要做好以下几点。

1.脐带消毒

新生羔羊出生后,无论是自然断脐带还是人工断脐带,都必须将羔羊的断端浸入碘酒中消毒。在干化脱落前,注意观察脐带变化,如有滴血,及时结扎消毒。脐带在出生后1周左右可干缩脱落。

2.保温

绵羊一般都是在冬季和春季产羔,因此要注意新生羔羊的保温。冬季产房和新生羔羊的圈舍温度应保持在10℃以上,并保持圈舍温度的相对稳定性,严防贼风侵袭。绵羊分娩后,有舔食羔羊身体表面黏液的本性。新生羔羊出生后,要及时让母羊舔干羔羊身上的黏液,或用干草、布块擦干黏液,防止感冒。

3.早喂初乳、吃足初乳

母羊产后3～5 d之内排出的乳汁称为初乳,初乳内含有丰富的蛋白质、9%～16%的脂肪等营养物质和抗体,能增强羔羊的免疫力,促进胎粪的排出,是不可替代的羔羊食品。羔羊出生后,就有吮乳的本能要求,应保证羔羊出生后1 h之内吃到初乳。羔羊吃奶之前,用温水洗净母羊乳头及周围,挤去"奶塞"和前几滴奶。对无奶、缺奶、多羔或孤羔,要尽早找"奶妈"配奶,使母子确认,代哺羔羊。否则,要及时人工哺乳,保证羔羊吃奶,正常生长。

4.做好日常护理

日常护理是实现羔羊饲养管理目标的主要管理措施。这里把日常护理内容简要概括为"二勤"、"三防"、"四定"。具体来说,"二勤"即勤观察羔羊脐带、排便拉稀、精神状态、吃奶欲望、是否咩叫等以及母羊产羔排出的胎衣、羊水、恶露等;勤扫圈舍、饲槽饮水槽、粪便、羊毛。"三防"即防止冻伤羔羊蹄、耳、嘴及冻感冒;防止由于母羊奶水不足使羔羊挨饿;防止羔羊受凉、吃多等引起拉稀,感冒,不吃等病。"四定"即定时配奶、定时断尾、定时称重、定期消毒。定时断尾是在羔羊3～4日龄时,用橡皮筋或专用橡皮圈套在离尾根3～4 cm(第3～4尾椎之间)处进行结扎,阻断血液循环,使羊尾自然萎缩、干枯脱落。操作时,先在断尾处涂碘酊消毒,然后结扎至橡皮筋拉不动为止。结扎后要勤检查,涂抹碘酊以防感染。定时称重是在羔羊出生吃奶前,进行称重,并做好记录。编号与称重同时进行。

(二)哺乳期羔羊的饲养管理

1.哺乳前期的饲养管理

羔羊从出生到2月龄为哺乳前期阶段,这一阶段羔羊的主要营养物质来源于母乳和补饲草料。此阶段,羔羊消化器官生长发育的可塑性很大。挖掘潜力、精心培育是此阶段饲养管理的中心。首先要加强哺乳母羊的补饲,适当补加精料和多汁饲料,保持母羊良好的营养状况,促进泌乳力,使其有足够的乳汁供应,喂给羔羊足够的乳汁。要照顾好羔羊吃好母乳,对一胎多羔羊要求均匀哺乳,防止强者吃得多,弱者吃得少。同时要强化羔羊补饲,添加容易消化吸收、营养丰富平衡的颗粒饲料;补饲柔软、优质的苜蓿、青干草;放置盐砖供羔羊舔食,注重卫生饮水;在管理措施上,定时、定量、定点补喂,适时增料增草,防止吃多拉稀,按月称重,掌握日增重,保持稳步增重。同时做好程序化防疫。

羔羊出生10 d后可以进行诱饲,给以专用颗粒补饲料;15～20 d开始采食饲料饲草。补饲在补饲栏中进行,让羔羊自由采食。1月龄以后,羔羊采食量开始增加。颗粒料补饲量应达到每日每只羔羊0.1 kg以上,胡萝卜饲喂量0.1～0.2 kg,分3次饲喂。并补饲优质易消化的苜蓿等青干草。

2.哺乳后期的饲养管理

哺乳后期是指羔羊出生后2个月到断奶这一阶段。产后49 d母羊的泌乳量逐步下降,而羔羊在这个阶段的增重却最大,饲草饲料开始成为羔羊增重的主要营养来源。瘤胃的发育及机能的逐渐完善,饲草料采食量增长很快。2～3月龄每日每只羊可补饲精料0.3～0.5 kg,胡萝卜0.2～0.3 kg,青干草自由采食。管理上,要根据羔羊的体格、强弱、大小及时与母羊一同调整、分圈。后期要使羔羊随母羊的饲养日程,一同上槽采食,为断奶后转入新的饲养日程做准备。

3.适量运动及放牧

羔羊适当运动,可增强体质,提高抗病力。初生羔最初几天在圈内饲养5～7 d后可以将羔羊赶到日光充足的地方自由活动,初时0.5～1 h,以后逐渐增加,3周后可随母羊放牧,开始走近些,选择地势平坦、背风向阳、牧草好的地方放牧。以后逐渐增加放牧距离,母子同牧时走的要慢,羔羊不恋群,防治掉队丢失。30日龄后,羔羊可编群放牧,放牧时间可随羔羊日龄的增加逐渐增加。不要去低湿、松软的牧地放牧,羔羊舔啃松土易得胃肠病,在低湿地易得寄生虫病。放牧时注意从小就训练羔羊听从口令。

4.羔羊的断奶

羔羊的断奶一般在3～4月龄。断奶的标准应该以羔羊采食能力、采食量和体质状况来决定,而不单纯以月龄来进行。采食能力差、采食量低和体质弱的羔羊,可推迟断奶。

羔羊的断奶采用一次性断奶。具体做法是:先行减奶,即对哺乳母羊断奶前7～10 d减少精饲料,从而减少产奶,继而一次性将母、仔分开,不再合群。断奶后为了减少羔羊的应激,一是采取“母走仔留”,即断奶时赶走母羊,将羔羊仍然留在原来羊舍。使母仔之间“不见其身、不闻其音”,弱化母子“之情”。二是公、母分群,逐步适应新的群体环境、活动环境、饲养程序和饲喂手法的变化。三是刚断奶头几天,羔羊恋奶、恋母,咩咩直叫,食欲减退,要多加注意。

◆◆◆ 任务十　育成羊的饲养管理 ◆◆◆

育成单是指羔羊断乳后到第一次配种的青年羊,多在4～18月龄。羔羊断奶后5～10个月生长很快,一般毛肉兼用和肉毛兼用品种公母羊增重可达15～20 kg,营养物质需要较多。若此时营养供应不足,则会出现四肢高、体狭窄而浅、体重小、剪毛量低等问题。在实际生产中,一般将育成羊分为育成前期(4～8月龄)和育成后期(8～18月龄)两个阶段进行饲养。

一、育成羊的消化生理特点

1.育成前期

育成前期尤其是刚断奶不长时间的羔羊,生长发育快,瘤胃容积有限且功能不完善,对粗饲料的利用能力较差。这一阶段饲养的好坏,直接影响羊的体格大小、体型和成年后的生产性能,必须引起高度重视。应按羔羊的平均日增重及体重,依据饲养标准,供给体积小、营养价值高、容易消化的日粮。因此,这一阶段的饲养主要以精料为主。羔羊断奶时,不要同时断奶;断奶后应按性别单独组群。放牧时应控制羊群,放牧距离不能太远。在冬、春季节,除放牧采食外,还应适当补饲优质干草、青贮饲料、块根块茎饲料、食盐和饮水。补饲量应根据品种和各地的具体条件而定。

2.育成后期

育成后期羊的瘤胃消化功能趋于完善,可以采食大量的牧草和农作物秸秆。这一阶段,育成羊可以放牧为主,适当补饲少量的混合精料或优质青干草进行饲养。粗劣的秸秆不宜用来饲喂育成羊,即使使用,在日粮中的比例也不可超过20％～25％,使用前还应进行合理的加工调制。表4-19列出了毛用和毛肉兼用绵羊品种10月龄育成羊的日粮范例,供参考。

表4-19 10月龄育成羊日粮范例

组成及营养成分	母羊 (体重 40 kg)	公羊 (体重 50 kg)	组成及营养成分	母羊 (体重 40 kg)	公羊 (体重 50 kg)
荒地禾本科干草/kg	0.7	1.0	粗蛋白质/g	195	244
玉米青贮料/kg	2.50	2.00	可消化蛋白质/g	114	156
大麦碎粒/kg	0.15	0.23	钙/g	7.6	10.1
豌豆/kg	0.09	0.1	磷/g	4.5	6.0
向日葵油粕/kg	0.06	0.12	镁/g	1.9	2.1
食盐/kg	12	14	硫/g	4.2	4.7
二钠磷酸盐/kg	—	5	铁/mg	1 154	1 345
元素硫/g	—	0.7	铜/mg	9.2	12.4
硫酸铵/mg	2	3	锌/mg	45	52
硫酸锌/mg	20	23	钴/mg	0.43	0.63
硫酸铜/mg	8	10	锰/mg	56	65
日粮中含:			碘/mg	0.35	0.41
饲料单位	1.15	1.35	胡萝卜素/mg	39	40
代谢能/MJ	12.5	16.0	维生素 D/IU	465	510
干物质/kg	1.5	1.8			

资料来源:А. П. Капащников等,1985

在育成阶段,无论是冬羔还是春羔,必须重视断奶后的第一个越冬期的饲养。许多人认为育成羊不配种、不怀羔、不泌乳,没负担,而忽视和放松了对冬、春季的补饲,结果使幼龄育成羊因营养不足而逐渐消瘦乏弱,乃至死亡,造成损失。所以,在越冬期间,除坚持放牧外,首先要保证有足够青干草、青贮料、多汁饲料的供应,其次每天还要补给混合精料200～250 g,种用小母羊和小公羊分别补500 g和600 g。在育成阶段,可通过体重变化来检查羊的发育情况。在1.5岁以前,从羊群中随机抽出5％～10％的羊,每月定期在早晨未饲喂或出牧之前进行称重。表4-20是毛肉兼用细毛羊在正常饲养管理下的增重情况。

表4-20 绵羊由初生到12月龄体重变化 kg

性别	月 龄												
	初生	1	2	3	4	5	6	7	8	9	10	11	12
公羊	4.0	12.8	23.0	29.4	34.7	37.6	40.1	43.1	47	51.5	56.3	59.6	60.9
母羊	3.9	11.7	19.5	25.2	28.7	31.4	34.4	36.8	39.8	42.6	46.0	49.8	52.6

二、育成羊的生长发育特点

1. 生长发育速度快

育成羊全身各系统均处于旺盛生长发育阶段,与骨骼生长发育密切的部位仍然继续增长,如体高、体长、胸宽、胸深增长迅速,头、腿、骨骼、肌肉发育也很快,体型发生明显的变化。

2. 瘤胃的发育更为迅速

6月龄的育成羊,瘤胃迅速发育,容积增大,占胃总容积的75%以上,接近成年羊的容积比。

3. 生殖器官的变化

一般育成母羊6月龄以后即可表现正常的发情,卵巢上出现成熟卵泡,达到性成熟。育成公羊具有产生正常精子的能力。8月龄左右时接近体成熟,可以配种。育成羊开始配种的体重应达到成年母羊体重的65%～70%。

三、育成羊的培育

育成羊的饲养管理直接影响到羊的提早繁殖。饲养管理越好,羊只增重越快,母羊可提前到第一次配种要求的最低体重,提前发情和配种。母羊6月龄可达到40 kg,8月龄就可以配种。而公羊的优良遗传特性可以得到充分的体现,为提高选种的准确性和提高利用打下基础。育成羊的饲养是否合理,对体型结构和生长发育速度等起着决定性作用。饲养不当,可造成羊体过肥、过瘦或某一阶段生长发育受阻,出现腿长、体躯短、垂腹等不良体型。为了培育好育成羊,应注意以下几点。

1. 适当的精料营养水平

羔羊断奶后转入育成阶段,断奶时不要同时断料,在断奶组群放牧后,仍需继续哺喂精料,补饲量要根据牧草情况决定。日粮中有优良豆科干草时,日粮中精料的粗蛋白质含量提高到15%或16%,混合精料中的能量水平占总日粮能量的70%左右为宜。每天喂混合精料以0.2～0.3 kg为好,同时还需要搭配适当的粗饲料,如青干草、青贮饲料、块根块茎等多汁饲料,力求多样化。另外,还要注意矿物质如钙、磷、食盐和微量元素的补充。育成公羊由于生长发育比育成母羊快,所以精料需要量多于育成母羊。为避免草腹,育成公羊不喂或少喂青贮饲料。

2. 合理的饲喂方法和饲养方式

羔羊断奶组群后转入另外一种饲养方式,要有一段适应过程,放牧时羊群不宜过大,放牧时间和里程应逐渐增加。不要突然更换饲料,待羔羊安全度过断奶应激期以后,再逐渐改变饲料。

育成羊的饲养方法不同于肥羔,更重视骨骼和内脏器官的发育,优良的干草、充足的运动是培育育成羊的关键。饲料类型对育成羊的体型和生长发育影响很大,给育成羊饲喂大量而优质的干草,不仅有利于促进消化器官的充分发育,而且培育的母羊体格高大,乳房发育明显,产奶多。因此,育成羊的日粮应以优质干草为主,不能过于强调日增重,过于肥胖则日后的产羔和哺乳性能都比较差。从性成熟到初配阶段的育成羊是形成种羊体型结构的关键时期,以大量的优质苜蓿干草或青干草为主,加上少量的精饲料组成的日粮,有利于形成体质结实、四肢健壮的种用体型。精料日喂量以0.2～0.3 kg为宜。充足的阳光照射和得到充分的运动可使其体壮胸宽,心肺发达,食欲旺盛,采食多。运动对青年公羊更为重要,不仅利于生长发育,而且可以防止形成草腹或恶癖。只要有优质粗饲料,可以少给或不给精料,精料过多而运动不足,容易肥胖,早熟早衰,利用年限短。

3.公、母羊要及时分群饲养

因为公、母羊对培育条件的要求和反应不同,公羊一般生长发育快,异化作用强,生理上对丰富的营养有良好的反应。同时可防止乱交、早配,影响身体发育,导致早衰。

4.做好越冬准备

春羔断奶后,采食青草期很短,即进入枯草期。进入枯草期后,天气寒冷,仅靠放牧不能满足营养需要,处于饥饿或半饥饿状态,因此,越冬的确是一大难关,是育成羊饲养的关键时期。在入冬前一定要储备足够的青干草、树叶、作物秸秆、藤蔓和打场的副产品,要把一切可饲用的物资都收集起来。每只羊每日要有 2～3 kg 粗饲料,还要适当给些精料。粗饲料要贮存好,不能霉烂、要防火,同时还要制作青贮、贮存胡萝卜等青绿多汁饲料,越冬期的饲养原则应以舍饲为主,放牧为辅,放牧只起到运动的作用,不仅吃不饱,还会将羊放瘦掉膘。寒冷地区搭建暖圈。俗话说"圈暖三分膘",要防风、保温、保膘。

5.合理掌握初配年龄,适时配种

过早配种会影响育成羊的生长发育,使种羊的体型小、实用年限缩短;晚配使育成期拉长,既影响种羊场的经济效益,又延长了世代间隔,不利于羊群改良。一般育成母羊在满 8～10 月龄,体重达到 40 kg 或达到成年体重的 65% 以上时配种。育成母羊不如成年母羊发情明显和规律,所以要加强发情鉴定,以免漏配。8 月龄前的公羊一般不要采精或配种,须在 12 月龄以后,体重达 60 kg 以上时再参加配种。

6.按月抽测体重

为了检查育成羊的发育情况,在 1.5 岁以下的羊群中抽取 10%～15% 的羊,固定下来每月称重,与该品种羊的正常生长发育相比较。称重需在早晨为饲喂或出牧前进行。将不易留种的个体从育成羊中淘汰出去,阉割后育肥。

任务十一　育肥羊的饲养管理

一、羔羊育肥

羔羊肉受国际市场欢迎,许多国家上市羊肉以羔羊肉为主。如美国,上市羊肉的 94% 为羔羊肉;澳大利亚、新西兰、阿根廷等国,羔羊肉占羊肉总产量的 80% 以上。羊肉生产由传统生产方式向现代化、产业化发展过程中,羔羊育肥生产羔羊肉是当今养羊业发展的一大特点。

(一)肥羔生产的优点

(1)羔羊肉质具有鲜嫩、多汁、精肉多、脂肪少、味美、易消化及膻味轻等优点,深受消费者欢迎,国际市场需求量也逐年增加。

（2）羔羊生长快,饲料报酬高,成本低,收益高。

（3）国际市场上羔羊肉的价格高,一般比成年羊肉价格高 1/3～1/2,甚至价格高 1 倍。

（4）羔羊当年屠宰,加快了羊群周转,缩短了生产周期,提高了出栏率和产肉率,可以获得较大的经济效益。

（5）羔羊当年屠宰,减轻了越冬度春人力和物力的消耗,避免了羊只在冬、春时节掉膘甚至死亡的损失。

（6）羔羊当年屠宰,可以不养或少养羯羊,压缩了羯羊的饲养量,从而可以优化羊群结构,大幅度增加母羊的饲养比例,有利于扩大再生产,提高草场和饲料资源的利用效率,增加经济和生态效益。

（7）9 月龄羔羊所产的毛、皮价格高,所以在生产肥羔的同时,又可以生产优质的毛、皮,增加多项产出的经济收益。

(二)羔羊消化生理特点及体重发育规律

羔羊从胚胎到体外生活,生活环境发生了较大的变化,且机体本身生长发育机能尚不完善。羔羊从适应新环境到机体逐渐完善过程中,羔羊消化生理和体重发生较大的变化,了解和掌握羔羊的生理变化特点,才能利用好这些特点,最大限度地发挥羔羊的生长潜能。

1.羔羊消化生理特点

羔羊从初生到 3 周龄左右,瘤胃、网胃、瓣胃的发育极不完善,无任何消化能力。羔羊哺乳时食管沟闭合,形成管状结构,避免乳汁流入瘤胃。乳汁经过食管沟和瓣胃直接进入皱胃而被消化。羔羊到了 3 周龄时,瘤胃内微生物区系开始形成,内壁的乳头状突起逐渐发育,开始具有消化功能,对各种粗饲料的消化能力逐步增强。所以,3 周龄以内羔羊的消化是由皱胃承担的,消化规律与单胃动物相似。新生羔羊消化道内缺乏麦芽糖酶,所以,羔羊在生后的早期阶段不能大量利用淀粉,大约到了 7 周龄时,麦芽糖酶的活性才逐渐显示出来。初生羔羊体内几乎没有蔗糖酶,不具备消化蔗糖的能力。初生羔羊的胰脂肪酶活力很低,以后随日龄增长而提高,到 8 日龄时胰脂肪酶的活力达到最高水平,使羔羊能够利用全乳。总之,对于羔羊来说,初生至 3 日龄必须供给充足的初乳,3 周龄内以母乳为营养来源,3 周龄以后其胃肠道才能逐渐适应植物性饲料。断奶后,采食量不断增加,消化能力提高,骨骼和肌肉迅速增长,各个组织器官也相应增大,是生产肥羔的有利时期;当羔羊达到性成熟(初情期)时,生殖器官发育完毕,体型基本定型,但仍保持一定的生长速度,也可以作为育肥的主体。

2.羔羊体重变化特点

羔羊生后体重变化有一定规律。4 月龄前生长发育最快,体重为初生的 4.77 倍,以后生长渐慢,5 月龄仅为初生重 5.34 倍,10 月龄为 6.79 倍。4 月龄前体重直线上升,以后变化速度渐缓。生产上利用这个规律确定育肥时间,以 4 月龄前效果最好。

(三)羔羊生产技术要点

1.广泛开展经济杂交

选择早熟、多胎、生长快的母羊为母本,用生长速度快、饲料报酬高、肉质好的肉用品种的公羊为父本,利用杂种优势为肥羔生产提供羔羊。

2.提前配种产羔

根据我国不同地区的气候类型,合理地安排产羔季节,以最大限度地利用牧草资源和环境条件。在北方地区应多安排在早春产羔,这样可以延长生长期而增加胴体重。

3.加强母羊饲养管理

羔羊初生重和母羊泌乳量与母体营养状况关系密切,这就需要在母羊妊娠后期和泌乳前期加强饲养管理,以提供优质的育肥羔羊。利用激素对母羊进行同期发情处理,使羔羊的年龄整齐,对于羔羊育肥专业化、工厂化,整批生产具有重要作用。

4.早期断乳

控制哺乳期早期断乳,缩短母羊产羔间隔和控制繁殖周期,达到1年2胎或2年3胎,多胎多产的目的。羔羊在3月龄应断乳单独组群放牧育肥或舍饲育肥。

5.建立档案

一是建立饲养管理档案。将羊群按大、小、强、弱分组编号,分群饲养,做好每个阶段羊的体重、体长的测量记录,以便根据生长情况适时调整日粮配比。二是建立疫病防治档案。根据当地羊病的流行特点,坚持"防重于治"的原则,有计划地对羊群进行药物预防和免疫接种,防止传染病和寄生虫病的发生。

6.改进饲养方式

要改单一的用青饲料饲喂为干粗饲料和精饲料混合饲喂,改放牧散养为集中圈养。在日常管理中要做到心勤、手勤,经常对羊群用心观察,发现病羊及时诊治,做好防暑、防寒、防潮、防缺水等饲养管理工作。

7.环境洁净,定期驱虫

做到圈舍净、用具净、饲料净、饮水净、空气净、羊体净。对育肥羔羊定期驱虫,至少在断奶后和入秋时分别驱虫1次。

8.适时出栏

育肥羔羊一般在6～8月龄、体重达30～40 kg时出售屠宰。时间过长,育肥羊的肥育速度减慢,肉质下降,育肥成本增加。

(四)羔羊早期育肥技术

包括早期断奶羔羊强度育肥和哺乳羔羊育肥两种方法。

1.早期断奶羔羊强度育肥

羔羊45～60日龄断奶,然后采用全精料舍饲肥育,羔羊日增重达300 g左右,料肉比约为3:1,3月龄左右120～150日龄羔羊活重达到25～35 kg屠宰上市。

(1)早期断奶羔羊强度育肥特点　利用羔羊早期生长发育快,消化方式与单胃家畜相似的特点,给羔羊补饲固体饲料,特别是整粒玉米通过瘤胃被破碎后进入真胃,转化成葡萄糖被吸收,饲料利用率高。而发育完全的瘤胃,微生物活动增强,对摄入的玉米经发酵后转化成挥发性脂肪酸,这些脂肪酸只有部分被吸收,饲料转化率明显低于瘤胃发育不全时。因此,采用早期断奶羔羊全精料育肥能获得较高屠宰率,饲料报酬和日增重也较高。例如,新疆畜牧研究所1986年试验,1.5月龄羔羊体重在10.5 kg时断奶,育肥50 d,平均日增重280 g,育肥终重达

25～30 kg,料重比为3∶1。1.5月龄羔羊早期断奶育肥后上市,可以缓解5～7月份羊肉供应淡季的市场供需矛盾。此外,全精料育肥只喂各类精饲料,不喂粗饲料,使管理简化。这种育肥方法的缺点是胴体偏小,生产规模受羔羊来源限制,精料比例大,难以推广。

(2)育肥前准备

①羊舍准备。育肥羊舍应该通风良好、地面干燥、卫生清洁、夏挡强光、冬避风雪。圈舍地面上可铺少许垫草。羊舍面积按每只羔羊0.75～0.95 m²。饲槽长度应与羊数量相称,羔羊23～30 cm,避免由于饲槽长度不足,造成羊吃食拥挤,进食量不均,从而影响育肥效果。

②隔栏补饲。羔羊断奶前半个月实行隔栏补饲,或在早、晚有一定时间将羔羊与母羊分开,让羔羊在一专用圈内活动,活动区内放有精料槽和饮水器,其余时间仍母子同处。

③做好疫病预防。育肥羔羊常见传染病有肠毒血症和出血性败血症。肠毒血症疫苗可在产羔前给母羊注射,或在断奶前直接给羔羊注射。一般情况下,也可以在育肥开始前注射快疫、猝疽和肠毒血症三联苗。

(3)育肥日粮 早期断奶羔羊月龄小,瘤胃发育不完全,对粗饲料消化能力差,应以全精料型饲料饲喂,要求高能量、高蛋白质饲料原料质量要好,并添加微量元素和维生素添加剂预混料,营养全价、平衡,易消化,适口性好。6～8周龄断奶羔羊,体重在13～15 kg,饲料中蛋白质含量比3～5周龄哺乳羔羊补饲料水平还高,可达26%(干物质基础),不少于16%,饲料干物质的消化能浓度为14.6 MJ/kg(相当于代谢能11.97 MJ/kg)。体重20 kg羔羊饲粮含粗蛋白质17%,体重30 kg羔羊饲粮含粗蛋白质为15%,体重40 kg以上羔羊饲粮含粗蛋白质为14%。羔羊各体重阶段饲粮的消化能浓度为13.8～14.2 MJ/kg(相当于代谢能11.3～11.6 MJ/kg)。表4-21和表4-22为早期断奶羔羊饲料配方和羔羊育肥饲料配方,可供参考。

表4-21 早期断奶羔羊饲粮配方 %

饲料原料	配比(干物质)
磨碎的玉米	25.0
豆饼(含粗蛋白质44%)	38.5
苜蓿粉(优等)	25.0
植物油	10.0
磷酸氢钙	1.0
微量元素(含食盐)	0.5
合计	100.0

注:每千克加5.5 g抗生素。引自卢德勋《系统营养学导论》。

表4-22 羔羊育肥饲料配方 %

饲料原料	配比(干物质)
压扁的粗粒大麦	80
压扁的粗粒小麦	10
豆饼	8
骨粉	1
食盐	1
合计	100.0

注:应加一定量的微量元素和维生素,适用于断奶后羔羊使用。

引自卢德勋《系统动物营养学导论》。

日粮配制也可选用任何一种谷物饲料,但效果最好的是玉米等高能量饲料。谷物饲料不需破碎,其效果优于破碎谷粒,主要表现在饲料转化率高和胃肠病少。使用配合饲料则优于单喂某一种谷物饲料。最优饲料配合比例为:整粒玉米83%,黄豆饼15%,石灰石粉1.4%,食盐0.5%,维生素和微量元素0.1%。其中,维生素和微量元素的添加量按千克饲料计算为维生素A、维生素D、维生素E分别是500 IU、1 000 IU和20 IU;硫酸锌150 mg,硫酸锰80 mg,氧化镁200 mg,硫酸钴5 mg,碘酸钾1 mg。若没有黄豆饼,可用10%的鱼粉替代,同时把玉米比例调整为88%。

如果不用全精料型饲粮,饲粮可由混合精料和干草组成。一般粗料与精料分开饲喂,优质干草自由采食,精料饲料定量分2～3次饲喂。其精料配方见表4-23,可压制成颗粒料饲喂。

表4-23　羔羊育肥饲料配方　　　　　　　　　　　　　　　%

饲料原料	配比(干物质)
玉米	58.5
燕麦	20.0
麦皮	10.0
亚麻饼或豆饼	10.0
微量元素加强化食盐	0.5
磷酸氢钙	1.0
合计	100.0

注:引自卢德勋《系统动物营养学导论》。

(4)育肥期日粮饲喂及饮水要求　饲喂方式采用自由采食,自由饮水。饲料投给最好采用自动饲槽,以防止羔羊四肢踩入槽内,造成饲料污染而降低饲料摄入量和扩大球虫病与其他病菌的传播;饲槽离地面高度应随羔羊日龄增长而提高,以饲槽内饲料不堆积或不溢出为宜。如发现某些羔羊啃食圈墙时,应在运动场内添设盐槽,槽内放入食盐或食盐加等量的石灰石粉,让羔羊自由采食。饮水器或水槽内始终保持清洁的饮水。

(5)关键技术

①早期断奶。集约化生产要求全进全出,羔羊进入育肥圈时的体重大致相似,若差异较大不便于管理,影响育肥效果。为此,除采取同期发情,诱导产羔外,早期断奶是主要措施之一。理论上讲羔羊断奶的月龄和体重,应以能独立生活并能以饲草为主获得营养为准,羔羊到8周龄时瘤胃已充分发育,能采食和消化大量植物性饲料,此时断奶是比较合理的。对断奶羔羊的育肥实行早期断奶,可缩短育肥进程。

②营养调控技术。断奶羔羊体格较小,瘤胃体积有限,粗饲料过多,营养浓度跟不上,精料过多缺乏饱感,精粗料比以8:2为宜。羔羊处于发育时期,要求的蛋白质、能量水平高,矿物质和维生素要全面。若日粮中微量元素不足,羔羊有吃土、舔墙现象,可将微量元素盐砖放在饲槽内,任其自由舔食,以防微量元素缺乏。

大力推行颗粒饲料:颗粒饲料体积小,营养浓度大,非常适合饲喂羔羊,在开展早期断奶强度育肥时都采用颗粒饲料。颗粒饲料适口性好,羊喜欢采食,比粉料能提高饲料报酬5%～10%。

断奶羔羊的日粮单纯依靠精饲料,既不经济又不符合生理机能规律,日粮必须有一定比例的干草,一般占饲料总量的 30％～60％,以苜蓿干草较好。

③适时出栏。出栏时间与品种、饲料、育肥方法等有直接关系。大型肉用品种 3 月龄出栏,体重可达 35 kg,小型肉用品种相对差一些。断奶体重与出栏体重有一定相关性,据试验,断奶体重 13～15 kg 时,育肥 50 d 体重可达 30 kg;断奶体重 12 kg 以下时,育肥后体重 25 kg,在饲养上设法提高断奶体重,就可增大出栏活重。

(6)注意事项

①断奶前补饲的饲料应与断奶育肥饲料相同。玉米粒在刚补饲时稍加破碎,待习惯后则喂以整粒,羔羊在采食整粒玉米的初期,有吐出玉米粒现象,反刍次数也较少,随着羔羊日龄增加,吐玉米粒现象逐渐消失,反刍次数增加,此属正常现象,不影响育肥效果。

②羔羊断奶后的育肥全期不要变更饲料配方,如果改用其他饼类饲料代替豆饼时,可能会导致日粮种钙磷比例失调,应注意防治尿结石。

③正常情况下,羔羊粪便呈团状、黄色,粪便内无玉米粒。羔羊对温度变化比较敏感,如果遇到天气变化或阴雨天,可能出现拉稀,所以羔羊的防雨和保温极为重要。

④选择合适品种,做好断奶前补饲,保证断奶前母羊体壮奶足是提高育肥效果的重要技术措施。

2.哺乳羔羊育肥

(1)哺乳羔羊育肥特点　哺乳羔羊育肥基本上以舍饲为主,但不属于强度育肥,羔羊不提前断奶,提高隔栏补饲水平,到断奶时从大群中挑出达到屠宰体重的羔羊(25～27 kg)出栏上市,达不到者断奶后仍可转入一般羊群继续饲养。羔羊育肥过程中不断奶,保留原有的母子对,减免了断奶而引起的应激反应,利于羔羊的稳定生长。这种育肥方式利用母羊的全年繁殖,安排秋季和冬季产羔,供节日(元旦、春节等)时特需的羔羊肉。

(2)哺乳羔羊育肥要点

①饲养方法。以舍饲育肥为主,母子同时加强补饲。母羊哺乳期间每天喂足量的优质豆科牧草,另加 500 g 精料,目的是使母羊泌乳量增加。羔羊及早隔栏补饲,且越早越好。

②饲料配制。整粒玉米 75％,黄豆饼 18％,麸皮 5％,沸石粉 1.4％,食盐 0.5％,维生素和微量元素 0.1％。其中,维生素和微量元素的添加量按每千克饲料计算为:维生素 A、维生素 D、维生素 E 分别是 5 000 IU、1 000 IU 和 200 mg,硫酸钴 3 mg,碘酸钾 1 mg,亚硒酸钠 1 mg。每天喂两次,每次喂量以 20 min 内吃净为宜;羔羊自由采食上等苜蓿干草。若干草品质较差,日粮中每只应添加 50～100 g 蛋白质饲料。

③适时出栏。经过 30 d 育肥,到 4 月龄时止,挑出羔羊群中达到 25 kg 以上的羔羊出栏上市。剩余羊只断奶后再转入舍饲育肥群,进行短期强度育肥;不作育肥用的羔羊,可优先转入繁殖群饲养。

(五)断乳羔羊育肥技术

羔羊 3～4 月龄正常断奶后,除部分被选留到后备群外,大部分需出售处理。一般情况下,体重小或体况差的进行适度育肥,体重大或体况好的进行强度育肥,均可进一步提高经济效益。各地可根据当地草场状况和羔羊类型选择适宜的育肥方式。目前羔羊断奶后育肥方式有以下几种。

1. 放牧育肥

羔羊的主要营养来源是牧草,断奶到出栏一直在草地上天然放牧,最后达到一定活重即可屠宰上市的育肥模式。这种育肥方式主要适合于我国的内蒙古、青海、甘肃、新疆和西藏等省区的牧区。

(1)育肥条件 必须要有好的草场条件,牧草生长繁茂,宜在以豆科草为主的草场上放牧育肥,因为羔羊的增重主要是蛋白质的沉积,豆科牧草蛋白质含量高。育肥期一般在 8~10 月,此时牧草结籽,营养充足,易消化,羊只抓膘快。

(2)育肥方法 主要依靠放牧进行育肥。放牧前半期可选用差一些的草场、草坡,后期尽量选择牧草好的草场放牧。最后阶段在优质草场如苜蓿草地或秋茬子地放牧,经济地利用草场,使羊不但能吃饱,还要增膘快。另外要注意水、草、盐这几方面的配合,如果羊经常口淡口渴,则会影响育肥效果。羔羊不能太早跟群放牧,年龄太小随母羊群放牧,往往跟不上群,出现丢失现象,在这个时候如果因草场干旱,奶水不足,羔羊放牧体力消耗太大,影响本身的生长发育,使成活率降低。在产冬羔的地区,三四月份羔羊随群放牧,遇到地下水位高的返潮地带,有时羔羊易踏入泥坑,造成死亡损失。

(3)影响育肥效果的因素

①参加育肥的品种。选择具有生长发育快,成熟早,肥育能力强,产肉力高的品种进行育肥,可显著提高育肥效果。

②产羔时间对育肥效果有一定影响。相同营养水平下,早春羔 7~8 月龄屠宰,平均产肉 16.6 kg,晚春羔羊 6 月龄屠宰,平均产肉 13.85 kg,将晚春羔提前为早春羔,是增加产肉量的一个措施,但需要贮备饲草和改变圈舍条件。

2. 混合育肥

混合育肥有两种情况:其一是放牧后短期舍饲育肥,具体做法是在秋末草枯后对一些未抓好膘的羊,特别是还有很大增重潜力的当年生羔羊,再延长一段育肥时间,在舍内补饲一些精料,使其达到屠宰标准;其二是放牧补饲型育肥方式,具体是指育肥羊完全通过放牧不能满足快速育肥的营养需求,而采用放牧加补饲的混合育肥方式。

(1)育肥方式选择 放牧后短期舍饲育肥适用于生长强度较小及增重强度较慢的羔羊和周岁羊,育肥耗用时间较长,不符合现代肉羊短期快速育肥的要求;放牧补饲型育肥适用于生长强度较大和增重速度较快的羔羊,同样可以按要求实现强度直线育肥。

(2)育肥技术要点

①放牧后短期舍饲育肥。放牧后短期舍饲育肥案例(供参考)。

第一阶段(1~15 d)。

1~3 d:仅喂干草。自由采食和饮水。注意干草以青干草为宜,不用铡短。

3~7 d:逐步用日粮替代干草,干草逐渐变成混合粗料。注意混合粗料指将干草、玉米秸、地瓜秧、花生秧等混合铡短(3~5 cm)。

7~15 d:喂日粮Ⅰ(表 4-24)。日喂量 2 kg/只,日喂 2 次。自由饮水。

表 4-24　羔羊育肥日粮 I %

饲料原料	配比(干物质)
玉米	30.0
豆饼	5.0
干草	62.0
食盐	1.0
羊用添加剂	1.0
骨粉	1.0
合计	100.0

第二阶段(15～50 d)。

13～16 d:逐步由日粮 I 变成日粮 II(表 4-25)。

16～50 d:喂日粮 II。先粗后精。自由饮水。混合精料日喂量 0.2 kg/只,日喂 2 次(拌湿)。混合粗料日喂量 1.5 kg/只,日喂 2 次。

表 4-25　羔羊育肥日粮 II %

饲料原料	配比(干物质)
玉米	65.0
麸皮	10.0
豆饼(粕)	13.0
优质花生秧粉	10.0
食盐	1.0
羊用添加剂	1.0
合计	100.0

混合粗料为玉米秸、地瓜秧、花生秧等。铡短。

注意:若喂青绿饲料时,应洗净,晾干(水分要少),日喂量为每只羊 3～4 kg。

第三阶段(50～60 d)。

48～52 d:逐步由日粮 II 过渡到日粮 III(表 4-26)。注意过渡期内主要是混合精料的变换;精饲料或青绿饲料正常饲喂即可。

52～60 d:喂日粮 III 混合精料,日喂量 0.25 kg/只。粗料不变。

表 4-26　羔羊育肥日粮 III %

饲料原料	配比(干物质)
玉米	85.0
麸皮	6.0
豆饼(粕)	5.0
骨粉	2.0
食盐	1.0
羊用添加剂	1.0
合计	100.0

注意:粗料采食量会因精料喂量增加而减少。夏季饮水应清洁,供给不间断;冬季饮水应温和为宜,3 次/d。

注意事项如下：

A.分圈饲养：当年羔羊此时已性成熟，混群饲养易发生配种怀孕现象，影响育肥效果，应按性别分圈饲养。

B.减少应激：在管理上应注意剪毛时间，以防天气变冷引起应激反应，影响育肥效果。

C.防止饲料中毒：羔羊对饲料中的有毒成分反应较敏感。西北地区的蛋白质饲料，宁夏地区以胡麻饼为主，青海地区以菜籽饼为主。胡麻饼因种子不纯，常混有芸芥，其含有芥子苷。菜籽饼中含芥子苷高达 10%～13%，经芥子苷酶作用后可产生恶烷硫酮等有毒物质，对黏膜有强烈的刺激作用，可引起胃肠等疾病。日粮中含量不要超过 20%。

D.供给全价日粮：羔羊转入舍饲后，如果饲草种类单纯，易发生营养缺乏症。常出现吃土、舔墙和神经症状，要注意食盐及微量元素的补给。

E.精料比例要适当：羔羊转入舍饲后为加快育肥进度，加大精料喂量，有时出现精料比例过高会引起酸中毒。精粗料比例以 6∶4 为宜。

F.加强防寒措施：进入冬季气温较低，能量消耗用于维持需要，使得增膘速度慢。因此，在寒冷的牧区可采用暖棚养羊方法育肥，在气温较高的半农半牧区，可通过调整饲养密度的方法予以弥补。

②放牧补饲型育肥。对于放牧补饲型育肥，如果仅补草，应安排在归牧后；如果草料都补，则可在出牧前补料，归牧后补草。在草、料的利用上要先喂次草、次料，再喂好草、好料。补饲量应根据草场情况决定，草场好则少补，草场差则多补。一般可按 1 只羊 0.5～1 kg 干草和 0.1～0.3 kg 混合精料补饲。

3.舍饲育肥

舍饲育肥是根据羊育肥前的状态，按照饲养标准和饲料营养价值配制羊的饲喂日粮，并完全在舍内喂、饮的一种育肥方式。与放牧育肥相比，在相同月龄屠宰的羔羊，活重可提高10%，胴体重可提高20%，故舍饲育肥效果好，能提前上市。该种育肥方式适用于粮产丰富的地区。利于组织规模化、标准化、无公害肉羊生产，有助于我国羊肉质量标准与国际通用准则接轨，进而打入国际市场。

常规育肥羔羊饲粮中的营养浓度与育肥目标有关。月龄小的羔羊以生长肌肉为主，饲料中蛋白质含量应高一些，随着日龄和体重增加，体内转为以沉积脂肪为主，饲料中的蛋白质含量相对降低，能量相应提高。要求日增重高的，饲料中能量和蛋白质含量要高，也就是精料比例大，可采用精料型饲粮。如果要求日增重不高，饲料中能量和蛋白质含量应低，也就是降低饲料中精料比例，采用粗料型饲粮或青贮料型饲粮。美国对 4～7 月龄羔羊按不同体重、不同日增重分别饲用不同的日粮（表 4-27）。

表 4-27 羔羊日增重与饲粮营养含量

体重/kg	日增重/g	消化能/（MJ/kg）	代谢能/（MJ/kg）	粗蛋白质/%
30	295	13.4	10.5	14.7
40	275	13.8	11.3	11.6
50	205	14.2	11.7	10.0

育肥羔羊饲粮中除满足能量和蛋白质需要外，钙、磷及微量元素和维生素营养也要给以满足。

下面介绍两个颗粒饲料试验配方（表4-28），供参考。表4-28中两个配方为试验配方，制成颗粒饲粮可防止羔羊挑食，提高粗饲料采食量。配方适用于3～3.5月龄肉用杂种羔羊育肥，经80 d试验，均有较好的增重效果，平均日增重达240 g以上，饲料转化比（饲料消耗比，饲料报酬）配方1为4.4，配方2为5.32，配方2粗料比例较配方1高，能发挥瘤胃消化粗饲料的潜力，饲料成本也较低，如无甜菜渣，可用小麦替代。

表4-28　育肥羔羊颗粒料配方　　　　　　　　　　%

饲料组成及营养水平		配方1	配方2
玉米		47.8	33.3
甜菜渣		8.0	6.0
大豆粕		13.0	10.5
棉籽粕		5.0	4.0
苜蓿草粉		9.0	16.5
小麦秸		6.0	11.0
玉米秸		10.0	18.0
石灰石粉		0.6	0.1
食盐		0.3	0.3
添加剂		0.3	0.3
合计		100.0	100.0
营养水平	消化能/(MJ/kg)	12.4	11.2
	粗蛋白/%	14.3	13.0
	钙/%	0.58	0.51
	磷/%	0.29	0.26
	精粗比例	75/25	54.5/45.5

注：饲粮中微量元素添加量(mg/kg)：硫200，铁25，锌40，铜8，碘0.3，锰40，硒0.2，钴0.1；饲粮中维生素添加量(U/kg)：维生素A 940，维生素E 20。引自金艳梅.甘肃农业大学学报，2004，39(5).

舍饲育肥羊加大精料喂量时，要预防过食精料引起的肠毒血症和钙磷比例失调引起的尿结石症等。防止肠毒血症，主要靠注射疫苗；防止尿结石，在以各类饲料和棉籽饼为主的日粮中可将钙含量提高到0.5%的水平或加0.25%氯化铵，避免日粮中钙磷比例失调。

育肥圈舍要保持干燥、通风、安静和卫生，育肥期不宜过长，达到上市要求即可。舍饲育肥通常为75～100 d，时间过短，育肥效果不显著；时间过长，饲料转化率低，育肥效果不理想。在良好的饲料条件下，育肥期一般可增重10～15 kg。

4.异地育肥

异地育肥的主要特征是优化不同地区的饲草饲料资源优势配置，羔羊的繁殖和育肥在不同的区域内异地完成。具体包括以下两种方式：一是山区繁殖，平原育肥；二是牧区繁殖，农区育肥。山区和牧区耕地面积少，精料紧缺，饲养环境差，交通不便，距离优质的肥羔产品销售市场距离较远。把山区和牧区所繁殖的断奶羔羊转移到精料、环境条件好的平原和农区，可有效提高羔羊的育肥效果和产出水平，并从一定程度上保护山区植被和缓解牧区草场压力，从而获得更大的经济效益和生态效益。

(六)国外肥羔生产

1.集约化经营,工厂化生产

随着科学技术的发展,现代养羊业已趋向规模大、技术工艺先进的专业化、工业化生产。国外先进的肥羔生产都是集约化经营、工厂化生产,从发情配种到怀孕产羔,直到育肥羊出售的系列生产过程,都是按照人们的要求和市场的需要组织生产,规模较大,高度集中,工艺先进,自动化程度较高,生产周期短。

(1)生产规模大 集约化育肥每年可育肥几批,每批可达上万只甚至数万只,有的本身就是一个大型的高度机械化的工厂。如苏联卡拉塔尔地区的"阿巴亚"综合机械化羊场,由27个部分组成,每部分1 000 m²,可育肥2.5万只羊;保加利亚采用新的育肥设施,每一个育肥羊舍可容纳0.2万～1.2万只羔羊;匈牙利采用大型双层有缝地板羊舍育肥羔羊,每舍可容纳0.3万～0.5万只羔羊;捷克利用美利奴及杂种羊进行集约化育肥,一般羔羊3日龄即行断奶,4日龄起用人工乳喂养,18日龄后增加苜蓿等优质牧草或用混合精料加牧草,强度育肥至82日龄,羔羊体重可达32～35 kg。

(2)机械化程度高 从饲喂、饮水到粪便清除,全部机械化操作,羊舍内环境如温度、湿度、光照、通风,均由人工控制,采用最佳参数调控环境。

(3)劳动生产率高 由于操作机械化、自动化程度高,劳动生产率相应提高。据报道,每增重100 kg羊肉的劳动消耗为0.6个工作日,比原来工作效率提高8.3倍。

(4)生产周期短 放牧育肥情况下,生产1只肉羊需1～2年,生产当年羔羊也需10～12个月,集约化生产的羔羊,大多数是4～6月龄的羔羊,每年可育肥2～3批,明显地缩短了生产周期。

2.广泛采用经济杂交,特别是多元杂交

据研究,通过选择合适的杂交亲本进行杂交,肉羊生产中,产羔率一般可提高20%～30%,增重提高20%,羔羊成活率提高40%。已证明,在肥羔生产中,多品种之间的杂交效果较好。因此,国外都广泛利用经济杂交产生的杂种优势进行肉羊生产,并取得了良好效果。

3.新技术、新产品的研究和应用

(1)早期断奶 它是控制哺乳期,缩短母羊产羔期间隔和控制繁殖周期,达到1年2胎或2年3胎、多胎多产的一项重要技术措施。美国认为羔羊生后1周就可断奶,法国认为羔羊活重比初生重大2倍时为宜,英国认为只要羔羊活重达到11～12 kg就可以断奶。

(2)人工育羔 在英国,当羔羊吃到初乳后就进行人工育羔,将羔羊放在专门的育羔室内,用自动喂奶机可同时饲喂羔羊480只,既可以不限喂奶量,也可以定时喂奶。如果出于各种原因吃不到初乳,可用初乳代乳品饲喂(牛奶680 g、鲜鸡蛋1枚、鱼肝油1茶匙、糖1汤匙),每天喂4次,每次170 g。

(3)颗粒饲料 国外饲养肉用羔羊时,全部采用颗粒饲料,饲养效果很好。颗粒饲料配方根据日龄不同而不同,主要分3个阶段:25～30日龄前,30～60日龄,60日龄以后。

(4)诱发分娩 当母羊妊娠到140日龄后,利用激素处理,诱发其提前分娩,将分散的产羔时间调节为同期分娩。

(5)生物技术的研究和应用 英国已成功地利用胚胎嵌合技术生产出"无性种间杂种"。

澳大利亚也生产出了"巨型羊"。随着分子生物学和基因组学的发展,可以应用基因工程技术来缩短育种进程,提高育种效果,培育出理想的肉羊新品种。

二、成年羊育肥

(一)成年羊育肥的原理

进入成年期的羊是机能活动最旺、生产性能最高的时期,能量代谢水平稳定,虽然绝对增重达到高峰,但在饲料丰富的条件下,仍能迅速沉积脂肪。特别利用成年母羊补偿生长的特点,采取相应的肥育措施,使其在短期内达到一定体重而屠宰上市。实践证明,补偿生长现象是由于羊在某些时期或某一生长发育阶段饲草饲料摄入不足而造成的,若此后恢复较高的饲养水平,羊只便有较高的生长速度,直至达到正常体重或良好膘情。成年母羊的营养受阻可能来自两种状况:一是繁殖过程中的妊娠期和哺乳期,此时因特殊的生理需要,即便在正常的饲喂水平时,母羊也会动用一定的体内贮备(母体效应)。二是季节性的冬瘦和春乏,由于受季节性的气候、牧草供应等影响,冬春季节的羊只常出现饲草饲料摄入不足。在我国,羊肉生产的主体仍是以淘汰成年母羊。

(二)育肥的准备

要使育肥羊处于非生产状态,母羊应停止配种、妊娠或哺乳;公羊应停止配种、试情,并进行去势。各类羊在育肥前应剪毛,以增加收入,改善羊的皮肤代谢,促进羊的育肥。

在育肥开始前应用驱虫药对羊驱虫,对患有疥癣的羊进行药浴或局布涂擦药物灭癣。

(三)成年羊育肥的方式

成年羊育肥方式可根据羊只来源和牧草生长季节来选择,目前主要的育肥方式有放牧与补饲混合型和舍饲育肥两种。但无论采用何种育肥方式,放牧是降低成本和利用天然饲草饲料资源的有效方法,也适用于成年羊快速育肥。

1. 放牧补饲育肥

(1)夏季放牧补饲育肥 放牧补饲型是充分利用夏季牧草旺盛、营养丰富的特点进行放牧育肥,归牧后适当补饲精料。这期间羊日采食青绿饲料可达 5~6 kg,精料 0.4~0.5 kg,育肥日增重一般在 140 g 左右。

(2)秋季放牧补饲育肥 主要选择淘汰老母羊和瘦弱羊为育肥羊,育肥期一般在 60~80 d,此时可采用两种方式缩短育肥期,即一是使淘汰母羊配上种,怀孕育肥 50~60 d 宰杀;二是将羊先转入秋场或农田茬子地放牧,待膘情好转后,再转入舍饲育肥。

2. 舍饲育肥

成年羊育肥周期一般以 60~80 d 为宜。底膘好的成年羊育肥期可以为 40 d,即育肥前期 10 d,中期 20 d,后期 10 d;底膘中等的成年羊育肥期可以为 60 d,即育肥前、中、后期各为 20 d;底膘差的成年羊育肥期可以为 80 d,即育肥前期 20 d,中、后期各为 30 d。

此法适用于有饲料加工条件的地区和饲养的肉用成年羊或羯羊。根据成年羊育肥的标准合理地配制日粮。成年羊舍饲育肥时,最好加工为颗粒饲料。颗粒饲料中秸秆和干草粉可占 55%~60%,精料35%~40%。现推荐两个典型日粮配方供参考(表4-29,表4-30)。

表4-29　成年羊舍饲育肥日粮配方1 %

原料	比例	养分	含量
草粉	35.0	干物质	86.0
秸秆	44.5	粗蛋白质	7.2
精料	20.0	钙	0.48
碳酸氢钙	0.5	磷	0.24
		代谢能/MJ	6.897

表4-30　成年羊舍饲育肥日粮配方2 %

原料	比例	养分	含量
禾本科草粉	30.0	干物质	86.0
秸秆	44.5	粗蛋白质	7.4
精料	25.0	钙	0.49
碳酸氢钙	0.5	磷	0.25
		代谢能/MJ	7.106

无论采用哪种育肥方式,应根据羊的采食情况和增重情况随时调整饲喂量。成年肥育羊的饲养标准(表4-31)。

表4-31　成年育肥羊的饲养标准(每日每只)

体重/kg	风干饲料/kg	可消化能/MJ	可消化蛋白质/g	钙/g	磷/g	食盐/g	胡萝卜素/g
40	1.5	15.9~19.2	90~100	3~4	2.0~2.5	5~10	5~10
50	1.8	16.7~23.0	100~120	4~5	2.5~3.0	5~10	5~10
60	2.0	20.9~27.2	110~130	5~6	2.8~3.5	5~10	5~10
70	2.2	23.0~29.3	120~140	6~7	3.0~4.0	5~10	5~10
80	2.4	27.2~33.5	130~160	7~8	3.5~4.5	5~10	5~10

注:引自孟和. 羊的生成与经营,2001。

(四)成年羊育肥饲养管理要点

1.选羊与分群

要选择膘情中等、身体健康、牙齿好的羊只育肥,淘汰膘情很好和极差的羊。挑选出来的羊应按体重大小和体质状况分群,一般把相近情况的羊放在同一群育肥,避免因强弱争食造成较大的个体差异。

2.入圈前的准备

对待育肥羊只注射肠毒血症三联苗和驱虫。同时在圈内设置足够的水槽料槽,并进行环境(羊舍及运动场)清洁与消毒。

3.选择最优配方配制日粮

选好日粮配方后严格按比例称量配制日粮。为提高育肥效益,应充分利用天然牧草、秸秆、树叶、农副产品及各种下脚料,扩大饲料来源。合理利用尿素及各种添加剂(如育肥素、喹乙醇、玉米赤霉醇等)。

4. 安排合理的饲喂制度

成年羊只日粮的日喂量依配方不同而有差异,一般为 2.5~2.7 kg。每天投料两次,日喂量的分配与调整以饲槽内基本不剩为标准。喂颗粒饲料时,最好采用自动饲槽投料,雨天不宜在敞圈饲喂,午后应适当喂些青干草(每只 0.25 kg),以利于成年羊反刍。

在肉羊育肥的生产实践中,各地应根据当地的自然条件、饲草料资源、肉羊品种状况及人力物力状况,选择适宜的育肥模式进行羊肉的生产,达到以较少的投入,换取更多肉产品的目的。

◆◆◆ 任务十二　羊的日常管理 ◆◆◆

一、羊的编号

羊的个体编号是开展羊育种工作不可缺少的技术项目,编号要求简明,易于识别,字迹清晰,不易脱落,有一定的科学性、系统性,便于数据的保存,统计和管理。

耳标法:即用金属耳标或塑料耳标,在羊耳的适当位置(耳上缘血管较少处)打孔、安装。耳标可在使用前按规定统一编号后分戴,耳标上应标明品种标记、年号、个体号。

(1)品种标记　以品种的第一个汉字或汉语拼音的第一个大写字母代表。如新疆细毛羊,取"新"或"X"作为品种标记。

(2)年号　取公历年份的最后一位数,如"2001"取"1"作为年号,放在个体号前。编号时以十年为一个编号年度计。各地可参考执行。

(3)个体号　根据羊场羊群的大小,取三位或四位数;尾数单号代表公羊,双数代表母羊。可编出 1 000~10 000 只羊的耳号。

例如,某母羊 2005 年出生,双羔,其父本为无角陶赛特(D 字表示),母本为小尾寒羊(H 表示),羔羊编号为 32,则该羊完整的编号为 DH532-1。若羔羊数量多,可在编号前加"0"。

(4)等级号　羊只经过鉴定在耳朵上将鉴定的等级进行标记,等级号一律在育成鉴定后,根据鉴定结果,用剪耳缺口的方法注明该羊的等级。纯种羊打在右耳上,杂种羊打在左耳上。具体规定如下。

特级羊:在耳尖剪一缺口。

一级羊:在耳下缘剪一个缺口。

二级羊:在耳下缘剪二个缺口。

三级羊:在耳上缘剪一个缺口。

四级羊:在耳上、下缘各剪一缺口。

(5)群号　就是在同一群羊身上的同一部位,用特殊的颜料作出的标记,用于区别其他羊群,不易混群。颜料应注意洗涤方便,以防影响羊毛质量。

二、羊的断尾

断尾主要针对长瘦尾型的绵羊品种而言,如纯种细毛羊、半细毛羊及其杂种羊。目的是保持羊体清洁卫生,保护羊毛质量和便于配种。羔羊应于出生后 7～15 d 内断尾。身体瘦弱的羊或遇到天气寒冷时,可适当推迟。断尾最好选择在晴天的早晨进行,以便全天观察和护理羊只。具体方法如下。

1.烧烙法

断尾时,需要一个特制的断尾铲和两块 20 cm² (厚 3～5 cm)的木板,在一块木板一端的中部锯一个半圆形缺口,两侧包以铁皮。术前用另一块木板衬在条凳上,由一人将羔羊背贴木板进行保定,另一人用带缺口的木板卡住羔羊尾根部(距肛门约 4 cm),并用烧至暗红的断尾铲将尾切断。下切的速度不宜过快,用力要均匀,使断口组织在切断时受到烧烙,起到消毒、止血的作用,最后用碘酒消毒。

2.结扎法

用橡皮筋圈在距尾根 4 cm 处将羊尾紧紧扎住,阻断尾下断的血液流通,10～15 d,尾下段自行脱落。这种方法安全、方便、但所需时间较长。

三、羊的去角

主要是防止有角羊在相互角斗时造成伤亡和流产。

1.化学去角法

即用氢氧化钠(或氢氧化钾)去角。一般在羔羊出生后 5～10 d 进行,初生羔羊如有角,其角蕾部分的毛呈旋涡状,手摸时有硬而尖的凸起;若无角时头顶无旋毛,凸起钝圆。去角时先剪去角基周围的羊毛,同时涂凡士林,取棒状氢氧化钠(或氢氧化钾)1 支,一端用纸包好,以防止灼伤手指,另一端蘸水后在角蕾处由内而外、由小到大,反复涂擦,直到涂擦部位稍微出血为止。涂擦时位置要准确,磨面要略大于角基部,如涂擦面过小或位置不正,往往会出现片状短角;摩擦面过大会造成凹痕和眼皮上翻。

羔羊去角后应与母羊隔离一段时间,以免羔羊吃乳时灼伤母羊乳房,为了防止羔羊因疼痛用蹄抓破伤口,需用绳将羔羊后肢拴系,经 2～4 h,待伤口干燥和疼痛消失后解开。

2.烧烙去角

羔羊生后 5～7 d 内可用特制的去角烙铁去角。方法是将羔羊夹在操作人员的两腿中间,给角基周围的皮肤涂凡士林以防止烧伤皮肤。去角人员手持空心烙铁,待温度升高烙铁变红时,用力将烙铁压在角蕾上并保持 10～15 s,即可达到去角的目的。

四、羔羊去势

凡不宜作种用的公羔要进行去势,去势时间一般在 1～2 月龄,多在春、秋两季气候凉爽、晴朗的时候进行。去势的方法有阉割法和结扎法。

1.阉割法

将羊保定后,用碘酒和酒精对术部消毒,术者左手紧握阴囊的上端,将睾丸压迫到阴囊的底部,右手用刀在阴囊的下端与阴囊中隔平行的位置切开,切口大小以能挤出睾丸为度。睾丸挤出后,将阴囊皮肤向上推,暴露精索,采用剪断或拧断的方法均可。在精索断端涂以碘酒消毒,在阴囊皮肤切口处撒上少量消炎粉即可。

2.结扎法

术者左手握紧阴囊基部,右手撑开橡皮筋将阴囊套入,反复扎紧以阻断下部的血液流道。经 15~20 d,阴囊连同睾丸自然脱落。此法较适合 1 月龄左右的羔羊。在结扎后,要注意检查,防止结扎效果不好或结扎部位发炎、感染。

五、绵羊剪毛

1.剪毛的时间

细毛羊、半细毛羊和杂种羊一般每年仅在春季剪毛一次,粗毛羊在春、秋剪毛两次。剪毛时间主要取决于当地的气候条件和羊的体况。北方牧区和西南高寒山区通常在 5 月中、下旬剪毛,而在气候较温暖的地区,可在 4 月中、下旬剪毛。

2.剪毛的次序

在生产上,同一品种羊一般按羯羊、公羊、育成羊和带羔羊的顺序来安排剪毛;不同品种羊按粗毛羊、杂种羊、细毛羊或半细毛羊的顺序进行。患有皮肤病或外寄生虫病的羊留在最后剪。

3.剪毛的方法

剪毛时,将羊保定后,先从体侧到后腿剪开一条缝隙,顺此向背部逐渐推进(从后向前剪)。一侧剪完后,将羊体翻转,由背向腹剪毛(以便形成完整的套毛),最后剪下头颈部、腹部和四肢下部的羊毛。套毛去边后,单独打包。边角毛、头腿毛和腹毛装在一起,作为等外毛处理。

4.剪毛时的注意事项

剪毛应在干净、平坦的场地进行,羊毛留茬高度为 0.3~0.5 cm,尽可能减少皮肤损伤,若毛茬因技术原因而过高,切记不要重剪;剪毛前绵羊应空腹 12 h,以免粪便污染羊毛或因翻转羊体时造成胃肠扭转。剪毛时,一定按剪毛顺序进行,争取剪出完整的套毛。遇到皮肤皱褶处,应将皮肤轻轻展开后再剪,防止剪破皮肤,要及时消毒或缝合。剪毛一周后,尽可能避开降温下雨天气,以免羊只感冒,造成损失;对种公羊和核心群母羊,应做好剪毛量和剪毛后体重的测定和记录工作。

六、绵羊药浴

药浴是预防绵羊疥癣病、保持皮肤健康,促进羊毛生长,提高产毛量的重要措施。定期药浴是绵羊饲养管理的重要环节。

1.药浴的时间和药浴液

药浴一般在剪毛后 10~15 d 进行,此时羊皮肤的创口已基本愈合,毛茬较短,药浴液容易浸透,防治效果好。常用的药浴液有双甲脒、蝇毒灵、敌百虫、除癞灵等。为保证药浴安全有效,必须严格按不同药品的使用说明书,正确配制药浴液。必要时,对新药的使用,应进行试验,方可应用。

2.药浴的方法

药浴方式有池浴、淋浴和盆浴三种。池浴、淋浴在羊数较多的地区比较普遍,盆浴多在羊数较小的地区流行。药浴前应事先维修、清洗池场、入水和排水管道严防漏水,然后放足清水(水温保持在 35～40℃),配制药液。

(1)池浴法 药浴时,一人负责推引羊只入池,二人手持压杆负责池边照护,遇有背部没有浴透的羊,将其压入水中浸透;遇有拥挤互压现象时,要及时分开,以防药水呛入羊肺或淹死在池内。羊只在入池 2～3 min 后即可出池,使其在滤液场停留 5～10 min 后再放出。

(2)淋浴法 淋浴时,应先清洗好淋浴场进行试淋,若机械部分运转正常,即可按规定浓度配制药液。淋浴时先将羊群赶入淋浴场,开动水泵进行喷淋,经 2～3 min 淋透全身后,关闭水泵,将已淋浴羊只赶入滤液栏中,经 3～5 min 可放出。

3.药浴时的注意事项

药浴时,先浴健康羊,后浴病羊尤其是疥癣病羊;药浴前,要让羊只饮足水,以免羊误喝药水,发生中毒现象;药浴时,应适当控制羊只通过药浴池的速度,保证药浴液浸透被毛和皮肤;药浴应选晴朗无风天气,防止羊只受凉感冒。

七、山羊抓绒

绒山羊有两层毛,绒毛在底层,上层为长粗毛,一般应先抓绒,后剪毛。

1.抓绒时间

山羊脱绒规律一般是:体况好的羊先脱,体弱的羊后脱;成年羊先脱,育成羊后脱;母羊先脱,公羊后脱。绒毛脱落先从头部、耳根和眼周围的绒毛开始,一般以此来确定抓绒适期。具体抓绒时间应视当地气候情况而定。一年抓绒两次,一般第 1 次多在 4～5 月进行,第 2 次于头次抓绒后 18～25 d 完成。

2.抓绒方法

抓绒工具是特制的铁梳抓绒。一种为密梳,由 12～14 根钢丝组成,钢丝间距 0.5～1.0 cm;另一种为稀梳,由 7～8 根钢丝组成,钢丝间距 2～2.5 cm。钢丝直径皆为 0.3 cm,弯曲成钩状。梳子顶端呈秃圆形,以免抓伤皮肤。抓绒时先用剪刀剪掉毛梢,再在羊身上喷洒些洗衣粉水,而后按从前到后、从上至下的顺序抓绒。先用稀梳子抓,后用密梳子抓。抓绒时,梳子要贴近皮肤,用力均匀。同一个体不同部位绒毛自然脱落时间不一致,为保证绒抓得干净,不造成损失,一般在第一次抓绒后相隔十几天后再抓 1 次(但要注意不要拉压梳子,以免抓伤羊的皮肤)。抓下的羊绒稍加晾晒,水分即可蒸发。这样抓的绒杂质少、品质高。

3.抓绒前的准备

(1)抓绒前,先将场地清扫干净。

(2)选羊。每天挑选有"顶绒"(即脖子上的羊绒脱离耳后一指左右)现象的羊选出,进行抓绒。

(3)抓羊捆羊。抓住山羊大腿前皮肤松弛部(这样羊只既不易逃脱,也不会损伤皮肉),然后把它横放在用木板搭成的抓绒台上,将两前肢及一后肢捆在一起,并将羊角用绳子固定,以防抓绒时乱动。

(4)把保定好的羊只侧卧,用稀梳顺毛由羊的颈、肩、胸。肤和股部,自上而下将被毛上的碎草及粪便等杂物轻轻梳除然后用密梳逆毛梳抓,顺序是股、腰、肩和颈部。要贴紧皮肤梳,用力要均匀,不可用力过猛,以防抓伤皮肤。

4.注意事项

抓绒的前一天下午不放牧、不喂饲,以防抓绒捆绑后影响其胃肠正常蠕动。抓绒应在山羊空腹 10～20 h 进行。羊群抓绒顺序是,壮羊先抓,弱羊后抓;成年羊先抓,育成羊后抓;母羊先抓,公羊后抓;健康羊先抓,患皮肤病等羊后抓。对近产母羊禁止抓绒,可安排在产羔后再进行,以避免造成流产。对妊娠母羊,特别是后期(妊娠)母羊,抓绒时必须十分小心,谨慎操作。绒抓完即剪毛。抓、剪的绒和毛要分别妥善保存,防潮、防腐等。

八、羊的驱虫

羊体的寄生虫有数十种,根据当地寄生虫病的流行情况,每年应定期驱虫。羊易感染的寄生虫病有狂蝇蚴病,吸虫病,绦虫病、多头蚴病、肺线虫病、消化道线虫病等。驱虫的药物很多,应根据寄生虫的流行情况进行选用。常用的驱虫药物有(每千克体重的口服剂量):丙硫咪唑 15～20 mg;左旋咪唑 8 mg;灭虫丁 0.2 mL 等。其中,丙硫咪唑具有高效、低毒和广谱的特点,对羊肝片吸虫、肺线虫、消化道线虫、绦虫等均有效,可同时驱除混合感染的寄生虫,是较理想的驱虫药。一般在每年春、秋两季选用合适的驱虫药,按说明要求进行驱虫。使用驱虫药时,要求剂量准确,一般先进行小群试验,在取得经验后再进行全群驱虫。驱虫后 10 d 内的粪便,应统一收集,进行无害化处理。

九、羊的修蹄

羊的蹄形不正或蹄形过长,将造成行走不便,影响放牧或发生蹄病,严重时会使羊跛行。因此,每年至少要给羊修蹄一次。修蹄时间一般在夏、秋季节,此时蹄质软,易修剪。修蹄时,应先用蹄剪或蹄刀,去掉蹄部污垢,把过长的蹄壳削去,再将蹄底的边沿修整到和蹄底一样齐平,修到蹄底可见淡红色时为止,并使羊蹄成椭圆形。

🍁 测评作业

一、填空

1.种公羊的饲养可分＿＿＿＿＿＿＿和＿＿＿＿＿＿＿两个阶段。

2.在配种前＿＿＿＿＿月开始采精,进行精液质量检查。

3.对 1.5 岁左右的种公羊每天采精＿＿＿＿＿次为宜,不要连续采精;成年公羊每天可采精＿＿＿＿＿次,每次采精应有＿＿＿＿＿小时左右的休息时间。

4.种公羊最好是采取放牧和舍饲相结合的饲养方式,青草期以＿＿＿＿＿为主,枯草期以＿＿＿＿＿为主。

5.由于各地产羔季节不同,母羊空怀季节也不同。产冬羔的母羊一般＿＿＿＿＿月为空怀期,产春羔的母羊一般_____月为空怀期。

6.母羊妊娠期分_____和_____两个阶段。

7.断乳羔羊育肥可采用_____、_____和_____等方式。

8.长瘦尾型的绵羊断尾的方法有_____和_____等方式。

9. 药浴一般在剪毛后_____天进行,药浴方式有_____、_____和_____三种。

二、简答

1.简述种公羊饲养管理要点。

2.请拟定种公羊配种期的饲养管理日程。

3.简述哺乳母羊的饲养管理技术。

4.简述妊娠母羊的饲养管理技术。

5.简述育成羊的消化生理特点。

6.简述早期断奶羔羊强度育肥方法。

7.简述肥羔生产的优点。

8.简述成年羊育肥的原理。

9. 简述剪毛时的注意事项。

10.抓绒时间的确定如何进行? 抓绒时应注意哪些问题?

❀ 考核评价

拟定种公羊配种期的饲养管理日程

专业班级		姓名		学号	

一、考核内容与标准

说明:总分 100 分,分值越高表明该项能力或表现越佳,综合得分≥90 为优秀,75≤综合得分<90 为良好,60≤综合得分<75 为合格,综合得分<60 为不合格。

考核项目	考核内容	考核标准	综合得分
过程考核	操作态度 (10 分)	积极主动,服从安排	
	合作意识 (15 分)	积极配合小组成员,善于合作	
	生产资料检阅 (15 分)	积极查阅、收集生产数据,认真思考,并对任务完成过程中遇到的问题进行分析,提出解决方案	
	拟定饲养管理日程(40 分)	结合种公羊的饲养管理目标及配种方案要求,正确回答考评员提出的问题	
结果考核	日程拟定结果 (10 分)	拟定的日程合理可行	
	报表填报 (10 分)	报表填写认真,上交及时	

续表

合　计	

综合分数：_____ 分　　　优秀(　　)　　　良好(　　)　　　合格(　　)　　　不合格(　　)

二、综合评价

（该学生是否掌握了该岗位的专业知识、专业技能及掌握程度，能否通过该岗位技能考核）

考核人签字：

年　　月　　日

拟定哺乳期母羊的饲养管理方案

专业班级		姓名		学号	

一、考核内容与标准

说明：总分100分，分值越高表明该项能力或表现越佳，综合得分≥90为优秀，75≤综合得分＜90为良好，60≤综合得分＜75为合格，综合得分＜60为不合格。

考核项目	考核内容	考核标准	综合得分
过程考核	操作态度 （10分）	积极主动，服从安排	
	合作意识 （15分）	积极配合小组成员，善于合作	
	生产资料检阅 （15分）	积极查阅、收集生产数据，认真思考，并对任务完成过程中遇到的问题进行分析，提出解决方案	
	拟定饲养管理方案（40分）	结合哺乳母羊的饲养管理目标及哺乳羔羊的生理特点及生长发育规律等内容，正确回答考评员提出的问题	
结果考核	方案评价 （10分）	方案科学合理	
	报表填报 （10分）	报表填写认真，上交及时	
合　计			

综合分数：_____ 分　　　优秀(　　)　　　良好(　　)　　　合格(　　)　　　不合格(　　)

二、综合评价

（该学生是否掌握了该岗位的专业知识、专业技能及掌握程度，能否通过该岗位技能考核）

考核人签字：

年　　月　　日

早期断奶羔羊强度育肥方案的制订

专业班级		姓名		学号	

一、考核内容与标准

说明:总分 100 分,分值越高表明该项能力或表现越佳,综合得分≥90 为优秀,75≤综合得分<90 为良好,60≤综合得分<75 为合格,综合得分<60 为不合格。

考核项目	考核内容	考核标准	综合得分
过程考核	操作态度 (10 分)	积极主动,服从安排	
	合作意识 (15 分)	积极配合小组成员,善于合作	
	生产资料检阅 (15 分)	积极查阅、收集生产数据,认真思考,并对任务完成过程中遇到的问题进行分析,提出解决方案	
	制订肥育方案 (40 分)	结合早期断奶羔羊的生理特点及生长发育规律等内容,正确回答考评员提出的问题	
结果考核	方案评价 (10 分)	肥育方案科学合理	
	报表填报 (10 分)	报表填写认真,上交及时	
合 计			

综合分数:_____ 分　　优秀(　)　良好(　)　合格(　)　不合格(　)

二、综合评价

(该学生是否掌握了该岗位的专业知识、专业技能及掌握程度,能否通过该岗位技能考核)

考核人签字:

年　　月　　日

绵羊的药浴技术

专业班级		姓名		学号	

一、考核内容与标准

说明:总分100分,分值越高表明该项能力或表现越佳,综合得分≥90为优秀,75≤综合得分<90为良好,60≤综合得分<75为合格,综合得分<60为不合格。

考核项目	考核内容	考核标准	综合得分
过程考核	操作态度 (10分)	积极主动,服从安排	
	合作意识 (15分)	积极配合小组成员,善于合作	
	生产资料检阅 (15分)	积极查阅、收集生产数据,认真思考,并对任务完成过程中遇到的问题进行分析,提出解决方案	
	给羊只药浴 (40分)	药物的选择、药液的配制、羊只和设备的准备等符合要求,正确回答考评员提出的问题	
结果考核	药浴 (10分)	拟定的药浴流程合理可行	
	报表填报 (10分)	报表填写认真,上交及时	
合　计			

综合分数:_____分　　　优秀(　　)　　良好(　　)　　合格(　　)　　不合格(　　)

二、综合评价

(该学生是否掌握了该岗位的专业知识、专业技能及掌握程度,能否通过该岗位技能考核)

考核人签字:

年　　月　　日

项目五

奶山羊的饲养管理

教学内容与工作任务

项目名称	教学内容	工作任务与技能目标
奶山羊的 饲养管理	奶山羊的饲养管理	1.掌握奶山羊的饲养要点； 2.掌握奶山羊的管理要点；
	提高产奶量的方法	3.掌握提高奶山羊产奶量的措施； 4.掌握提高奶山羊经济效益的方略。

知识链接

 任务一 奶山羊的饲养管理

一、奶山羊的饲养

（一）泌乳羊的饲养

1.泌乳初期

母羊产后 20 d 内为泌乳初期，也称恢复期。母羊产后，体力消耗很大，体质较弱，腹部空虚但消化机能较差；生殖器官尚未复原，乳腺及血液循环系统机能不很正常，部分羊乳房、四肢和腹下水肿还未消失，此时，应以恢复体力为主。饲养上，产后 5～6 d 内，给以易消化的优质幼嫩干草，饮用温盐水小米或麸皮汤，并给以少量的精料。6 d 以后逐渐增加青贮饲料或多汁饲料,14 d以后精料增加到正常的喂量。

精料量的增加,应根据母羊的体况、食欲、乳房膨胀情况、产奶量的高低,逐渐增加,防止突然过量导致腹泻和胃肠功能紊乱。产后应严禁母羊吞食胎衣,轻者影响奶量,重者会伤及终生消化能力。日粮中粗蛋白质含量以12%～14%为宜,具体含量要根据粗饲料中粗蛋白质的含量灵活运用。粗纤维的含量以16%～18%为宜,干物质采食量按体重的3%～4%供给。

2.泌乳高峰期

产后20～120 d为泌乳高峰期,其中又以产后40～70 d奶量最高。此期奶量约占全泌乳期奶量的一半,其奶量的高低与本胎次奶量密切相关,此时,要想尽一切办法提高产奶量。泌乳高峰期的母羊,尤其是高产母羊,营养上入不敷出,体重明显下降,因此饲养要特别细心,营养要完全,并给以催奶饲料。即在母羊产羔20 d后,逐渐进入泌乳高峰期时,在原来饲料标准的基础上,提前增加一些预支饲料。

催奶的方法,从产后20 d开始,在原来精料量(0.5～0.75 kg)的基础上,每天增加50～80 g精料,只要奶量不断上升,就继续增加,当增加到每千克奶给0.35～0.40 kg精料,奶量不再上升时,就要停止加料,并维持该料量5～7 d,然后按泌乳羊饲养标准供给。此时要前边看食欲(是否旺盛),中间看奶量(是否继续上升),后边看粪便(是否拉软粪),要时刻保持羊只旺盛的食欲,并防止消化不良。

高产母羊的泌乳高峰期出现较早,而采食高峰出现较晚,为了防止泌乳高峰期营养亏损,饲养上要做到,产前(干奶期)丰富饲养,产后大胆饲喂,精心护理。饲料的适口性要好,体积小,营养高,种类多,易消化。要增加饲喂次数,定时定量,少给勤添。增加多汁饲料和豆浆,保证充足饮水,自由采食优质干草和食盐。

3.泌乳稳定期

母羊产后120～210 d为泌乳稳定期,此期产奶量虽已逐渐下降,但下降较慢。这一阶段正处在6～8月份,北方天气干燥炎热,南方阴雨湿热,尽管饲料较好,但不良的气候对产奶量有一定影响。在饲养上要尽量避免饲料、饲养方法及工作日程的改变,多给一些青绿多汁饲料,保证清洁的饮水,尽可能地使高产奶量稳定保持一个较长时期。母羊每产1 kg奶需饮水2～3 kg,日需水量6～8 kg。

4.泌乳后期

产后210 d至干奶(9～11月份)为泌乳后期,由于气候、饲料的影响,尤其是发情与怀孕的影响,产奶量显著下降,饲养上要想法使产奶量下降得慢一些。在泌乳高峰期精料量的增加,是在奶量上升之前,而此期精料的减少,是在奶量下降之后,以减缓奶量下降速度。应注意怀孕前期的饲养,虽然胎儿增重不大,但对营养的要求应全价。

5.干奶期

母羊经过10个月的泌乳和5个月的怀孕,营养消耗很大,为了使其有个恢复和补充的机会,应停止产奶。停止产奶的这段时间叫干奶期。母羊在干奶期中应得到充足的蛋白质、矿物质及维生素,并使乳腺机能得到休整。怀孕后期的体重如果能比产奶高峰期增加20%～30%,胎儿的发育和高产奶量就有保证。但应注意不要喂得过肥,否则容易造成难产,并患代谢疾病。

干奶期的母羊,体内胎儿生长很快,母羊增重的50%是在干奶期增加的,此时,虽不产奶,但还需储存一定的营养,要求饲料水分少,干物质含量高。营养物质给量可按妊娠母羊饲养标准供给,一般的方法是,在干奶的前 40 d,50 kg 体重的羊,每天给 1 kg 优良豆科干草,2.5 kg 青贮玉米,0.5 kg 混合精料;产前 20 d 要增加精料喂量,适当减少粗饲料给量,一般 60 kg 体重的母羊给混合精料 0.6~0.8 kg。

干奶期不能喂发霉变质的饲料和冰冻的青贮料,不能喂酒糟、发芽的马铃薯和大量的棉籽饼、菜籽饼等,要注意钙、磷和维生素的供给,可让羊自由舔食骨粉、食盐,每天补饲一些野青草、胡萝卜、南瓜之类的富含维生素的饲料。冬季的饮水温度应不低于 8~10℃。

(二)种公羊的饲养

饲养种公羊的目的在于生产品质优良的精液。在精子的干物质中,约有一半是蛋白质。羊的精子中有 18 种氨基酸,其中以谷氨酸最多,其次是缬氨酸和天门冬氨酸等。精液的成分中,除蛋白质之外,还有无机盐(钠、钾、钙、镁、磷等)、果糖、酶、核酸、磷脂和维生素(B_1、B_2、C 等)。因此,饲养上在保证蛋白质需要的前提下,还应注意能量、矿物质和维生素的供给。

种公羊的饲养管理分为配种期和非配种期两个阶段。在配种期(8~12 月份),公羊的神经处于兴奋状态,经常心神不安,采食不好,加之配种任务繁重,其营养和体力消耗很大,在饲养管理上要特别细心,日粮营养完全、适口性好、品质好、易消化。粗饲料应以优质豆科干草、青苜蓿、人工牧草和野青草为主,冬季补饲含维生素丰富的青贮饲料、胡萝卜或大麦芽等。精料中玉米比例不可过高,保证有充足的富含蛋白质的豆饼类饲料,特别是在配种季节,其含量应占混合精料的 15%~20%。混合精料喂量,75 kg 体重的公羊,配种季节每天饲喂 0.75~1.0 kg,非配种季节 0.6~0.75 kg。可消化粗蛋白质以 14%~15% 为宜,粗纤维以 15% 为宜。

为了完成配种任务,在非配种期(1~7 月份)就应加强饲养。每年春季,公羊性欲减退,食欲逐渐旺盛,此时是加强饲养的最好时期,应使公羊恢复良好的体况和精神状态,在有条件的地方可适当放牧。入伏以后,气候炎热,食欲较差,如果此时营养状况和体力尚未恢复,营养不良和体质消瘦会严重影响性欲和精液品质,则很难承担繁重的配种任务。但过度饲养、体态臃肿也会影响性欲和精液品质。一般在配种季节前 1~2 月份就应加强饲养管理。

(三)羔羊的培育

羔羊和青年羊的培育,不仅可以塑造奶山羊的体质、体型,而且直接影响其主要器官(胃、心、肺、乳房等)的发育和机能,最终影响其生产力。加强羔羊的培育,对提高羔羊成活率和羊群品质,加快育种进展有极其重要的作用,因此,必须高度重视。

羔羊的培育分为胚胎期和哺乳期。

1.胚胎期的培育

胎儿在母体内生活的时间是 150 d 左右,主要通过母体获得营养。在饲养管理方面,应根据胎儿的发育特点加强怀孕母羊的饲养。

羔羊在胚胎期的前三个月发育较慢,其重量仅为出生重的 20%~30%,这一时期主要发育脑、心、肺、肝、胃等主要器官,要求营养物质完全。因母羊处于产奶后期,母子之间争夺营养物质的矛盾并不突出,母羊的日粮只要能够满足产奶的需要,胎儿的发育就能得到保证。怀孕期后两个月,胎儿发育很快,70%~80% 的重量是在这一阶段增长的,此期胎儿的骨骼、肌肉、皮肤及血液的生长与日俱增,因此,应供给母羊充足数量的能量、蛋白质、矿物质与维生素,饲料日粮以优质豆科干草、青贮饲料和青草为主,适当补充部分精料。母羊每日应坚持运动,可防止难产和水肿,常晒太阳,可增加维生素 D。高产母羊泌乳营养支出多,产第一胎的母羊本身还要生长,营养需要量大,故整个怀孕期比一般羊要供给更多的营养物质。

2.哺乳期的培育

哺乳期是指从出生到断奶,一般为 2~3 个月,羔羊的断奶重较出生重可增长 7~8 倍,是羊的一生中生长发育的最快时期。其特点是:神经反应迟钝,适应性差,抗病力弱。消化机能发育不完全,仅皱(真)胃发达,瘤胃很小。其摄取营养方式,从胚胎期的血液营养到出生后的奶汁营养,再到以草科为主,变化很大。不同的日粮类型、营养水平、管理方法,对羔羊的生长发育、体质类型影响很大,因此,必须高度重视羔羊的培育工作。

哺乳期羔羊的培育分为初乳期(出生到 6 d)、常乳期(7~60 d)和由奶到草料的过渡期(61~90 d)。

(1)初乳期 从羔羊出生到第 6 天为初乳期。母羊产后 6 d 以内的乳叫初乳,是羔羊出生后唯一的全价天然食品,对羔羊的生长发育有极其重要的作用,因此,应让羔羊尽量早吃,多吃初乳,才能确保增重快,体质强,发病少,成活率高。初乳期最好让羔羊随着母羊自然哺乳,6 d以后再改为人工哺乳。如果需要进行人工哺乳,从生后 20~30 min 开始,每日 4~5 次,喂量从 0.6~1.0 kg,逐渐增加,初乳期平均日增重以 150~220 g 为宜。

为了防止关节炎-脑炎病的传染,羔羊生后必须进行人工哺乳,其喂给初乳的温度以34~40℃为宜,而加热温度以 55℃为宜,过高初乳会发生凝固。

(2)常乳期(7~60 d) 这一阶段,奶是羔羊的主要食物。从初生到 45 日龄,羔羊的体尺增长最快,从出生到 75 日龄,羔羊的体重增长最快,尤以 30~75 日龄生长最快,这与母羊的泌乳高峰期 30~70 d 是极其吻合的。因此,在饲养方面,应保证供给充足的营养。建议应用表5-1哺乳方案。

羔羊生后 2 个月内,其生长速度与吃奶量有关,每增重 1 kg 需奶 6~8 kg。整个哺乳期需奶量 80 kg,平均日增重母羊不低于 140 g,公羊不低于 160 g。

表 5-1 奶山羊羔羊哺乳方案

日龄	昼夜增重/g	期末增重/kg	哺乳次数	全乳			混合精料		青干草		青草(或青贮、块根)	
				一次/g	昼夜/g	全期/kg	昼夜/g	全期/kg	昼夜/g	全期/kg	昼夜/g	全期/kg
1~5	产重	4.0	自由哺乳									
6~10	150	4.7	4	220	880	4.4						
11~20	150	6.2	4	250	1 000	10.0			60	0.6		
21~30	155	7.8	4	300	1 200	12.0	30	0.3	80	0.8	50	0.5
31~40	155	9.4	4	350	1 400	14.0	60	0.6	100	1.0	80	0.8
41~50	160	11.0	4	350	1 400	14.0	90	0.9	120	1.20	100	1.0
51~60	160	12.6	3	300	900	9.0	120	1.20	150	1.50	150	1.5
61~70	155	14.1	3	300	900	9.0	150	1.50	200	2.00	200	2.0
71~80	150	15.6	2	250	500	5.0	180	1.80	240	2.40	250	2.5
81~90	140	17.0	1	200	200	2.0	220	2.20	240	2.40	300	3.0
合计		17.0				79.4		8.5		11.9		11.3

人工哺乳时,首先应进行调教。哺乳工具可用奶瓶、哺乳器和碗盆等。调教时,先让羔羊饥饿半天,一手抱羊,另一手食指伸入碗中诱导羔羊吮吸,然后逐渐将手指移开,练习数次就可教会。要注意防止羔羊将奶吸入鼻内,羊一受呛就不愿再吃。奶的温度以 38～42℃为宜,温度过低,易引起拉稀,温度过高,会烫伤口腔黏膜。

喂奶时,要按羔羊的年龄、体重、强弱分群饲养,并做到定时、定量、定温、定质。饲喂的奶必须新鲜,加热时应用热水浴。

人工哺乳,从 10 日龄起增加奶量,25～50 d 奶量最高,50 d 后逐渐减少喂量。

10 日龄后的羔羊应开始诱食饲草。可将幼嫩的优质青干草捆成小把悬吊于圈中,让羔羊自由采食。在羔羊出生 20 d 后开始诱食精料。可将精料放入饲槽,并诱导羔羊舔食,反复数次就可吃料了。若有的羊不吃时,可将料添入口中,反复数次即可教会。因在羔羊出生四五十天后,将从食奶为主过渡到食草为主,为了尽量减少断奶应激反应,要想办法让羔羊早日学会吃料。

(3)奶与草料过渡期(61～90 d)　该阶段的食物从奶、草并重过渡到草料为主,要注意日粮的能量、蛋白质营养水平和全价性,日粮中可消化蛋白质以 16％～20％为佳,可消化总养分以 74％为宜。后期奶量不断减少,以优良干草与精料为主,全奶仅作蛋白补充饲料。培育的羔羊应发育良好,外貌清秀,棱角明显,腹部突出,母羔已显出雌性形象。

(4)饮水　在冬季应饮清洁温水,天气暖和时可饮新鲜自来水。为了防止白肌病的发生,对生后 5～6 日龄的羔羊注射亚硒酸钠,断奶的羔羊在转群或出售前要全部驱虫,以利生长发育和避免对新环境的污染。

二、奶山羊的管理

(一)种公羊的管理

管理好种公羊的目的,在于使它具有良好的体况,健康的体质,旺盛的性欲和良好的精液品质,以便更好地完成配种任务,发挥其种用价值。

种公羊的管理要点:温和待羊,恩威并施,驯治为主。经常运动,每日刷拭,及时修蹄,不忘防疫,定期称重,合理利用。

奶山羊属季节性繁殖家畜,配种季节性欲旺盛,神经兴奋,不思饮食,因此,配种季节管理要特别精心。配种期的公羊应远离母羊舍,最好单独饲养,以减少发情母羊与公羊之间的干扰,特别是当年的公羊与成年公羊要分开饲养,以免互相爬跨,影响休息和发育。

奶山羊公羊性反射强而快,所以必须定期采精或交配,如长期不配种,会出现自淫、性情暴躁、顶人等恶癖。

对小公羊,应坚持按摩睾丸。3 月龄时要进行生殖器官的检查,对小睾丸、附睾不明显者应予以淘汰。6～7 月龄时要进行精液品质检查,对无精、死精的个体要予以淘汰。

(二)产奶母羊的管理

1.挤奶的方法

奶的分泌是一个连续过程,良好的挤奶习惯,会提高乳的产量和质量,降低乳房炎的发病率,延长奶山羊的利用年限。

挤奶方法分为手工挤奶和机器挤奶两种。

(1)手工挤奶 手工挤奶方法有拳握式和滑挤式,以双手拳握式为佳。操作方法:先用拇指和食指握紧乳头基部,以防乳汁倒流,然后其他手指依次向手心紧握,压榨乳头,把乳挤出。滑挤式适用于乳头短小者,操作方法:用拇指和食指指尖捏住乳头,由上向下滑动,将乳汁挤出。

挤奶时两手同时握住两乳头,一挤一松,交替进行。动作要轻巧、敏捷、准确、用力均匀,使羊感到轻松。每天挤奶 2～3 次为宜,挤奶速度每分钟 80～120 次。

产后第一次挤奶要洗净母羊后躯的血痂、污垢,剪去乳房上的长毛。挤奶时要用 45～50℃的温热毛巾擦洗乳房,随后进行按摩,并开始挤奶。当首次挤完后,应再次按摩乳房,并挤净余奶。挤奶过程是个条件反射,奶的排出受神经与激素调节,因而挤奶时间、挤奶场所和人员不能经常变动,每次挤奶应在 5 min 内完成。

手工挤奶时应注意如下事项:

①挤奶前必须把羊床、羊体和挤奶室打扫干净。挤奶和盛奶容器必须严格清洗消毒。

②挤奶员应健康无病,勤剪指甲,洗净双手,工作服和挤奶用具必须经常保持干净。挤奶桶最好是带盖的小桶。

③乳房接受刺激后的 45 s 左右,脑垂体即分泌催产素,该激素的作用仅能持续 5～6 min,所以,擦洗乳房后应立即挤奶,不得拖延。

④每次挤奶时,应将最先挤出的一把奶弃去,以减少细菌含量,保证鲜奶质量。

⑤挤奶室要保持安静,严禁打骂羊只。

⑥严格执行挤奶时间与挤奶程序,以形成良好的条件反射。

⑦患乳房炎或有病的羊最后挤奶,其乳汁不可食用,擦洗乳房的毛巾与健康羊不可混用。

⑧挤完奶后应及时过秤,准确记录,用纱布过滤后速交收奶站。

(2)机器挤奶 在大型奶山羊场,为了节省劳力,提高工作效率,主要采用机械化挤奶。机器挤奶是促进奶山羊生产向规模化、产业化方向发展的一个重要方面。

机器挤奶的要求如下:

①有宽敞、清洁、干燥的羊舍和铺有干净褥草的羊床,以保护乳房而获得优质的羊奶。

②有专门的挤奶间(内设挤奶台、真空系统和挤奶器等)、贮奶间(内装冷却罐)及清洁无菌的挤奶用具。

③适当的挤奶程序:定时挤奶(羊只进入清洁而宁静的挤奶台)—冲洗并擦干乳房—乳汁检查—戴好挤奶杯并开始挤奶(擦洗后 1 min 之内)—按摩乳房并给集乳器上施加一些张力—乳房萎缩,奶流停止时轻巧而迅速地取掉乳杯—用消毒液(碘氯或洗必泰)浸泡乳头—放出挤完奶的羊只—清洗用具及挤奶间。

④山羊挤奶器,无论提桶式或管道式,其脉动频率皆为 60～80 次/min,节拍比为 60:40,挤压节拍占时较少,真空管道压力为(280～380)×133.3 Pa。

⑤经常保持挤乳系统的卫生,坚持挤乳系统的检查与维修。

(三)干奶羊的管理

让羊停止产奶就叫干奶。干奶方法分为自然干奶法和人工干奶法两种。产奶量低的母羊,在泌乳7个月左右配种,怀孕1～2个月后奶量迅速下降而自动停止产奶,即自然干奶。产奶量高,营养条件好的母羊,应实行人工干奶。人工干奶法又分为逐渐干奶法和快速干奶法。逐渐干奶法:逐渐减少挤奶次数,打乱挤奶时间,停止乳房按摩,减少精料,控制多汁饲料,限制饮水,加强运动,使羊在7～14 d逐渐干奶。但在生产中,一般采用快速干奶法。即在预定干奶的当天,认真按摩乳房,将乳挤净,然后擦干乳房,用2%的碘液浸泡乳头,经乳头孔注入青霉素或金霉素软膏,用火棉胶封闭乳头孔,并停止挤奶,7 d之内乳房积乳渐被吸收,乳房收缩,干奶结束。

无论采用何种干奶方法,停止挤奶后一定要随时检查乳房,若发现乳房肿胀很厉害,触摸有痛感,就要把奶挤出,重新采取干奶措施。如果乳房发炎,必须治愈后,再进行干奶。

干奶期的管理:在干奶初期,要注意圈舍、褥草和环境卫生,以减少乳房的感染。怀孕中期,最好驱除一次体内外寄生虫。怀孕后期要注意保胎,严禁拳打脚踢和惊吓羊只,出入圈舍谨防拥挤,严防滑倒和角斗。要坚持运动,对腹部过大,乳房过大而行走困难的母羊,可任其自由运动。在缺硒地区,产前60 d,应给母羊注射250 mg维生素E和5 mg亚硒酸钠,以防羔羊白肌病。产前1～2 d,让母羊进入分娩栏,并做好接产准备。

(四)青年羊的培育

从断奶到配种前的羊叫青年羊。这一阶段是骨骼和器官的充分发育时期,优质青干草,充足的运动,是培养青年羊的关键。青干草有利于消化器官的发育,培育成的羊,骨架大,肌肉薄,腹大而深,采食量大,消化力强,乳用型明显。丰富的营养,充足的运动,可使青年羊胸部宽广,心肺发达,体质强壮。如果营养跟不上,便会影响生长发育,形成腿高、腿细、胸窄、胸浅、后躯短的体型,并严重影响体质、采食量和终生泌乳能力。半放牧半舍饲是培育青年羊最理想的饲养方式,在有放牧条件的地区,最好进行放牧和补饲。断奶后至8月龄,每日在吃足优质干草的基础上,补饲混合精料250～300 g,其中,可消化粗蛋白质的含量不应低于15%。18月龄配种的母羊,满1岁后,每日给精料400～500 g,如果草的质量好,可适当减少精料喂量。

青年公羊的生长速度比青年母羊快,应多喂一些精料。运动对青年公羊更为重要,不仅有利于生长发育,而且可以防止形成草腹和恶癖。

青年羊可在10月龄、体重32 kg以上配种,育种场及饲料条件差的地区可在第二年早秋配种。

 任务二　提高产奶量的方法

一、奶山羊产奶能力的测定和计算

为了正常地开展奶山羊的育种工作,不断提高羊群的质量,必须准确的测定和计算奶山羊的产奶能力,作为选种、选配、制订产奶计划、饲料计划及计算成本,劳动报酬等的依据。

奶山羊的产奶能力,主要是通过产奶量、乳脂率和饲料转化效率来表示的。

(一)产奶量的测定和计算

1. 产奶量的测定方法

准确的方法应该是对每只母羊的每次产奶量进行称重和登记。但此种方法费时费力。而实际上,许多国家推行的是简化产奶量的测定方法,如采用每月测定一次,或每隔 1.5～2 个月测定一次产奶量和乳脂率。或采用每月测定 2 d 或 3 d 的产奶量来估算全月的产奶量等。据西北农业大学奶山羊研究室的研究,母羊第一胎的产奶量与第 1～6 胎产奶量呈显著正相关,第一胎前 90 d 的产奶量与第一胎产奶量呈极显著正相关,而第一胎每月测定 3 d 估算的 90 d 产奶量与连续测 90 d 的产奶量之间又呈极显著正相关,加之第一胎 90 d 产奶量的遗传力较高($h_2 = 0.3452$),因而用第一胎 1～3 泌乳月 9 d 的产奶量,来估算母羊 90 d 的产奶量,并作为早期选种的依据。

2. 个体产奶量的计算

(1)300 d 总产奶量指从产羔后第 1 天开始到第 300 天为止的总产量。超过 300 d 者,超出部分不计算在内。不足 300 d 但超过 210 d 者,按实际产奶量计,但需注明泌乳天数。不足 210 d 的泌乳期,属非正常泌乳期。

(2)校正 300 d 产奶量。在选种工作中,为了比较准确的评定羊的产奶性能,需要将泌乳天数不足 300 d 或超过 300 d 而又无产奶记录核查者,校正到 300 d 的近似产奶量,以便在同一个水平上进行比较。在实际工作中,可根据不同品种奶山羊的泌乳规律,制订出 300 d 产奶量校正系数。表 5-2 列出了西农萨能奶山羊 300 d 产奶量校正系数,供参考。

(3)不同胎次、产羔季节的校正系数(表 5-2 至表 5-4)。

(4)全泌乳期实际产奶量是从产羔后第 1 天起到干乳为止的累计产奶量。

表 5-2　西农萨能奶山羊不同泌乳天数产奶量的校正系数

泌乳天数	校正系数	泌乳天数	校正系数
215	1.486 7	295	1.008 4
225	1.366 7	300	1.000 0
235	1.272 3	305	0.993 1
245	1.199 9	315	0.983 7
255	1.141 4	325	0.979 5
265	1.095 0	335	0.980 9
275	1.052 4	345	0.987 4
285	1.029 8	355	0.999 5

表 5-3　西农萨能奶山羊不同泌乳天数产奶量的校正系数

胎次	1	2	3	4	5	6	7	8	9	10
校正系数	1.0000	0.9348	0.9000	0.8897	0.9021	0.9395	1.0082	1.1223	1.3131	1.6567

表 5-4　西农萨能羊不同产羔月份产奶量的校正系数

产羔月份	12	1	2	3	4	5
校正系数	0.9843	1.0000	1.0526	1.1546	1.3365	1.6772

(5)年度产奶量指本年度 1 月 1 日至本年度 12 月 31 日为止的全年产奶量,其中包括干乳期。

3.全群产奶量的计算

有两种计算方法,一种是应产母羊的全年平均产奶量,一种是实产母羊的全年平均产奶量,其公式如下:

$$应产母羊全年平均产奶量 = \frac{全群全年总产量}{全年每天饲养能泌乳母羊只数}$$

$$实产母羊全年平均产奶量 = \frac{全群全年总产量}{全年每天饲养泌乳母羊只数}$$

能泌乳母羊只数,指羊群中所有的成年母羊,包括产奶的、干奶的及空怀的。按照饲养只数计算的应产母羊全年平均产奶量,用于计算母羊群的饲料转化效率和产品成本,表示一个羊场的经营管理水平。泌乳羊全年平均产奶量,只包括产奶羊,不包括干奶羊和其他非产奶羊,主要反映羊群的产奶水平和羊的质量。该数据可用作选种和制订产奶计划时的参考。

全年每天饲养应产(实产)母羊只数,是指全年每天饲养能泌乳(泌乳)母羊头数的总和除以 365 d。

(二)乳脂率的测定和计算

1.乳脂率测定的方法

常规的乳脂率测定的方法,应是在全泌乳期内,每月测定一次,先计算出各月的乳脂量,再将各月乳脂量之总和除以各月总产奶量,即得平均乳脂率。其计算公式为:

$$平均乳脂率 = \frac{\sum (F \times M)}{\sum M}$$

式中,$\sum$ 为各月的总和;

　　 F 为乳脂率;

　　 M 为产奶量。

由于乳脂率测定工作量较大,生产实践中,难于达到每月测定一次。为此,参照中国黑白花奶牛原北方育种组的经验,提出在一个泌乳期中的第二、第五和第八泌乳月各测一次,并用上式进行计算。

2.4%标准乳的计算

为了评定和便于比较不同羊只的产奶性能,应将不同乳脂率的奶校正为 4% 乳脂率的标准乳。计算公式如下:

$$FCM = M(0.4 + 0.15F)$$

式中,FCM 为乳脂率 4% 标准奶量;

　　 F 为乳脂率;

　　 M 为乳脂率 F 的奶量。

(三)饲料转化效率的计算

饲料转化效率是评定奶山羊品质优劣的一个重要指标,表示对饲料的利用能力。饲料转化效率越高,用于维持的比例就越低,纯收益就越高。高产家畜的饲料利用效率较高,因而纯收入也高。在奶山羊中,较粗略的饲料转化效率计算,是用每千克饲料干物质生产的千克羊奶数来表示的,其公式如下:

$$饲养转化效率 = \frac{全泌乳期总产奶量(kg)}{全泌乳期饲喂各种饲料干物质总量(kg)}$$

其单位为:千克奶/千克饲料干物质

比较精确的方法应以食入的和产出的蛋白质或能量之比来表示。

二、影响奶山羊产奶量的因素

影响产奶量的因素很多,主要因素包括两个方面:一是羊的本身,即遗传因素;二是外界环境,即饲养管理条件。品种是影响产奶量的根本,饲养管理是影响产奶量的关键。

奶山羊泌乳量的遗传力为 0.3～0.35,就是说遗传因素对产奶量的影响占 30%～35%。另外,65%～70% 是受饲养管理和外界环境的影响。

1. 品种

不同品种,遗传性不同,产奶量不同,奶中的营养成分也有差异。如萨能羊在世界上产奶量最高,其世界纪录是一个泌乳期产奶 3 432 kg(英国);其次是吐根堡羊、阿尔卑羊和奴比亚羊,世界纪录是 305 d 产奶 2 610.5 kg、2 218.0 kg 和 2 009 kg。奴比亚羊的乳脂率最高,为 4.6%,吐根堡羊为 3.5%,阿尔卑羊 3.4%,萨能羊为 3.6%。

2. 血统

同一品种内,不同公、母羊的后代,由于遗传基础不同,产奶量也不同,血统好的羊其女儿得到的泌乳潜力就大。1976 年,西农 57 号公羊的 9 个女儿第 1 胎平均产奶量为 761.1 kg,而同年同群中 56 号公羊的 12 个女儿第 1 胎平均产奶量为 904.3 kg。这两只公羊属同年所生并处于同一饲养条件,其后代所处的饲养管理条件也相同,不同的是 57 号公羊的父亲是 45 号公羊,56 号公羊的父亲是 23 号公羊。西农萨能羊年产奶量 2 160.9 kg 的 383 号羊,最高日产量 10.05 kg 的 387 号羊,终生 10 胎每胎平均产奶 1 075.1 kg 的 405 号羊,都是 23 号公羊的后代。研究表明,西农萨能羊中每个胎次产奶量在 1 200 kg 以上的母羊,有 86% 来自优秀公羊的后代,其相对育种值都较高。

不同近交程度的公羊与非近交的母羊交配(顶交),第 3 胎产奶量比非近交的公羊与非近交的母羊、非近交公羊与近交的母羊、中亲组公羊与不同近交程度的母羊交配,产奶量分别提高 16.75%、10.72% 和 18.91%。因此,顶交在提高奶山羊产奶性能方面,应予以重视和应用。

远血缘公、母羊交配,其后代产奶量显著提高。

3. 产奶天数

1971—1981 年完成 5 个泌乳期的 50 只西农萨能羊,第 1 胎泌乳期天数平均为(289.26±26.30) d;第 3 胎最长平均为(299.02±17.40) d;第 6 胎以后泌乳天数明显缩短,第 7 胎已不足 270 d。

高产羊的泌乳天数,在第 1~3 胎与一般羊差异不显著,第 4 胎时差异极显著($P<0.01$),以后各胎次差异均显著($P<0.05$),说明高产羊代谢机能的下降不明显。

通过计算,产奶天数与产奶量的相关系数为 $r=0.8984$,产奶天数的遗传力为 0.19~0.40,说明产奶天数与产奶量的高低有密切的关系。

4. 第 1 胎的最高泌乳日、泌乳旬、泌乳月和 90 d 的产奶量

第 1 胎,最高泌乳日产奶量与本胎总产奶量呈极显著正相关($r=0.47309$),而最高泌乳日的分布,以泌乳高峰期的 1~3 月居多,占 88.69%,第 5 个泌乳月以后极少,仅占 3.05%。

从泌乳旬看,第 1~2 旬是上升阶段,3~13 旬为奶量最高时期,以第 7 旬最高,13 旬以后奶量开始下降。1~10 旬产奶量占整个泌乳期的 43% 以上,1~15 旬的产奶量占整个泌乳期的 60% 以上。

第 1 胎最高泌乳月的产奶量,与本胎次产奶量的相关系数为 0.694($P<0.01$),以第 3 泌乳月最高,第 6 泌乳月以后显著下降(表 5-5),所以,要提高产奶量必须在泌乳高峰期下功夫。

表 5-5　西农萨能羊 1969—1979 年第 1 胎泌乳期各月泌乳量的变化　　　　　%

项目	泌乳月									
	1	2	3	4	5	6	7	8	9	10
n	65	65	65	65	65	65	65	65	51	24
x	95.02	113.52	113.72	109.94	101.34	92.38	80.38	67.12	54.12	48.12
s	±15.00	±18.47	±17.32	±15.83	±17.67	±15.87	±14.90	±15.98	±13.99	±10.98
占最高泌乳月份	83.56	99.82	100.0	96.68	89.11	81.23	70.69	59.02	47.59	42.31
占 300 d 总级量	10.85	12.96	12.99	12.56	11.57	10.55	9.18	7.67	6.18	5.50

5. 年龄和胎次

西农萨能羊在 18 月龄配种的情况下,以 3~6 岁,即第 2~5 胎产奶量较高,第 2~3 胎产量最高,6 胎以后产奶量显著下降(表 5-6)。对同一年的 37 只高产羊(奶量在 1 200 kg 以上),与 52 只一般羊的泌乳胎次利用情况进行统计,结果是:高产羊平均利用胎次为 5.78 胎,一般羊为 3.86 胎,差异显著。

表 5-6　西农萨能奶山羊各胎次平均产奶量

项目	胎次						
	1	2	3	4	5	6	7
羊数/只	123	123	123	123	123	123	54
产奶量/kg	762.78	907.61	942.97	892.36	827.77	743.33	648.86
相当最高胎次/%	80.89	96.25	100.00	94.64	87.79	78.83	68.81

6. 个体

同血统的不同个体,尽管在同一饲养条件下,产奶量仍有差异。

(1)对 21 对孪生姐妹第一胎奶量之间的表型相关进行计算,其相关系数为 0.826,相关极显著。又对 24 对孪生姐妹的产奶量进行比较,结果表明,每对姐妹的产奶量存在一定差异,其差异平均为 18.89%±13.19%。

(2)乳房性状对产奶量的影响。乳房容积同产奶量呈显著正相关 $r=0.512$($P<0.05$)。

萨能羊乳房基部周径,乳房后连线,乳房深度,乳房宽度均与产奶量呈显著正相关,其相关系数分别为 0.351、0.373、0.489、0.392。乳房外形评分同产奶量的相关系数为 $r=0.634(P<0.01)$。说明乳房外形越好,产奶量越高。

30 s 的排乳速度与产奶量的相关系数为 0.448 2$(P<0.05)$,说明排乳速度快的羊产奶量较高。

形状为方圆形的乳房,其产奶量显著高于布袋形、梨形和球形乳房的产奶量,而以球形乳房产奶量较差。

据统计(1987),第 3 胎乳房质地为松软、较软、较硬三种羊的 90 d 产奶量,分别为 375.0 kg、306.3 kg、264.5 kg,差异显著$(P<0.05)$,说明乳房质地对产奶量影响是明显的。

7. 营养水平

母羊产前体重一般比泌乳高峰期高 18%～27%。统计表明,体重增加与产奶量呈正相关$(r=0.416)$,泌乳量与食入 DE(消化能)呈极显著正相关,$r=0.978$,泌乳量与 DM(干物质)采食量呈显著正相关,$r=0.986$,表明怀孕后期(干奶期)的饲养管理非常重要、营养水平与产奶量的关系极为密切。

8. 初配年龄与产羔月份

初配年龄取决于个体生长发育的程度,而个体发育又受饲养管理条件的影响。山东省栖霞县红旗畜牧场以 10 月龄体重 35 kg 以上的母羊配种,第 1 胎平均产奶量 786.19 kg,比全群平均产奶量高 128.73 kg。对体重 32 kg 以下的当年母羊配种,第 1 胎平均产奶量 619.94 kg,比全群平均水平低 37.52 kg。

产羔月份对产奶量也有一定影响。据西北农业大学资料,第 3 胎母羊 1 月产羔的产乳量平均为 1 045.1 kg,2 月产羔为 1 057.6 kg,3 月产羔为 1 018.7 kg,4 月产羔为 927.0 kg。

说明在陕西关中地区,母羊在 1～3 月产羔的产奶量较高,4 月以后产羔的产奶量明显下降。

引起这种差异的主要原因是产奶天数、气候和饲料条件的变化。

9. 同窝产羔数

产羔数与产奶量的表型相关为 0.236 9,遗传相关为 -0.175 1。一般,产羔数多的母羊产奶量较高,但多羔母羊怀孕期的营养消耗多,可能会影响产后的泌乳。

10. 挤奶

挤奶的方法、次数对产奶量有明显的影响。正确的挤奶方法可明显提高产奶量。将每日挤奶 1 次改为挤奶 2 次,可提高产奶量 25%～30%,改 2 次挤奶为 3 次挤奶,可提高 15%～20%。在生产实际中,多数采用 2 次挤奶。值得注意的是,在我国一些地区每天只挤奶 1 次,使许多高产母羊的乳房下垂,产奶潜力得不到发挥。

11. 其他

疾病、气候、应激、发情、产前挤奶等原因,都会影响产奶量。

三、提高产奶量的措施

奶山羊的产奶量受遗传因素的制约和环境因素的影响,要提高产奶量,就必须从遗传性方面着手,在饲养管理上下功夫。

1.加强育种工作,提高品种质量

优良品种是高产的基础,而育种工作是提高品种质量的根本保证。

(1)发展优良品种。对于引进的优良品种,如西农萨能羊、吐根堡羊等,要集中管理,加强饲养,建立品系,扩大数量,提高质量。

(2)努力提高我国培育品种的生产水平。对于我国自己培育的品种,如关中奶山羊、崂山奶山羊等,要建立良种繁育体系,严格选种,合理选配,稳定数量,提高质量。

(3)积极改良当地品种。对于低产羊要继续进行级进杂交,积极改良提高。要成立育种组织,落实改良方案,制订鉴定标准,每年鉴定,良种登记。为了扩大良种覆盖面,提高改良速度和效果,可采用人工授精,冷冻精液。

2.加强羔羊、青年羊的培育

羔羊和青年羊的培育,是介于遗传和选择之间的一个重要环节,如果培育工作做得不好,优良的遗传基因就得不到显示和发挥,选择也就失去了基础和对象。羔羊生长发育最快的时间是在出生至 75 d,以出生至 45 d 生长最快,随年龄的增长其速度降低,所以羔羊的喂奶量应以 30～60 日龄为最高。初生重、断奶重与其产奶量呈显著正相关,加强培育,增大体格,促进器官发育,对提高产奶量有重要作用。

3.科学饲养

(1)根据奶山羊生理特点和生活习惯饲养　草是奶山羊消化生理必不可少的物质,也是奶山羊营养物质的重要来源。青绿饲料、青贮饲料和优质干草,营养丰富,适口性强,易于消化,有利于奶山羊的生长发育、繁殖、泌乳和健康。精料过多,瘤胃酸度升高,影响消化。因此,要以草为主饲养奶山羊。

(2)根据不同生理阶段饲养　要根据不同生理阶段,泌乳初期、泌乳盛期、泌乳稳定期、泌乳后期、干奶期的生理特点,合理进行饲养。

(3)认真执行饲养标准　认真按照饲养标准,保证各类羊的营养需要、采用配合饲料和复合饲料添加剂等,以保证羊只的全价营养饲养。

4.良好管理,增进健康,减少疾病

(1)认真做好干奶期、产后和泌乳高峰期的管理工作,产后及时催奶,根据产奶量适当增加挤奶次数。

(2)坚持运动,增进健康;经常刷拭,定期修蹄,搞好卫生,减少疾病。

(3)适时配种,防止空怀,8～10 月配种,1～3 月产羔有利于提高产奶量。

(4)加强疫病防治,保证羊只健康。夏季防暑防蚊,冬季防寒保暖。

(5)合理的羊群结构,及时淘汰老、弱、病、残。

西农萨能羊的羊群(18 月龄配种)结构比例为:种公羊 1%～2%,成年母羊 63%～65%,青年母羊 15%,母羔羊 20%。在农村,羊群(8～10 月龄配种)结构比例为:公羊 0.5%～1%,成年母羊 70%～72%,青年母羊 20%～25%,羯羊 5%～10%。

西北农业大学畜牧场母羊群胎次的比例:1～6 胎分别占 28.5%、22.3%、18.7%、16.4%、9.9%、4.3%。

对老、弱、病、残羊及低产羊及时淘汰,每年在泌乳高峰期(6～7 月)淘汰一批,在配种后期

(11月)淘汰一批,比较有利。

5.充分调动生产者的积极性

(1)认真落实生产承包责任制,实行按劳分配,生产效益与个人收入挂钩,充分调动广大职工的积极性。

(2)搞好奶的市场营销,努力开发新产品,提高附加值。

6.重视科学研究与人才培养

提高生产力,科技是保证。为此,一要加强奶山羊的遗传育种、饲料营养、疾病防治、经营管理等方面的研究,提高科技成果的转化率;二要加强基层技术人员的培训,建立一支技术和管理人才队伍;三要加强饲养人员的技术培训,实现科学管理。

四、提高奶山羊经济效益的措施

在奶山羊的产值中,奶的收入占65%~70%,羔羊的收入占30%~35%,粪肥的收入占2%~3%。而在成本支出中,饲料费占65%,工资占15%,医药费占3%,房舍、水电及管理费占18%~20%。要提高奶山羊生产的经济效益,必须做到以下几点。

1.努力提高个体效益

个体效益取决于奶山羊的生产水平与饲养成本,提高生产水平是提高个体效益的重要方面。

(1)提高产奶量和提高鲜奶的商品率。要提高产奶量,一要发展高产优良品种;二要改良低产品种;三要抓好饲养管理;四要减少空怀并对空怀母羊进行诱导泌乳。要提高个体效益,还必须使鲜奶变为商品。在奶山羊基地县,增设收奶网点,保证收奶次数,价格合理,有利于提高鲜奶的商品率。

(2)加强羔羊、青年羊的培育,提高成活率。应用人工乳,实行人工哺乳,早期断奶,降低培育成本。青年羊可在8~10月龄配种。提高母羊的受胎率、产羔率和产羔成活率。推广人工授精、冷冻精液,扩大良种公羊配种头数,降低公羊饲养成本。

(3)合理利用饲料,降低饲养成本。在羊奶的生产成本中,饲料费占的比例最大,合理的利用饲料,是降低饲养成本的关键之一。在奶山羊生产中,饲养管理方法落后,精饲料种类单一,粗饲料数量不足,品质不良,饲草矛盾更为突出。生产配合饲料,营养完全,利用率高。种草养羊,既符合羊的生理特点,又比用粮食养羊经济合算。苜蓿是饲草之王,单位面积生产的能量、蛋白质是小麦的4.7倍和7倍。青贮玉米是奶畜保健饲料,玉米青刈单位面积所产的总可消化养分和可消化粗蛋白质比收玉米籽粒分别高44%和85.5%。套种油菜、豆类、毛苕子等,合理利用两饼,不仅营养完全,而且价格便宜。利用尿素和微量元素生产高蛋白质的复合添加剂,对于补充奶山羊蛋白质和微量元素的不足,降低饲料成本,有显著效果。生产浓缩饲料,既可以补充农村奶山羊饲料营养中的不足,还可以减少运输,降低成本。饲料转化效率、奶料比是评价饲料利用效果的重要指标。

(4)提高畜群科学管理水平。保持合理的畜群结构。按时周转,及时淘汰,并保证合理的分娩间隔。

(5)加强疫病防治,保证羊舍,增进畜群健康,减少疫病损失。每年要定期检查布病、结核病、关节炎脑炎病,坚持药浴和驱虫,在泌乳期每天进行乳房炎的检测。

2.发展适度规模经营,提高规模经营效益

扩大奶山羊生产经营的规模,使其走向专业化、社会化、商品化,只有这样才能使奶山羊生产逐步摆脱家庭副业的地位,充分发挥科学技术的作用,才能不断提高劳动生产率和经济效益。

3.开展综合利用,提高综合效益

在有条件的地区,推广公羔异地肥育,生产羔羊肉,满足市场需要。开展羊奶、羊肉、羊皮、羊肠、羊脑的初加工。利用山羊奶蛋白质含量高、易消化的特点,生产婴儿奶制品,利用羊肉胆固醇含量低的特点,生产老人保健食品。利用羊奶干酪风味好、欧美人好食的习惯生产旅游食品和出口创汇食品。

4.千方百计提高奶山羊生产的总体效益

(1)加强奶山羊基地县的建设,促进奶山羊生产的发展。发展奶山羊生产要根据社会经济条件与生态条件,因地制宜,适当集中,择优发展。对现有的奶山羊基地县要加强领导,巩固提高。建立和完善良种繁育、饲料生产、疾病防治、产品收购加工、服务体系。在地县实行科研与推广,普及与提高相结合,推广实用配套技术,努力提高奶山羊生产水平。

(2)乳品工业要归口管理、合理布局乳品厂。要以奶源为优势,以价格为动力,以质量求生存,以品种求发展。要引入竞争机制,搞好经营管理,提高产品质量。

(3)建立全国奶山羊研究推广中心。为全国奶山羊业的发展培养技术人才,开展技术服务工作,提供各类信息。

(4)放开羊奶价格,实行按质论价、优质优价政策。鉴于鲜奶成本不断上升,羊奶价格一直偏低,影响奶农的生产积极性和乳品厂原料的供应。在市场经济和我国已加入WTO的形势下,可以放开奶价。合理的奶价能够促进生产,保障供给,促进畜牧业向节粮、高效优质、高产商品性生产发展。

实行季节性差价,提高冬季奶价,促进奶农分期配种,全年产奶,均衡供应。

测评作业

1.简述奶山羊的营养需要。
2.简述奶山羊不同生理阶段的饲养标准。
3.简述种公羊的饲养管理。
4.简述产奶母羊的饲养管理。
5.简述干奶羊的饲养管理。
6.简述青年奶羊的培育。
7.简述奶山羊产奶量的测定和计算。
8.简述影响产奶量的因素及其提高产奶量的方法。
9.试述提高奶山羊经济效益的方法。

考核评价

奶山羊的饲养管理

专业班级		姓名		学号	

一、考核内容与标准

说明:总分 100 分,分值越高表明该项能力或表现越佳,综合得分≥90 为优秀,75≤综合得分＜90 为良好,60≤综合得分＜75 为合格,综合得分＜60 为不合格。

考核项目	考核内容	考核标准	综合得分
过程考核	操作态度(10 分)	积极主动,服从安排	
	合作意识(10 分)	积极配合小组成员,善于合作	
	不同阶段奶山羊的饲养(20 分)	认真思考,结合所学知识,正确回答考评员提出的问题	
	不同阶段奶山羊的管理(20 分)	认真思考,结合所学知识,正确回答考评员提出的问题	
结果考核	提高奶山羊产奶量的措施(20)	认真思考,结合所学知识,正确回答考评员提出的问题	
	提高奶山羊经济效益的措施(20 分)	认真思考,结合所学知识,正确回答考评员提出的问题	
合　计			

综合分数:_____ 分　　　　优秀(　　)　　良好(　　)　　合格(　　)　　不合格(　　)

二、综合评价

(该学生是否掌握了该岗位的专业知识、专业技能及掌握程度,能否通过该岗位技能考核)

考核人签字:

年　　　月　　　日

项目六

羊的主要产品

 教学内容与工作任务

项目名称	教学内容	工作任务与技能目标
羊的主要产品	羊奶	1.了解羊奶的营养价值与物理特性； 2.掌握羊奶的膻味及其控制方法； 3.掌握羊奶的检验与贮存方法；
	羊肉	4.了解羊肉的成分及营养价值； 5.掌握羊胴体切割与分级技术；
	羊皮	6.了解羔皮、裘皮的概念； 7.了解主要裘、羔皮的特点； 8.了解影响裘、羔皮品质的因素。

 知识链接

 任务一　羊奶

羊奶是人类三大奶源之一，与牛奶相比更易于人体消化吸收。羊奶的营养价值高，国际营养界誉为"奶中之王"，美国、欧洲部分国家均把羊奶视为营养佳品。羊奶的史料价值也较明显，早在我国古代《本草纲目》中曾提道："羊乳甘温无毒、润心肺、补肺肾气"。许多国家把羊奶作为重要的奶源，对于羊奶的利用，除鲜食外，许多国家广泛用于加工干酪、酸奶、奶粉、炼乳等。近年来，随着高科技应用于生物制药、食品加工，脱膻技术的应用，对我国奶羊业带来较大的发展空间。

一、羊奶的营养价值与物理特性

(一)羊奶的营养价值

羊奶营养丰富,其干物质中,能量、蛋白质、脂肪、矿物质含量均高于人奶和牛奶,乳糖低于人奶和牛奶(表6-1)。

表6-1　几种奶营养成分比较　　　　　　　　　　　　%

奶类	干物质	蛋白质	脂肪	乳糖	矿物质	能量/(kJ/L)
人奶	12.42	2.01	3.74	6.37	0.30	2 845
牛奶	12.75	3.39	3.68	4.94	0.72	3 054
山羊奶	12.94	3.53	4.21	4.36	0.84	3 264
绵羊奶	18.4	5.70	7.20	4.60	0.90	4 686
水牛奶	18.7	4.30	8.70	4.90	0.80	5 355
马奶	11.75	2.35	1.50	7.63	0.35	2 301

羊奶蛋白质营养价值高,每毫升山羊奶中含蛋白质3.53 g(绵羊奶5.70 g)左右,蛋白质中含有多种必需氨基酸,所列10种氨基酸中除蛋氨酸、精氨酸外的其余8中氨基酸均高于牛奶(表6-2)。羊奶中的游离氨基酸也高于牛奶,游离氨基酸是很容易消化的。

表6-2　牛、羊奶蛋白质中必需氨基酸含量比较　　　　　　%

种类	牛奶	山羊奶	种类	牛奶	山羊奶
赖氨酸	1 907	2 243	缬氨酸	1 782	2 289
蛋氨酸	523	409	胱氨酸	微量	93
亮氨酸	2 024	3 230	组氨酸	765	782
苏氨酸	1 319	1 749	苯丙氨酸	1 368	1 654
精氨酸	817	380	异亮氨酸	1 399	1 526

羊奶中酪蛋白含量低于牛奶,球蛋白、白蛋白含量相对高于牛奶(表6-3),球蛋白分子质量小,其凝乳表面张力较小,食入后,在胃内形成的凝块细小松软;而酪蛋白分子量大,在胃内形成的凝块也大。因此,羊奶比牛奶更易于消化吸收,人体对羊奶的吸收率达94%以上。

表6-3　不同蛋白质组成的比较

奶类	酪蛋白/%	白蛋白和球蛋白/%	凝块张力/g
人奶	60	40	—
牛奶	85	15	50～60
山羊奶	74	26	20～40
绵羊奶	79	21	—
水牛奶	81	19	—

羊奶中的乳脂肪主要是由甘油三酯类组成,此外有少量的磷脂类、胆固醇、脂溶性维生素类、游离脂肪酸和单酸甘油酯类。羊奶脂肪球与牛奶脂肪球相比,直径较小(表6-4),且大小均

匀,相对表面积大,易与消化液充分接触,容易被消化吸收。另外,羊奶中富含2～10个碳元素的短链脂肪酸比牛奶高4～6倍,尤其是乙酸含量是牛奶的10倍多,这也是羊奶效率高的主要原因之一。

表 6-4　羊奶和牛奶脂肪球直径的比较　　　　　　　　　　　　%

| 奶类 | 直径/μm | | | | |
	8～10	2 以下	2～4	4～6	6～8
羊奶	57.0	34.0	7.0	2.0	—
牛奶	23.3	61.7	3.0	1.9	0.1

羊奶中的碳水化合物以乳糖为主,功能是提供能量,还可调节肠胃功能。

羊奶中含有多种矿物质,其含量远高于人奶,也高于牛奶(表 6-5),特别是钙和磷,不仅含量高,而且比例适当。羊奶铁含量,高于人奶,和牛奶接近。

表 6-5　各种奶的矿物质组成　　　　　　　　　　　mg/kg

奶类	钙	磷	钠	钾	镁	铁	锌
羊奶	1 340	1 110	500	2 040	140	0.5	3
牛奶	1 190	930	490	1 510	130	0.5	3.8
人奶	320	140	170	510	30	0.3	1.7

羊奶中维生素 A、硫胺素、核黄素、尼克酸、泛酸、维生素 B_6、叶酸、生物素、维生素 B_{12} 和维生素 C 10 种主要维生素的总含量比牛奶高(表 6-5);特别是维生素 C 的含量是牛奶的 10 倍;尼克酸含量是牛奶的 2.5 倍;维生素 D 的含量也比牛奶高。由于羊把胡萝卜素转变成无色的维生素 A 的能力强,而使奶中的胡萝卜素含量甚微,故奶油呈白色。羊奶中维生素 B_{12} 低于牛奶,而与人奶接近。

表 6-6　各种奶的维生素含量　　　　　　　　　　μg/kg

维生素	羊奶	牛奶	人奶
维生素 A	400	420	530
硫胺素	500	400	170
核黄素	1 200	1 500	400
尼克酸	2 000	800	1 700
泛酸	3 500	3 500	2 000
维生素 B_6	—	350	100
叶酸	2	1	2
生物素	15	20	4
维生素 B_{12}	1	5	0.8
维生素 C	200	20	40
合计	7 818	7 016	4 946.3
维生素 D/(IU/kg)	23	18	14
类胡萝卜素/(μg/g 脂肪)	微量	7	4

据报道,羊奶 pH 为 6.4～6.8,酸度 1 215°T,而牛奶偏酸性,pH 为 6.5～6.7,酸度 17～18°T,可见羊奶更适合胃酸过多或胃溃疡患者食用。羊奶还具有抗变态反应的作用,有些人

喝牛奶容易产生过敏,如不易消化、拉稀、婴儿患湿疹等,若改喝羊奶,这些反应便会消失。

(二)羊奶的物理特性

1.色泽及气味

新鲜的羊奶呈白色不透明液体。奶的色泽是由奶的成分决定的,如白色是由脂肪球、酪蛋白酸钙、磷酸钙等对光的发射和折射所产生,白色以外的颜色是由核黄素、胡萝卜素等物质决定的。

羊奶在加热或饮食时除带有淡的乳香味外,还具有淡膻味,这种气味在持续保存之后就更加强烈。另外,羊奶乳脂含量高于牛奶,乳糖含量比牛奶低,所以其味道浓厚油香,没有牛奶甜。

2.密度与比重

羊奶的密度是指在 20℃时的质量与同容积水在 4℃时的质量比例。羊奶的比重是在 15℃时,一定容积羊奶的重量与同容积同温度水的重量之比。羊奶的比重和密度在同一温度下的绝对值差异仅为 0.002,如羊奶的密度平均为 1.029,牛奶的密度平均为 1.030,而其比重则分别为 1.031 和 1.032。

3.表面张力

在 20℃下,羊奶的表面张力为 0.02~0.04 Nm,牛奶的表面张力为 0.04~0.06 Nm。表面张力受温度、乳脂率的影响较大。表面张力小,乳块细软,容易消化。

4.电导率

羊奶的导电率与其成分,特别是与氯根和乳糖含量有关,当羊奶中氯根含量升高或乳糖含量减少时,电导率增大。正常羊奶的电导率在25℃时为 0.0062 Ω(欧姆)。在 5~70℃时,温度与电导率呈直线相关。电导率超出正常值,则认为是乳房炎。

5.冰点

羊奶的冰点平均为－0.58℃,范围在－0.646~－0.573℃。而牛奶的冰点平均为－0.55℃,范围在－0.565~－0.525℃。乳中掺水,冰点升高;乳房炎乳、酸败乳冰点降低。

二、羊奶的膻味及其控制方法

(一)羊奶膻味的来源

膻味是羊本身所固有的一种特殊气味,是羊代谢的产物。有人认为羊奶的膻味来自于母羊皮脂腺分泌物、公羊的骚味、尿液的气味以及羊舍环境等,后来经研究发现,羊奶真正的膻味是由奶中某些化学成分发出的。羊奶中的短链脂肪酸(C4~C10)含量大约比牛奶高出 1 倍,游离脂肪酸的含量也远高于牛奶。Call 认为,己酸、辛酸和癸酸与膻味有关。这种脂肪酸本身并没有膻味,在乳中按一定的比例结合成一种较稳定的络合物或者通过氯键以相互缔合形式存在时才能产生膻味。

(二)羊奶膻味的控制方法

羊奶的膻味与乳中游离脂肪酸有直接关系,膻味大小与品种、年龄、遗传、泌乳阶段、饲料种类等因素有关。羊奶脱膻,首先要加强饲养管理,搞好羊体和羊舍清洁卫生,实行公、母羊分开饲养,减少羊奶污染,降低膻味,同时减少羊奶在生产、加工和运输过程中的污染。羊奶脱膻常用的方法有以下几个。

1.遗传学方法

膻味能够遗传,通过对低膻味或乳中低级脂肪酸含量少的个体的连续选择,可建立膻味强度低的品系。

2.高温脱膻

产生膻味的化学物质具有挥发性,高温脱膻是通过减压蒸发来减少羊奶中挥发性脂肪酸的含量,从而降低膻味的强度。具体方法是先通过蒸汽消毒后,突然连续降压,用真空蒸发。该方法主要用于羊奶粉加工。

3.化学脱膻

可用鞣酸、杏仁酸除去羊奶的膻味。煮奶时加入少许茉莉花茶(含鞣酸)或杏仁、橘皮、红枣等,煮开后,将茶叶等滤除,即可脱去羊奶膻味。这种方法处理的羊奶,色泽虽略微发黄,但奶质不受影响,而且清香可口,别具风味。

4.生物脱膻

在羊奶中加入乳酸菌一类微生物,通过发酵产生乳酸香味掩盖羊奶膻味。

5.脱膻剂脱膻

在奶中加入定量的脱膻剂达到脱膻的效果。对所选的脱膻剂,必须是国家批准使用的安全的食品添加剂,加入该物质后不能使乳汁凝固,不能破坏羊奶原有的营养成分,不能产生异味,并保持原奶的天然香味。

三、羊奶的检验与贮存

(一)羊奶的检验

1.感官评定

正常的羊奶为白色,味甜,略带膻味。如发现异常颜色或有絮状物、酸败味,多为细菌污染所致。

2.比重测定

在15℃时,正常鲜奶比重为1.034(1.030～1.037),当比重低于1.028时可能掺水。

3.新鲜度测定

奶的新鲜度也称酸度,正常奶的酸度平均为15°T(11～18°T),若超过18°T,则说明新鲜度差。羊奶酸度测定方法有以下2种。

(1)酒精法 用70%的酒精1 mL与等量的羊奶在试管中充分混合,若出现絮状物或颗粒状沉淀物,则说明奶的酸度超过18°T。

(2)滴定法 取10 mL羊奶,加20 mL蒸馏水稀释,再加0.5 mL酚酞指示剂,然后用0.1 mol/L的氢氧化钠滴定,将消耗的氢氧化钠毫升数乘10,所得的数为100 mL羊奶乳酸所消耗的碱量,每消耗1 mL为1°T,若得数为18 mL以上,表明该羊奶的酸度已超过18°T。

(二)羊奶的贮存

国际乳品联合会认为,鲜奶在 4.4℃低温下冷藏,是保存鲜奶质量的最佳温度。我国国家标准规定,验收合格的鲜奶,应迅速冷却到 4~6℃,保存期间温度不宜超过 10℃。需要注意的是:①奶虽然在低温下能够保存,但保存的时间不宜过长。因为嗜冷菌在冷藏的温度条件下繁殖很快,可引起奶的变质。②羊奶蛋白质稳定性不如牛奶,游离脂肪酸较高,易引起乳的变化而不利保存。

任务二 羊肉

一、羊肉的成分及营养价值

羊肉是我国主要的肉品来源之一,特别北方少数民族长期以来以羊肉为主要肉食品。近年来,随着人民生活水平的改善和饮食理念的更加科学化,羊肉也越来越受到我国大多数人的喜爱。羊肉具有细嫩多汁、鲜美可口、脂肪适中且易消化、氨基酸种类俱全、胆固醇含量低及性味甘热等特点。羊肉与其他肉类相比,其营养成分及口味等方面有不少特异之处。如表 6-7 及表 6-8 所示。

从表 6-7 及表 6-8 可以看出,蛋白质含量近于牛肉,高于猪肉和鸡肉;脂肪和热量高于牛肉而低于猪肉和鸡肉;胆固醇含量在羊肉中最低。在羊肉的蛋白质中,赖氨酸、精氨酸、组氨酸、酪氨酸及苏氨酸等含量较其他肉类高,符合人体的需要,属全价蛋白质,优于植物蛋白质。另外,羊肉脂肪中含有挥发性脂肪酸,使其具有特殊风味(膻味),为许多人所喜食。

表 6-7 几种主要肉类营养含量比较(100 g 瘦肉)

肉类	水分/%	能量/kJ	蛋白/%	脂肪/%	胆固醇/(mg/kg)
羊肉	74.2	494	20.5	3.9	60
牛肉	75.2	444	20.2	2.3	58
猪肉	71.2	598	20.3	6.2	81
鸡肉	69.0	699	19.3	9.4	106

表 6-8　100 g 肉类蛋白质含有氨基酸量　　　　　　　　　　　　　　　　g

氨基酸种类	羊肉	牛肉	猪肉	鸡肉
赖氨酸	8.7	8.0	3.7	8.4
精氨酸	7.6	7.0	6.6	6.9
组氨酸	2.4	2.2	2.2	2.3
色氨酸	1.4	1.4	1.3	1.2
亮氨酸	8.0	7.7	8.0	11.2

续表 6-8

氨基酸种类	羊肉	牛肉	猪肉	鸡肉
异亮氨酸	6.0	6.3	6.0	6.1
苯丙氨酸	4.5	4.9	4.0	4.6
苏氨酸	5.3	4.6	4.8	4.7
蛋氨酸	3.3	3.3	3.4	3.4
缬氨酸	5.0	5.8	6.0	5.5
甘氨酸	4.7	2.0	4.3	1.0
丙氨酸	4.3	4.0	6.4	2.0
丝氨酸	6.3	5.4	4.0	4.7
天门冬氨酸	6.5	4.1	8.9	3.2
胱氨酸	1.0	1.3	1.1	0.8
脯氨酸	3.8	6.0	4.6	6.1
谷氨酸	10.4	15.4	14.5	16.5
酪氨酸	4.9	4.0	4.4	3.4

二、羊胴体切割与分级

(一)羊胴体切块分割

羊胴体的切块分割有多种标准,以 8 段切块为例予以说明(图 6-1)。

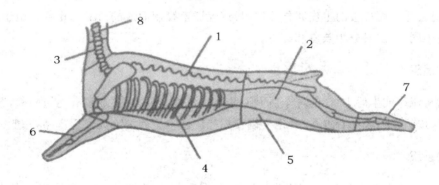

图 6-1　羊胴体切块示意图

1.肩背肉　2.腰腿肉　3.颈肉　4.胸肉

5.腹肉　6.前腿　7.后小腿　8.颈部切块(血脖)

肩背肉:从最后颈椎至最后肋骨,除去肋软骨以下的部分,骨稍多,品质好。

腰腿肉:最后肋骨以后,除去小腿和腹下肉,骨少肉多,品质最好。

颈肉:除去血脖后的颈肉,骨多肉少。

胸肉:肋软骨以下部分,骨较多。

腹肉:腹下部,肉薄,品质差。

前腿肉：前臂骨以下部分，骨多，品质差。

后小腿：胫骨以下部分，肉少骨多。

颈部切块：有瘀血，骨多。

(二)胴体分级

我国羊肉胴体的分级规格如下。

一级：肌肉发达，全身骨骼不突出，皮下脂肪布满全身(山羊皮下脂肪较薄)，胴体重量绵羊≥15 kg，山羊≥12 kg。

二级：肌肉发育良好，除了肩隆部及颈部脊椎骨尖稍突出外，其他部位骨骼均不突出，除肩部外，整个胴体均有皮下脂肪的密集分布。胴体重量绵羊≥12 kg，山羊≥10 kg。

三级：肌肉发育一般，主要骨骼明显外露，肩部、脊椎骨外露稍有突起。脊椎部皮下脂肪有密集分布，腰部及肋部脂肪分布少，胴体重量绵羊≥7 kg，山羊≥5 kg。

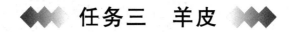

任务三　羊皮

一、羔皮、裘皮的概念

绵、山羊屠宰后剥下的鲜皮，在未经鞣制以前称为生皮，生皮带毛鞣制而成的产品叫作毛皮，鞣制时去毛仅用皮板的生皮叫作板皮，板皮经脱毛鞣制而成的产品叫作革。由于屠宰的年龄和用途不同，毛皮又分为羔皮和裘皮。

(一)羔皮

它指从流产或生后1~3的羔羊所剥取的毛皮，称为羔皮。羔皮具有毛短而稀，花案奇特，美观悦目，皮板薄而轻的特点，主要用于制作皮帽皮领披肩和翻毛大衣等产品，一般露毛外穿。

(二)裘皮

它指从出生后1个月龄以上的羊只所剥取的毛皮，称为裘皮。裘皮具有毛卷长，皮板厚实，花穗美观，底绒多，保暖性好的特点，主要用于制作毛面向里穿的皮袄大衣等御寒衣物。裘皮在我国分为二毛皮、大毛皮、老羊皮。从出生30 d左右羔羊所剥取的毛皮是二毛皮；从6个月龄以上未剪过毛的羊只所剥取的毛皮是大毛皮；老羊皮则是从1岁以上剪过毛的羊只所剥取的毛皮。一般是屠宰年龄越小，裘皮越轻便，毛卷弯曲越明显美观。屠宰年龄越大，毛股越长，皮张越厚，保暖性能越好，但穿着较笨重。

二、主要裘、羔皮的特点

(一)卡拉库尔羔皮

卡拉库尔羔皮亦称波斯羔皮,是世界上驰名的羔皮产品。我国引进卡拉库尔羊后主要在西北和华北地区饲养繁育。卡拉库尔羔皮具有黑色、灰色、棕色、白色、金色、银色、粉红色、彩色(也称苏尔色)等多种颜色,以灰色为最珍贵。卡拉库尔羔皮的毛卷坚实、花案美观,密度适中。根据毛卷结构和形状,优等毛卷有轴形卷(也称卧蚕形卷)、豆形卷;次优等毛卷有鬣形卷、肋形卷;中等毛卷有环形卷、半环形卷;劣等毛卷有豌豆形卷、螺旋形(杯)卷、平毛及变形卷。

轴形卷(卧蚕形卷)是代表卡拉库尔羔皮特征的一种理想型毛卷,具有这种毛卷的羔皮价值也高。轴形卷的特点是毛卷坚实,花案清晰,弹性好,光泽明亮,被毛密度适中,手感光滑。毛纤维的卷曲由皮板上升,按同一方向扭转,毛尖向下向里紧扣,呈一圆筒状,形似皮板上卧着的蚕,故称为卧蚕形卷。

(二)湖羊羔皮

湖羊羔皮亦称小湖羊羔皮,是分布于江、浙太湖周围地区的绵羊品种。其特点是:板皮薄而柔软,毛细短无绒,毛根发硬,富有弹力,毛色洁白。花纹类型主要分波浪形和片花形两种。

波浪形花纹是由一排排的波浪状花纹组成,毛丝紧贴皮板,花纹明显,虽加抖动,也不会散乱,波浪规则较整齐;片花形花纹是以毛纤维生长方向不一致,花形不规则,在羔皮上呈不规则排列为其特点。

(三)济宁青山羊羔皮

亦称猾子皮,是分布于山东省济宁地区的青山羊宰剥取的毛皮。这种羔皮具有青色的波浪形花纹,人工不能染制,是国际市场上很受欢迎的产品。其特点是:青猾子皮以黑毛和白毛相间生长而形成青色,毛丝紧贴皮板生长,有深浅不同的弯曲,在皮斑上排列形成波浪形花、流水形花、片花、隐花及平毛五类型,以波浪形花为最美观。

(四)滩羊二毛裘皮

滩羊主要分布于宁夏中部,其毛皮特点是:毛色纯白,富有光泽,毛股紧实,长而柔软,花穗美观不毡结,板皮致密,轻便结实,保暖性好。滩羊二毛皮最理想的花穗是串字花,这种花穗毛股弯曲数多,紧实清晰,花穗顶端是扁的,不易松散和毡结。其次为软大花,毛股较粗大而不坚实,这种花穗由于下部绒毛含量较多,裘皮保暖性较强,但不如串字花美观。此外,花穗还有"卧花"、"桃花"、"笔筒花"、"钉字花"、"头顶一枝花"及"蒜瓣花"等,这些花穗形状多不规则,毛股短而粗大松散,弯曲数少,弧度不均匀,毛根部绒毛含量多,因而易于毡结,欠美观,其品质均不及前两种。

(五)中卫沙毛皮

中卫沙毛皮是宁夏中卫山羊的主要产品,是指羔羊出生后35日龄左右宰杀剥取的毛皮。

毛色有黑白两种,白者较多,黑者油黑发亮。中卫沙毛皮具有优良裘皮的特性,其保暖、结实、轻便、美观、穿用不毡结等特点与滩羊二毛皮相似,但两者仍有以下区别。

①沙毛皮近于方形,带小尾巴;滩羊二毛皮近于长方形,带有大尾巴。

②沙毛皮的被毛密度较滩羊二毛皮稀,易见板底,手感没有滩羊二毛皮的被毛丰满和柔软,比较粗涩,用手捻摸其毛尖有沙样感觉(据说沙毛山羊的名称即由此而得)。

③沙毛皮被毛光泽较好,与丝织品的光泽相似,滩羊二毛皮则呈玉白样的光泽。

三、影响裘、羔皮品质的因素

(一)品种遗传性

卡拉库尔羔皮、湖羊羔皮、滩羊二毛皮及中卫沙毛皮等优良的裘、羔皮,它们虽都属于混型毛,但都有各自美丽的毛卷。羔皮羊、裘皮羊独特的生产性能,是由其稳定的品种遗传性决定的。如卡拉库尔羊的羔皮毛色、毛卷均与湖羊的羔皮截然不同,而二者杂种后代的羔皮,既不同于父本,也不同于母本。

在同一品种的范围内,各个体所产羔皮或裘皮的品质也有很大差异,如湖羊中,有的种公羊后代甲级皮占51.9%,而有的种公羊后代甲级皮仅占3%,这也是由其遗传性决定的。因此,要提高羔皮和裘皮的品质,主要通过本品种选育的途径来实现。

(二)自然生态条件

不同的裘、羔皮羊品种的板皮品质都有各自的特点,这都与该品种长期赖以生存的自然生态条件有关。如滩羊二毛皮美丽花穗的形成,与其长期生长在气候干燥,日照强烈,夏季酷热,冬季严寒的半荒漠草原,牧草耐旱、耐盐碱、种类多、草质好、富含矿物质的生态条件是密切相关的,而湖羊羔皮花案的形成,则与其生长在太湖流域夏季湿热,冬季湿冷及全年舍饲的条件是分不开的。

(三)剥取裘、羔皮的季节

随着季节的变化,裘、羔皮的被毛密度、毛卷弯曲等品质随之而变。秋末冬初羊体肥壮,剥取的裘、羔皮质地紧密结实,弹性好,不易脱毛,毛绒多,保温性强;进入严冬后,水冷草枯,羊只消瘦,板皮变薄,弹性稍差;春夏季节牧草返青,羊体开始复原,但皮质较差,如春皮易脱毛、干枯缺油,夏皮毛稀皮薄、质地粗糙。所以,以秋季和初冬剥去的裘、羔皮为最好,冬末春初的皮子次之,最差的是夏季剥取的皮。

(四)屠宰年龄

羊只屠宰日龄(月龄)愈小,花案及毛卷愈美观清晰,皮张轻便,但过早屠宰则会影响皮张面积和被毛长度;反之,随屠宰日龄(月龄)的增长,皮张面积增大,但质地疏松粗糙,毛股逐渐松散,花纹和毛卷曲不清晰,影响到裘、羔皮品质,不适合于鞣制高档产品。

(五)羔裘皮的贮存、晾晒和保管

裘、羔皮富含蛋白质及脂肪,尤其是生皮,如晾晒方法不当时,容易吸收水汽而受潮霉烂,易引起虫蛀和招惹鼠咬而被损坏,或受热而皮层脂肪被分解,皮板干枯等。盐腌后任其自然收缩干燥的方法,简单易行,便于推广,但皮板收缩大,在一定程度上影响皮张品质。淡干板则收缩程度小,对皮质影也小,皮板薄而清洁,外形整齐美观。

❀ **测评作业**

一、名词解释

1.裘皮 2.羔皮 3.生皮 4.毛皮 5.板皮

二、选择填空(正确答案 1 个或多个)

1.我国主要羔皮用山羊品种有( )。

    A.马头山羊   B.湖羊   C.济宁青山羊   D.卡拉库尔羊

2.羔皮的特点是( )。

    A.1 个月龄的羊只所剥取的毛皮   B.羔皮的毛细、板皮薄

    C.羔皮的保暖性较好   D.羔皮适用以制作皮鞋等皮革制品

3.裘皮的特点是( )。

    A.1 个月龄以上的羊只所剥取的毛皮   B.裘皮的保暖性能较好

    C.裘皮属板皮   D.裘皮服饰的设计毛面向里

三、简答题

1.影响羔皮、裘皮品质的因素有哪些?

2.羊奶脱膻常用的方法有哪些?

3.如何进行羊奶品质的检验?

❀ **考核评价**

羊的主要产品

专业班级		姓名		学号	

一、考核内容与标准

说明:总分 100 分,分值越高表明该项能力或表现越佳,综合得分≥90 为优秀,75≤综合得分<90 为良好,60≤综合得分<75 为合格,综合得分<60 为不合格。

考核项目	考核内容	考核标准	综合得分
过程考核	操作态度 (10 分)	积极主动,服从安排	
	合作意识 (10 分)	积极配合小组成员,善于合作	
	羊奶的膻味及其控制 (25 分)	根据所学内容,正确回答考评员提出的问题	

续表

过程考核	羊奶的检验与贮存 （25分）	根据所学内容，正确回答考评员提出的问题	
	羊胴体切割与分级 （20分）	根据所学内容，正确回答考评员提出的问题	
结果考核	报表填报 （10分）	报表填写认真，在规定时间内及时上交	
合　计			

综合分数：_____分　　优秀（　）　　良好（　）　　合格（　）　　不合格（　）

二、综合评价

（该学生是否掌握了该岗位的专业知识、专业技能及掌握程度，能否通过该岗位技能考核）

考核人签字：

年　　月　　日

项目七

羊病防控技术

🍁 教学内容与工作任务

项目名称	教学内容	工作任务与技能目标
羊病防控技术	羊场消毒与防疫	1.掌握羊场消毒的方法; 2.掌握羊场扑灭疫病的措施; 3.掌握羊场防疫计划的编制方法; 4.掌握羊常见传染病及其防控技术; 5.掌握羊常见寄生虫病及其防控技术。
	羊常见传染病及其防控	
	羊常见寄生虫病及其防控	

🍁 知识链接

 任务一　羊场消毒与防疫

一、羊场消毒

(一)养殖场消毒药品的选购

1.消毒药品选购的原则

杀灭病原体效果好,使用简便,容易保存,价格适中,对人、动物低毒或无毒。

2.消毒药品选购的要求

①针对消毒对象和病原体种类选购2~4种消毒药品。

②在选购时要注意认真检查消毒药的外观性状和标签说明(包装、保存条件、药品性状、使用方法、技术要求、作用对象、注意事项、产地、厂名、出厂批号、有效期等)是否一致。

③根据消毒对象和欲配消毒液的浓度(如体积、面积或空间等),计算出所需药品的选购量。

(二)养殖场消毒药品的配制

1. 消毒药品配制要求

①所需药品应准确称量。

②配制浓度应符合消毒要求,不得随意加大或减少。

③使药品完全溶解,混合均匀。

2. 消毒药品配制方法

先将稀释药品所需要的水倒入配药容器(盆、桶或缸)中,再将已称量的药品倒入水中混合均匀或完全溶解即成待用消毒液。具体操作如下。

①5%来苏儿溶液。取来苏儿5份加入清水95份(最好用50~60℃温水配制),混合均匀即成。

②20%石灰乳。比例按1 kg生石灰加5 kg水,用陶缸或木盆先把等量水缓慢加入石灰内,待石灰变为粉状再加入余下的水,搅匀即成。

③漂白粉乳剂及澄清液。在漂白粉中加入少量水,充分搅成稀糊状,然后按所需浓度加入全部水(25℃左右温水)。

20%漂白粉乳剂。比例按1 000 mL水加漂白粉200 g(含有效氯25%)的混悬液。

20%漂白粉澄清液。20%漂白粉乳剂静置后上液即为澄清液,使用时稀释成所需浓度。

④10%福尔马林溶液。福尔马林为40%甲醛溶液(市售商品)。按10 mL福尔马林加90 mL水比例配成(即4%甲醛溶液),如需其他浓度溶液,同样按比例加入福尔马林及水。

⑤粗制苛性纳溶液。如欲配4%苛性纳溶液,称40 g苛性纳,加水1 000 mL(60~70℃)搅匀即成。

3. 消毒药品配制注意事项

①生石灰遇水产生高温,应在搪瓷桶、盆或铁锅中配制为宜。

②对有腐蚀性的消毒药品,如氢氧化钠在配制时,应戴橡皮手套操作,严禁用手直接接触,以免灼伤。

③对配制好的有腐蚀性的消毒液,应选择塑料或搪瓷桶、盆中储存备用。严禁储存于金属容器中,避免损坏容器。

④大多数消毒液不易久存,应现用现配。

(三)消毒器械的使用

1. 喷雾器

用于喷洒消毒液的器具称为喷雾器。喷雾器有两种,一种是手动喷雾器,一种是机动喷雾器。前者有背携式和手压式两种,常用于小面积消毒,后者有背携式和担架式两种,常用于大面积消毒。

①喷雾器在使用之前,都要进行检查、调试,熟悉操作要领,具备一般使用和维护常识。所

需消毒剂,均按上述方法配制。

②欲装入喷雾器的消毒液,应先在一个木制或铁制的桶内充分溶解,过滤,以免有些固体消毒剂不清洁,或存有残渣以致堵塞喷雾器的喷嘴,而影响消毒工作的进行。

③药物一般装八成为宜,否则,不易打气或造成桶身爆裂。

④打气时,感觉有一定抵抗力(反弹力)时即可喷洒。

⑤消毒完成后,当喷雾器内压力很强时,先打开旁边的小螺丝放完气,再打开桶盖,倒出剩余的药液,用清水将喷管、喷头和桶体冲干净,晾干或擦干后放在通风、阴凉、干燥处保存。切忌阳光暴晒。

⑥喷雾器应经常注意维修保养,以延长使用期限。

2.火焰喷灯

火焰喷灯是利用汽油或煤油做燃料的一种工业用喷灯,因喷出的火焰具有很高的温度,所以在兽医实践中常用以消毒各种被病原体污染了的金属制品,如管理家畜用的用具,金属的鼠笼、兔笼等。但在消毒时不要喷烧过久,以免将消毒物品烧坏,在消毒时还应有一定的次序,以免发生遗漏。

(四)羊场(舍)的消毒

1.羊舍的消毒

羊舍的消毒分两个步骤进行,第一步是先进行机械清扫,第二步是化学消毒液消毒。

机械清扫是搞好羊舍环境卫生最基本的一种方法。清扫、冲洗后再用药物喷雾或气体消毒。

用化学消毒液消毒时,消毒液的用量一般是以羊舍内每平方米面积用1 L药液。消毒的时候,先喷刷地面,然后墙壁,先由离门远处开始,喷完墙壁后再喷天花板,最后再开门窗通风,用清水刷洗饲槽,将消毒药味除去,否则家畜闻到消毒药味不愿吃食。此外,在进行羊舍消毒时也应将附近场院以及病毒污染的地方和物品同时进行消毒。

(1)羊舍的预防消毒　羊舍预防消毒在一般情况下,每年可进行两次(春秋各一次),凡是家畜停留过的处所都需进行消毒。在采取"全进全出"管理方法的机械化养畜场,应在全出后进行消毒。产房的消毒,在产仔前应进行一次,产仔高峰时进行多次,产仔结束后再进行一次。

羊舍预防消毒时常用的液体消毒剂有10%～20%的石灰乳和10%的漂白粉溶液,消毒方法如上。

羊舍预防消毒也可应用气体消毒。药品是福尔马林和高锰酸钾。方法是按照羊舍面积计算所需用的福尔马林与高锰酸钾量,其比例是:每立方米的空间,应用福尔马林25 mL,水12.5 mL,高锰酸钾25 g(或以生石灰代替)。在羊舍内放置几个金属容器,然后把福尔马林与水的混合液倒入容器内,将牲畜迁出,羊舍门窗密闭,其后将高锰酸钾倒入,用木棒搅拌,经几秒钟即见有浅蓝色刺激眼鼻的气体蒸发出来,此时应迅速离开羊舍,将门关闭。经过12～24 h后方可将门窗打开通风。

(2)羊舍的临时消毒和终末消毒　发生各种传染病而进行临时消毒及终末消毒时,用来消毒的消毒药随疾病的种类不同而异。在病羊舍、隔离舍的出入口处应放置浸有消毒液的麻袋片或草垫,如为病毒性疾病(如口蹄疫),则消毒液可用2%～4%氢氧化钠,而对其他的一些疾病则可浸以10%克辽林溶液。

2.地面土壤的消毒

消毒土壤表面可用含 2.5% 有效氯的漂白粉溶液、4% 福尔马林或 10% 氢氧化钠溶液。

停放过芽孢杆菌所致传染病(如炭疽、气肿疽等)病畜尸体的场所,或者是此种病畜倒毙死的地方,应严格加以消毒处理,首先用含 2.5% 有效氯的漂白粉溶液喷洒地面,然后将表层土壤掘起 30 cm 左右,撒上干漂白粉并与土混合,将此表土运出掩埋。在运输时应用不漏土的车以免沿途漏撒,如果无条件将表土运出,则应多加干漂白粉的用量(5 kg/m²),将漂白粉与土混合,加水湿润后原地压平。

其他传染病所污染的地面土壤消毒,如为水泥地,则用消毒液仔细刷洗,如为土地,则可将地面翻一下,深度约 30 cm,在翻地的同时撒上干漂白粉(用 0.5 kg/m²),然后以水湿润、压平。

3.粪便的消毒

(1)焚烧法 此种方法是消灭一切病原微生物最有效的方法,故用于消毒最危险的传染病病畜的粪便。

焚烧的方法是在地上挖一个壕,深 75 cm,宽 75~100 cm,在距壕底 40~50 cm 加一层铁梁(要密些,防止粪便落下),在铁梁下面放置木材等燃料,在铁梁上放置欲消毒的粪便,如果粪便太湿,可混合一些干草,以便迅速烧毁。此种方法的缺点是能损失有用的肥料,并且需要用很多燃料。故此法除非必要很少应用。

(2)化学药品消毒法 消毒粪便用的化学药品有含 2%~5% 有效氯的漂白粉溶液、20% 石灰乳。但是此种方法既麻烦,又难达到消毒的目的,故实践中不常用。

(3)掩埋法 将污染的粪便与漂白粉或新鲜的生石灰混合,然后深埋于地下,埋的深度应达 2 m 左右,此种方法简而易行,在目前条件下实用。但病原微生物可经地下水散布以及损失肥料是其缺点。

(4)生物热消毒法 这是一种最常用的粪便消毒法。应用这种方法,能使非芽孢病原微生物污染的粪便变为无害,且不丧失肥料的应用价值。粪便的生物热消毒方法通常有两种,一为发酵池法;一为堆粪法。

①发酵池法:此法适用于规模较大的牛场,多用于稀薄粪便的发酵。其设备为距牛场 200~250 m 以外无居民、河流、水井的地方挖筑两个或两个以上的发酵池(池的数量与大小决定于每天运出的粪便数量)。池可筑成方形或圆形,池的边缘与池底用砖砌后再抹以水泥,使不透水。如果土质干固、地下水位低,可以不必用砖和水泥。使用时先在池底倒一层干粪,然后将每天清除出的粪便垫草等倒入池内,直到快满时,在粪便表面铺一层干粪或杂草,上面盖一层泥土封好,如条件许可,可用木板盖上,以利于发酵和保持卫生。粪便经用上述方法处理后,经过 1~3 个月即可掏出作肥料用。在此期间,每天所积的粪便可倒入另外的发酵池,如此轮换使用。

②堆粪法:此法适用于干固粪便的处理。在距牛场 100~200 m 以外的地方设一堆粪场。堆粪的方法如下。在地面挖一浅沟,深约 20 cm,宽 1.5~2 m,长度不限,随粪便多少而定。先将非传染性的粪便或秸秆等堆至 25 cm 厚,其上堆放欲消毒的粪便、垫草等,高达 1.5~2 m,然后在粪堆外面再铺上 10 cm 厚的非传染性的粪便或谷草,并覆盖 10 cm 厚的沙子或土,如此堆放 3 周到 3 个月,即可用以肥田。因牛粪比较稀不易发酵,可以掺马粪或干草,其比例为 4份牛粪加 1 份马粪或干草。

（五）羊场扑灭疫病的措施

1. 疫情报告

在从事动物生产、流通等环节的过程中，任何单位或个人发现患有疫病或者疑似弊病的动物，应当及时向当地动物防疫监督机构报告。为避免谎报疫情，动物防疫监督机构应当迅速将发病动物种类、发病时间、地点、发病数及死亡数、剖检变化、初步诊断结果及防疫措施情况上报主管部门。上级机关接到报告后，除派人到现场协助诊断、提出防制办法和紧急处理外，根据农业部《动物疫情报告管理办法》有关规定迅速逐级上报。

疫情报告应以全国畜牧兽医总站统一制定的动物疫情快报、月报、年报报表形式上报。需要文字说明的，要同时报告文字材料。

（1）快报 有下列情况之一的必须快报：发生一类或疑似一类动物疫病；二类、三类或者其他动物疫病呈暴发性流行；新发现的动物疫情；已经消灭再次发生的动物疫病。

县级动物防疫监督机构和国家测报点确认上述动物疫情后，应在 24 h 内快报至全国畜牧兽医总站。全国畜牧兽医总站应在 12 h 内报国务院畜牧兽医行政管理部门。

（2）月报 县级动物防疫监督机构对辖区内当月发生的动物疫情，于下一个月 5 日前将疫情报告地（市）级动物防疫监督机构；地（市）级动物防疫监督机构每月 10 日前，报告省级动物防疫监督机构；省级动物防疫监督机构于每月 15 日前报全国畜牧兽医总站；全国畜牧兽医总站将汇总分析结果于每月 20 日前报国务院畜牧兽医行政管理部门。

（3）年报 县级动物防疫监督机构每年应将辖区内上一年的动物疫情在 1 月 10 日前报告地（市）级动物防疫监督机构；地（市）级动物防疫监督机构应当在 1 月 20 日前报省级动物防疫监督机构；省级动物防疫监督机构应当在 1 月 30 日前报全国畜牧兽医总站；全国畜牧兽医总站将汇总分析结果于 2 月 10 日前报国务院畜牧兽医行政管理部门。

迅速、全面、准确的疫情报告，能使防疫部门及时掌握疫情，作出判断，及时制订控制、消灭疫情的对策和措施。

2. 隔离

发生疫病流行时，首先对畜群进行检疫，根据检疫的结果，将全部受检家畜，分为病畜、可疑感染家畜和假定健康家畜三类分别对待。

（1）病畜 包括有典型症状、类似症状或其他特殊检查为阳性的家畜。选择不易散播病原体、消毒处理方便的地方或房舍进行隔离，严格消毒，搞好卫生，由专人精心饲养管理，加强护理，及时治疗，没有治疗价值的病畜，按有关规定严格处理。隔离时禁止闲杂人员出入，工作人员出入应遵守消毒制度。隔离区内的用具、饲料、粪便等，未经彻底消毒处理，不行运出。

（2）可疑感染家畜 未发现任何症状，但与病畜及其污染环境有过明显接触的家畜，如同群、同圈、同槽、同牧、同水源、同用具等。这类家畜有可能处在潜伏期，并有排菌（毒）的危险，经消毒后另选地方隔离，详加观察，出现症状则按病畜处理，不出现症状应立即进行紧急免疫接种或预防性治疗。经过一个最长潜伏期无症状出现者取消限制。

（3）假定健康家畜 无任何症状且与病畜无明显接触，对这类家畜应采取保护措施，严格与上述两类家畜分开饲养管理，并进行紧急免疫接种或药物预防。同时注意加强防疫卫生消毒制度。

3.封锁

（1）封锁的对象　为一类疫病或当地新发现的疫病。

（2）封锁的程序　原则上由县级以上人民政府发布和解除封锁令。

在县级范围内的由县级农牧部门划定疫区，报请县级人民政府发布封锁令，并报地（市）人民政府备案；涉及两个县以上由地（市）人民政府发布封锁令，报省政府备案。涉及两个地市以上由省人民政府发布封锁令，报农业部备案。涉及两个省以上由农业部发布封锁令，报国务院备案。

解除封锁令的程序与发布封锁令的程序逻辑相同。

（3）封锁的执行　执行封锁时，应掌握"早、快、严、小"的原则，即封锁在疫病流行早期，封锁行动要快，封锁措施执行要严，封锁范围尽可能小。

（4）解除封锁的条件

第一，传染源被消除；

第二，从传染源排出的病原体被消灭；

第三，易感动物都通过一个最长潜伏期而未发病。

（5）封锁区的划分　必须根据疫病流行规律特点、畜禽分布、地理环境、居民点以及交通等当地具体情况充分研究，确定疫点、疫区和受威胁区。

（6）封锁区内外的措施

①封锁线采取的措施：封锁区的边缘设立明显标记，指明绕道路线，设置监督岗哨，禁止易感动物通过封锁线。在必要的交通路口设立检疫消毒站，对必须通过的车辆、人员和非感动物进行消毒。

②疫点必须采取的措施：疫点要严禁人、畜禽、车辆出入，禁止畜禽产品及可能污染的物品运出。特殊情况下人员必须出入时，需经有关兽医人员许可，经严格消毒后出入。对病、死畜禽及其同群畜禽，在严格隔离的基础上治疗，或采取扑杀、销毁或无害化处理等措施。疫点出入口必须有消毒措施，疫点内用具、圈舍、场地必须进行严格消毒，疫点内的畜禽粪便、垫草、受污染的草料必须在兽医人员的监督指导下进行无害化处理。并做好杀虫、灭鼠工作。

③疫区必须采取的措施：交通要道必须建立临时性检疫消毒卡，并有专人和消毒设备，监视畜禽及其产品的移动，对出入人员、车辆进行消毒。停止集市贸易和对疫区内畜禽产品的采购。禁止运出污染草料。未污染的畜禽产品必须运出疫区时需经县级以上防疫、检疫监督机构批准，在兽医人员的监督指导下，外包装经消毒后运出。非疫点的易感畜禽，必须进行检疫或预防注射，农村、城镇饲养的畜禽必须圈养，牧区畜禽与放牧水禽必须在指定牧场放牧，役畜限制在疫区使役。

④受威胁区必须采取的措施：采取防御性措施，如易感动物及时进行免疫接种，建立免疫带，易感动物不进入疫区，不饮疫区流过的水，不从疫区购买牲畜、草料和畜产品。随时监测畜群动态，对本区屠宰、加工及畜产品仓库进行兽医卫生监督，注意对从解除封锁地区进来的畜禽及畜产品进行观察。

4.扑杀

在动检工作中，对患有特殊疫病（如结核病等）的染疫动物，应该选择简单易行、干净彻底、低成本的无血扑杀方法。

（1）静脉注射法　适合扑杀牛、马、驴、骡等大家畜染疫动物，方法是将染疫动物保定好后，用静脉输液的办法将消毒药输入到体内。注射用的消毒药有甲醛、来苏儿等,其用量因被扑杀疫畜的耐受性、消毒药种类等有所不同。以来苏儿为例,马属动物每匹用量为 500 mL 左右。

(2)心脏注射法 心脏注射所用的药物为菌毒敌原液,目的是药液随血液进入大动脉内和小动脉及组织中,杀灭体液及组织中的病原体,破坏肉质,与焚烧深埋相结合,可有效地防止人为再利用现象。其注射方法:牛等大疫畜先麻醉,后使牛右侧卧地,用注射器吸取 50~100 mL 菌毒敌,注入心脏;猪、羊等中小疫畜直接保定后进行心脏注射,药量为菌毒敌 40 mL。

(3)毒药灌服法 用敌敌畏 400 mL 或尿素 0.5 kg,加水 1 kg,混合溶解后灌服。此法简单,但药液易淋到操作人员衣服上,对人员造成危害。

(4)电击法 利用电流对机体的破坏作用达到扑杀疫畜的目的。

二、羊场防疫

(一)羊场防疫制度的编制

1.防疫制度编写的内容

①场址选择和场内布局。在进行场址选择时,应充分考虑地形、地势、周围环境等对防疫的影响;场内布局应有严格区划(生产区、管理区、生活区、病畜隔离区等),区划间应有一定的防疫隔离措施。

②饲养管理。饲料、饮水应符合卫生标准和营养标准,保证充足的饲料、饲草供应。

③检疫。外购畜禽应在产地采购时检疫,进场后进行隔离检疫,在饲养过程中定期检疫。

④消毒。消毒池的设置;消毒药品的采购、保管和使用;生产区环境消毒;畜禽舍消毒;畜体消毒;粪便消毒;人员、车辆、用具消毒。

⑤预防接种和驱除畜禽体内、外寄生虫。疫苗和驱虫药的采购、保管和使用;强制性免疫的疫病免疫程序,免疫监测;免疫执照管理;驱虫时间,驱虫效果。

⑥实验室工作。

⑦疫情报告。

⑧染疫畜禽及其排泄物、病死或死因不明的畜禽尸体处理。

⑨灭鼠、灭虫、禁止养犬猫。

⑩谢绝参观和禁止外人进入。

2.防疫制度编制的注意事项

①防疫制度的内容要具体、明了,用词准确,针对性强。

②防疫制度要贯彻国家有关法律、法规。

③根据生产实际编制防疫制度。

④制度经过讨论研究确定后,必须严格执行。

(二)羊场防疫计划的编制

1.防疫计划编制的范围

包括一般的疫病预防、某些慢性疫病的检疫及控制、遗留疫情的扑灭等工作。

2.防疫计划编制的内容

①基本情况。简述该场与流行病学有关的自然因素和社会因素;动物种类、数量,饲料生产及来源,水源、水质、饲养管理方式;防疫基本情况,包括防疫人员、防疫设备、是否开展防疫工作等;该场及其周围地带目前和最近两三年的疫情,对来年疫情的估计等。

②预防接种计划。应根据羊场及其周围地带的基本情况来制订,对国家规定或本地规定的强制性免疫的疫病,必须列在预防接种计划内。预防接种计划参考表 7-1。

表 7-1 _____年预防接种计划表

接种名称	畜别	应接种的头数	计划接种的头数				
			第一季	第二季	第三季	第四季	合计

③诊断性检疫计划表,格式参考表 7-2。

表 7-2 _____年检疫计划表

检疫名称	畜别	应检疫的头数	计划检疫的头数				
			第一季	第二季	第三季	第四季	合计

④兽医监督和兽医卫生措施计划。包括消灭现有疫病和预防出现新疫病的各种措施的实施计划,如改良畜禽舍的计划;建立隔离室、产房、消毒池、贮粪池等的计划;加强对养殖场饲养全过程的防疫监督,加强对养殖场人员的防疫宣传教育工作。

⑤生物制剂和抗生素计划表,格式参考表 7-3。

表 7-3 _____年生物制剂抗生素及贵重药品计划表

药剂名称	计算单位	全年需用量					库存情况		需要补充量					备注
		第一季	第二季	第三季	第四季	合计	数量	失效期	第一季	第二季	第三季	第四季	合计	

制表人: 审核人: 年 月 日

⑥普通药械计划表,格式参考表 7-4。

表 7-4 _____年普通药械计划表

药械名称	用途	单位	现有数量	需要补充数量	要求规格	代用规格	需要用时间	备注

⑦防疫人员培训计划。包括培训的时间、人数、地点、内容等。

⑧经费预算。可按开支项目分月(季)列表表示。

3.防疫计划编制的注意事项

①重视"基本情况"的编写。

②充分考虑防疫人员的素质,计划应做到切实可行。

③防疫计划要符合经济原则。

④计划制订要有重点。

⑤积极应用新成果。

⑥防疫时间的安排要恰当,既要把握灭病的最佳时期,又要避免与生产冲突。

任务二 羊常见传染病及其防控

(一)羊痘

羊痘是由病毒引起的一种急性、热性、接触性传染病。它的特征是在病羊皮肤和黏膜上发生特异的痘疹。

羊痘可造成妊娠母羊流产及生产力降低,甚至导致死亡,使养羊业遭受一定损失。危害最大的是绵羊痘。

1.范例

病羊体温升高到 $41\sim42℃$,食欲减少,精神不振,结膜潮红,从鼻孔流出黏性或脓性鼻漏,呼吸和脉搏增快。经 $1\sim4$ d 后开始在皮肤无毛或少毛部分(如眼的周围、唇、鼻翼、颊、四肢和尾的内面、阴唇、乳房、阴囊及包皮上,山羊大多发生在乳房皮肤和乳头上)出现为红斑, $1\sim2$ d 形成丘疹,突出皮肤表面,随后丘疹逐渐增大,变成灰白色水疱,内含清亮的浆液。此时病羊体温下降。由于白细胞浸润和化脓菌的侵入,水疱液渐变混浊而成脓疱。随后脓疱破裂或内容物干涸,形成棕色痂皮,脱痂后痊愈。

有的病羊在形成丘疹后,不再出现其他各期变化;有的病羊痘疹密集,互相融合连成一片,化脓菌侵入皮肤发生坏死或坏疽,全身症状严重;有的病羊,在痘疹聚集的部位或呼吸道、消化道发生出血,最终死亡。

一般典型病程需时 $3\sim4$ 周,冬季较夏季长。如有并发肺炎(羔羊较多)、胃肠炎、败血症等时,病程可延长或早期死亡。

2.病变

在皮肤和黏膜上出现痘疹。有的病例在前胃或第四胃黏膜上发生大小不等的结节,单个或融合,有的还见糜烂或溃疡。有的还见咽、支气管黏膜上有痘疹;有的肺部见结节或肺炎区。

3.诊断

(1)流行病学调查。发现各种年龄的羊都有发生,可导致妊娠母羊流产。

(2)临床检查。在皮肤或黏膜上形成特征性的痘斑。

（3）实验室检查。实验室可进行包涵体检查,取丘疹组织涂片,经莫洛佐夫镀银或姬姆萨染色,或苏木紫—伊红染色,镜检发现胞内原生小体(包涵体)即可确诊。

根据以上临床症状诊断要点及实验室检查可判定本范例为羊痘。

4.病因分析

本病由痘病毒引起,绵羊痘病毒主要引起绵羊痘,山羊痘病毒引起山羊痘。

（1）病原　痘病毒是一种亲上皮性病毒,在皮肤和黏膜的丘疹、脓疱及痂皮内大量存在。鼻黏膜分泌物内也含有病毒,在发病初期及体温上升时,血液中有时也有病毒存在。在普通显微镜下,可以看到病毒的原质小体,呈圆形或椭圆形,单个或成堆存在。本病毒在普通培养基上不能生长,只能在活的组织细胞中及正在发育的鸡胚绒毛尿囊膜上繁殖。

病毒在外界环境中可生活很长时间,如在羊舍内可生存半年,在牧场上生存两个月,羊毛上及干痘痂中生存两个月或更长。在腐败中迅速死亡。在低温暗处可保存两年以上,但当加热到50℃以上可很快死亡。普通消毒药如3％石炭酸、2％福尔马林和0.1％升汞(氯化汞)均有良好的消毒效果。10％漂白粉及3％硼酸效果很差。在直射阳光或紫外线的作用下可迅速死亡。

（2）流行病学分析　绵羊痘的流行最初是由个别羊发病,以后逐渐发展蔓延全群;山羊痘通常侵害个别羊群,少见发生,病势及损失比绵羊痘轻些。

病羊和带毒羊通过痘浆、脓疱液、痂皮及黏膜分泌物等散毒,本病主要通过呼吸道传染,水疱液和痂块易与飞尘或饲料相混而吸入呼吸道。病毒也可通过损伤的皮肤和黏膜侵入机体。饲管人员、饲管用具、毛皮产品、饲料、垫草和外寄生虫等,都可成为间接传播的媒介。

细毛羊较粗毛羊感受性大,病情也较重。羔羊较老龄羊敏感,死亡率亦高。妊娠母羊可能引起流产。因此,在产羔期前后发生羊痘流行,可导致很大损失。

本病主要在冬末春初流行。气候严寒、雨雪、霜冻、枯草季节、饲养管理不良等因素都可促进发病和加重病情。

5.防治技术

目前本病尚无有效治疗方法。主要是排除病因,防止继发感染。

（1）抗病毒治疗　对皮肤上的痘疮,可涂碘酒或紫药水。为防止并发症,破溃的局部病灶可用0.1％的高锰酸钾溶液洗涤,擦干后涂抹紫药水或碘甘油等。

（2）治疗继发感染　对继发感染可用青霉素、卡那霉素合剂或先锋霉素、林可霉素、病毒灵等,配地塞米松、板蓝根注射液进行治疗。对体温升高的加注安乃近注射液,也可用阿米卡星或恩诺沙星,每天肌肉注射2次,连用3～5 d。

6.预防措施

（1）引进羊时,必须进行血清学检查,防止购进带毒羊。

（2）在绵羊痘常发地区,每年定期预防注射。羊痘鸡胚化弱毒疫苗,按实含组织量用生理盐水做50倍稀释,大小绵羊一律尾内或股内侧皮下注射0.5 mL,注射后6 d产生免疫力,免疫期一年;山羊皮下注射5 mL,注苗后6 d产生免疫力,免疫期为6个月。山羊痘弱毒疫苗可用于山羊和绵羊,皮下接种0.5～1.0 mL,免疫期1年。

（3）当发生羊痘时,立即将病羊隔离,羊圈及管理用具等进行消毒。对尚未发病羊群用羊痘鸡胚化弱毒苗进行紧急注射。

(二)羊口疮

该病由传染性脓疱病毒(又称羊口疮病毒)引起的,特征为口唇处皮肤和黏膜形成丘疹,脓疱、溃疡和结成疣状厚痂。分三种类型:唇型、蹄型,外阴型。

1.范例

(1)病羊首先在口角或上唇、鼻镜上发生散布的小红斑点,随后形成大小不等的小结节,继而形成水疱或脓疱,脓疱破溃后,形成黄色或棕色的疣状硬痂,痂垢逐渐加厚、干燥,1～2周内痂皮脱落。

(2)病羊跛行,在蹄叉、蹄冠或系部皮肤上形成水疱或脓疱,破裂后形成痂垢,并伴有继发感染。

(3)病羊表现为黏性和脓性阴道分泌物,在阴唇和附近的皮肤上有溃疡和结痂,并在肛门周围发生肿胀、结痂。

2.病变

病羊以口唇部感染为主要症状。首先在口角、上唇或鼻镜上发生散在的小红斑点,以后逐渐变为丘疹、结节,继而形成小疱或脓疱,蔓延至整个口唇周围及颜面、眼睑和耳廓等部,形成大面积具有龟裂、易出血的污秽痂垢,痂垢下肉芽组织增生,嘴唇肿大外翻呈桑葚状突起。口腔黏膜也常受损害,黏膜潮红,在口唇内面、齿龈、颊部、舌及软腭黏膜上发生水疱,继而发生脓疱和烂斑,口腔恶臭。有的病羊在蹄叉、蹄冠、系部、会阴或阴茎处形成脓疱。

3.诊断

(1)流行病学调查。各种品种的羊均可感染,以夏秋季多发。

(2)临床检查。在口角、上唇、鼻镜、颜面眼睑和耳廓等部位出现丘疹、结节。病羊表现流涎、精神不振、食欲减退或废绝。

(3)与羊痘的鉴别。羊痘的疱疹多为全身性,而且病羊体温升高,全身反应严重。痘疹结节呈圆形突出于皮肤表面,界限明显,似脐状。

依据以上诊断方法判定范例(1)～(3)为口疮,其中范例(1)为唇型,范例(2)为蹄型,范例(3)为外阴型。

4.病因分析

本病由传染性脓疱病毒(又称羊口疮病毒)引起。

(1)病原　痘病毒科痘病毒属中传染性脓疱病毒,病毒对外界环境有相当强的抵抗力,干痂中的病毒在夏季阳光下暴晒30～60 d后才失去传染性,在地面上经过秋冬、在冰箱中保存3年之后仍有传染性。污染的牧场可能保持传染性几个月,但加热65℃时,2 min将其杀死。

(2)流行病学分析　各种品种的羊均可感染,但以3～6月龄羔羊发病最多,成年羊同样易感,但发病较少,人和猫也可感染。本病发生无季节性,以夏秋季多发。病毒存在于脓疱和痂皮中,健康羊通过皮服、黏膜的擦伤而传染,也可通过被污染的圈舍、牧场,用具而引起感染。自然感染主要由购入病羊或带毒羊转入健康羊群,引起群发,病毒的抵抗力较强,所以一旦发生,本病在羊群中可危害多年。被污染的饲料和饮水均可散布病原。

5.治疗技术

(1)首先隔离病羊,对圈舍、运动场进行彻底消毒。

(2)给病羊柔软、易消化、适口性好的饲料,保证充足的清洁饮水。

(3)先将病羊口唇部的痂垢剥除干净,用淡盐水或0.1%高锰酸钾水充分清洗创面,然后用紫药水或碘甘油(将碘酊和甘油按1:1的比例充分混合即成)涂抹创面,每天1～2次,直至痊愈。

常用药物:①用病毒灵0.1 g/kg、青霉素钾或钠盐4～5 mg/kg,每日1次,连用3 d为1个疗程,间隔2～3 d进行第2个疗程,一般2～3个疗程即可;②维生素C 0.5 mL、维生素B$_{12}$ 0.02 mL肌肉注射,每日2次,3～4 d为1个疗程,连用2个疗程。

6.预防措施

(1)本病主要通过受伤的皮肤和黏膜传染,因此,要保护皮肤和黏膜不使其发生损伤。尽量不喂干硬的饲草,挑出其中的芒刺。给羊加喂适量食盐,以减少羊啃土啃墙,保护皮肤、黏膜。

(2)不要从疫区引进羊及其产品,对引进的羊只隔离观察半月以上,确认无病后再混群饲养。

(3)在本病流行地区,用羊口疮弱毒疫苗进行免疫接种。接种时按每头份疫苗加生理盐水在阴暗处充分摇匀,每只羊在口腔黏膜内注射0.2 mL,注射处出现一个透明发亮的小水疱为准。也可把病羊口唇部的痂皮取下,研成粉末,用5%的甘油生理盐水稀释成1%的溶液,对未发病羊做皮肤划痕接种,经过10 d左右即可以产生免疫力,对预防本病效果好。

(4)给予优质青干草,营养丰富含有维生素易消化的青绿饲料和块根饲料。

(三)蓝舌病

蓝舌病是以昆虫为传播媒介的反刍动物的一种病毒性传染病,主要侵害绵羊,也可感染其他反刍动物。其特征为发热、消瘦、口腔黏膜发绀,鼻和胃肠黏膜溃疡性炎症,白细胞减少。特别是羔羊长期发育不良,死亡,羊毛的质量受到影响。

1.范例

病初体温升高达40.5～41.5℃,稽留5～6 d,厌食、流涎,口唇水肿延伸到面部和耳部,甚至颈部、腹部,口腔黏膜发绀,呈青紫色糜烂,致使吞咽困难。在溃疡损伤部位渗出血液,唾液呈红色。蹄冠、蹄叶发炎,跛行,有的病羊便秘或腹泻,有时下痢带血。病程一般为6～14 d。怀孕4～8周的母羊遭受感染时,其分娩的羔羊中约有20%发育缺陷。

2.病变

主要在口腔出现糜烂和深红色区,舌、齿龈、硬腭、颊黏膜和唇水肿。瘤胃有暗色区,呼吸道、消化道和泌尿道黏膜及心肌、心内外膜有小点出血。严重病例,消化道黏膜有坏死和溃疡。脾脏肿大,肾和淋巴结轻度发炎和水肿。

3.诊断

(1)流行病学调查 主要发生夏季,1岁左右的绵羊最易感。

(2)临床检查 病羊体温升高到40.5～41.5℃,流涎,口唇水肿延伸到面部和耳部,甚至颈部、腹部,口腔黏膜发绀,蹄冠、蹄叶发炎,跛行,有的病羊便秘或腹泻,有时下痢带血。

(3)实验室检查 主要进行血清学试验,以琼脂扩散试验较为常用。

根据以上临床症状诊断要点及实验室检查可判定本范例为蓝舌病。

(4)鉴别诊断　在诊断过程中,应该注意本病与口蹄疫、口疮及溃疡性皮炎之间的区别诊断。

①与口蹄疫的区别:口蹄疫有接触传染而蓝舌病没有;口蹄疫的糜烂性病理损害是由于水疱破溃而发生的,蓝舌病虽有上皮脱落和糜烂,但不形成水疱。

②与口疮的区别:口疮在羊群中以幼龄羊发病率高,病羊口唇、鼻端出现丘疹和水疱,破溃以后形成疣状厚痂,痂皮下为增生的肉芽组织。病羊一般不显全身症状和体温反应。

③与羊溃疡性皮炎的区别:溃疡性皮炎仅见局部病变无全身反应。面部病变常见于上唇、鼻孔外侧,很少蔓延到口腔内部;公羊阴茎和母羊阴户常发生溃疡。

4.病因分析

本病由蓝舌病病毒引起。

(1)病原　蓝舌病病毒,易在鸡胚卵黄囊或血管内繁殖,羊肾、犊牛肾、胎牛肾、小鼠肾原代细胞和继代细胞都能培养增殖,并产生蚀斑或细胞病变。病毒存在于病畜血液和各器官中,在康复畜体内存在达 4~5 个月之久,病毒对 3%氢氧化钠溶液很敏感。

(2)流行病学分析　本病以 1 岁左右的绵羊最易感,哺乳的羔羊有一定的抵抗力,牛和山羊的易感性较低。本病毒在库蠓唾液腺内存活、增殖和增强毒力后,经库蠓叮咬感染健康牛、羊。绵羊是临诊症状表现最严重的动物。本病多发生于湿热的夏季和早秋,特别多见于池塘、河流多的低洼地区。

5.防治

该病目前尚无有效的治疗方法,主要是加强营养,精心护理,对症治疗。可用如下方法治疗:口腔用清水、食醋或 0.1%的高锰酸钾水冲洗,再用 1%~3%硫酸铜或碘甘油涂于糜烂面,或用冰硼散外用治疗。蹄部患病时可先用 3%克辽林或 3%来苏儿洗净,再用土霉素软膏涂抹。注射抗生素,预防继发感染。比较严重的病例可补液强心,5%糖盐水加 10%安钠加 10 mL 静脉注射,每日 1 次。

6.预防措施

(1)蓝舌病病毒的多型性和在不同血清型之间无交互免疫性的特点,使免疫接种产生一定的困难。如需免疫接种,应先确定当地流行的病毒血清型,选用相应血清型的疫苗,才能获得满意的结果。弱毒疫苗接种后可引起不同程度的病毒血症,同时对胎儿有影响,母羊流产。运用时应加以注意。

(2)严禁从有本病的国家、地区引进羊只。

(3)加强冷冻精液的管理,严禁用带毒精液进行人工授精。

(4)放牧时选用高地放牧,不在野外低湿地过夜,以减少感染机会。

(5)定期进行药浴、驱虫,控制和消灭本病的媒介昆虫。

(6)在新发生地区可进行紧急预防接种,并淘汰全部病羊。

(四)梅迪-维斯纳病

梅迪-维斯纳病是成年绵羊的一种不表现发热症状的接触性传染病。临诊特征是经过一段长的潜伏期之后,表现间质性肺炎或脑膜炎,病羊衰弱、消瘦,最后终归死亡。

1.范例

(1)病羊出现逐渐增重的呼吸道症状。在病的早期,如驱赶羊群,特别是上坡时,病羊落于群后。病羊鼻孔扩张,头高仰,有时张口呼吸。听诊时在肺的背侧可闻啰音,叩诊时在肺的腹侧发现实音。血常规检查,发现轻度的低血红素性贫血,持续性的白细胞增多症。

(2)病羊经常落群,后肢发软,易失足。同时体重减轻,随后距关节不能伸直。休息时经常用跖骨后段着地,四肢麻痹并逐渐发展,出现行走困难。用力后容易疲乏,有时唇和眼睑震颤,头微微偏向一侧,然后出现偏瘫或完全麻痹。

2.病变

有呼吸道型和神经型两种。

(1)呼吸道型　剖开胸腔可见肺不塌陷,肺各叶之间以及肺和胸壁有时发生粘连。病肺体积增大,重量增加,呈淡灰黄色或暗红色,触感橡皮样,切面干燥。支气管淋巴结肿大,切面间质发白。组织学检查为间质性肺炎变化。

(2)神经型　病程很长的病例可见后肢肌肉萎缩,少数病例的脑膜充血,白质切面有黄色小斑点。组织学检查脑膜下和脑室膜下出现淋巴细胞和小胶质细胞浸润和增生。重病的脑、脑干、脑桥、延髓和脊髓的白质广泛遭受损害,由胶质细胞构成的小浸润灶可融合成大片浸润区,并趋于形成坏死和空洞。

3.诊断

(1)流行病学　调查所有品种的绵羊都易感,一年四季均可发生。

(2)临床检查　病羊无体温反应,出现逐渐增重的呼吸道症状或神经症状。

(3)病理变化　肺实变,肺胸膜下有散在无数针尖大小的青灰色小点;有神经症状的病羊可见神经组织浸润。

(4)实验室检查　可采取病料作病理组织学检查、病毒分离、病毒颗粒的电镜观察以及中和试验、琼脂扩散试验、免疫荧光法等进行确诊。

根据以上临床症状诊断要点及实验室检查可判定范例1为梅迪,即呼吸道型;范例2为维斯纳型;二者合称梅迪-维斯纳病。

(5)鉴别诊断　需要与绵羊肺腺瘤病、痒病等进行区别。

①与绵羊肺腺瘤病的区别:梅迪-维斯纳病与绵羊肺腺瘤病在临床上均表现为进行性病程,很难区别。但在病理组织学上,绵羊肺腺瘤病以增生性、肿瘤性肺炎为主要特征,可发现肺泡上皮细胞和细支气管上皮细胞异型增生,形成腺样构造;而梅迪病则以间质性肺炎为特征,间质增厚变宽,平滑肌增生,支气管和血管周围淋巴样细胞浸润,血清学试验也可区别。

②与痒病的区别:一些不呈瘙痒症状的痒病患羊,在临床上可能与维斯纳病相似。但在病理组织学上,痒病的特异性变化是神经元空泡化,即海绵样变性,而维斯纳病则呈现弥漫性脑膜炎变化,具有明显的细胞浸润和血管套现象,以及弥漫性脱髓鞘变化。此外,痒病缺乏免疫学反应,而梅迪-维斯纳病可用血清学方法检出特异抗体。

4.病因分析

本病由梅迪-维斯纳病毒引起。

(1)病原　梅迪-维斯纳病毒,是两种在许多方面具有共同特性病毒,在分类上被列入反转病毒科、慢病毒属,含有单股 RNA,成熟的病毒粒子直径 80～120 nm,含有直径约 40 nm 的致密类核,长约 10 nm 的纤突从病毒囊膜伸出。

病毒对乙醚、氯仿、乙醇、间位过碘酸盐和胰酶敏感,能被 0.1% 福尔马林、4% 酚和乙醇灭活。pH 为 7.2～9.2 时最为稳定,pH 为 4.2 于 10 min 内灭活。于-50℃冷藏可存活数月,4℃存活 4 个月,20℃存活 9 d,37℃存 24 h,50℃只存活 15 min。

(2)流行病学分析　主要是绵羊的一种疾病,山羊也可感染,可发生于所有品种的绵羊,无性别区别,多见于 2 岁以上的成年绵羊。一年四季均可发生。自然感染是吸入了病羊所排出的含病毒的飞沫和病羊与健康羊直接接触传染,也可能经胎盘和乳汁而垂直传染。吸血昆虫也可能成为传播者。易感绵羊经肺内注射病羊的肺细胞的分泌物(或血液),也能实验性感染。本病多呈散发,发病率因地域而异。从世界各地分离到病毒经鉴定都是相同的。

5.防治技术

本病属于国家农业部公布的动物疫病中的一类疫病,国际兽疫局(OIE)中 A 类病,因此,按法律规定对于此病需要采取必要的控制和扑灭措施。

目前尚无有效的治疗方法,主要是加强营养,精心护理,对症治疗。

预防方法:防止健康羊接触病羊,同时病羊应隔离和淘汰。主要是病尸和污染物应销毁或用石灰掩埋。圈舍、饲管用具应用 2% 氢氧化钠或 4% 碳酸钠消毒。引进种羊应来自于无病区,避免与病情不明和有病羊群共同放牧。每 6 个月作一次血清学试验,淘汰有症状的羊和血清学反应阳性羊及其后代,以清除此病。

(五)绵羊痒病

绵羊痒病又称驴跑病、瘙痒病、慢性传染性脑炎,是成年绵羊的一种缓慢发展的传染性的中枢神经系统疾病。其特征为潜伏期长、剧痒、精神委顿、肌肉震颤、运动失调、衰弱、瘫痪,终归死亡。常引起显著的皮肤过敏,偶见于山羊。

1.范例

早期表现沉郁和敏感,易惊,目光不安或凝视,有癫痫症状。重者视力丧失,病羊与固定物相撞,共济失调导致步态蹒跚高跷。母羊可流产。

有的羊表现为高举步态运步,呈现特殊的驴跑步样姿态或雄鸡步样姿态,后肢软弱无力,肌肉颤抖,步态蹒跚。羊体温不高,体重明显下降,常不能跳跃,遇沟坡、土堆、门槛等障碍时,反复跌倒或卧地不起。

有的羊出现擦痒、抓伤、咬伤、皮炎和羊毛的损坏等症状,体温无明显变化。

2.诊断

(1)流行病学调查　不同性别、品种的羊均可发生,病羊可进行垂直传播。

(2)临床检查　病羊表现沉郁和敏感,擦痒,共济失调,母羊可出现流产。

(3)病理变化　尸体剖检无明显病变。

根据典型的症状和流行规律可判定本范例为绵羊痒病。

(4)鉴别诊断　应与螨病、虱病相鉴别,这两种病虽然都出现擦痒、抓伤、咬伤、皮炎和羊毛的损坏,但可找到螨与虱。

3.病因分析

(1)病原　病原为朊病毒(virino),或称蛋白侵染因子(prion)。它仅是一种大分子,不含核酸,无免疫反应。本病原对不良的理化影响很稳定,脑组织中的病原能耐高温和消毒药。用胃蛋白酶和胰蛋白化及紫外线照射处理,并不能使有感染力的脑悬液完全失去活性。对氯仿、乙醇、乙醚、高碘酸钠和次氯酸钠敏感,酸和碱如 pH 为 2.5～10 的溶液,对其无影响。病原主要存在于中枢神经系统、脾脏和淋巴结中。

(2)流行病学分析　不同性别、品种的羊均可发生痒病,但品种间存在着明显的易感性差异,如英国萨福克种绵羊更为敏感。痒病具有明显的家族史,在品种内某些受感染的谱系发病率高。一般发生于 2～5 岁的绵羊,5 岁以上的和 1.5 岁以下的羊通常不发病。患病羊或潜伏期感染羊为主要传染源。痒病可在无关联的羊间水平传播,患羊不仅可以通过接触将病原传给绵羊或山羊,也可垂直传播给后代。健康羊群长期放牧于污染的牧地(被病羊胎膜污染),也可引起感染发病。通常呈散发性流行,感染羊群内只有少数羊发病,传播缓慢。小鼠、仓鼠、大鼠和水貂等实验动物均可人工感染痒病。羊群一旦感染痒病,很难根除,几乎每年都有少数患羊死于本病。

4.防治技术

由于本病的特殊性(潜伏期长、发展缓慢),一般的防制措施无效。在没有发生过本病的国家,如输入种羊后发现本病,有必要全部淘汰。如有的种羊分至另一些羊群,应将羊群封锁,羊只不准移动,隔离观察 42 个月,如发现病羊,可作同样处理。常用的消毒方法有:①焚烧;②5%～10%氢氧化钠溶液作用 1 h;③0.5%～1.0%次氯酸钠溶液作用 2 h;④浸入 3%十二烷基磺酸钠溶液煮沸 10 min。

(六)山羊病毒性关节炎-脑炎

山羊病毒性关节炎-脑炎是一种病毒性传染病。临诊特征是成年羊为慢性多发性关节炎,间或伴发间质性肺炎或间质性乳房炎,羔羊常呈现脑脊髓炎症状。

1.范例

(1)病羊精神沉郁、跛行,进而四肢强直或共济失调。一肢或多肢麻痹、横卧不起、四肢划动,有的病例眼球震颤、惊恐、角弓反张。有时面神经麻痹,吞咽困难或双目失明。病程半月至一年。

(2)病羊腕关节和跗关节肿大,并跛行。开始关节周围的软组织水肿、湿热、疼痛,有轻重不一的跛行,进而关节肿大如拳,活动不便,常见前膝跪地前行。有时病羊肩前淋巴结肿大。透视检查,轻型病例关节周围软组织水肿;重症病例软组织坏死,纤维化或钙化,关节液呈黄色或粉红色。

(3)患羊进行性消瘦,咳嗽,呼吸困难,胸部叩诊有浊音,听诊有湿啰音。

2.病变

主要病变见于中枢神经系统、四肢关节及肺脏,其次是乳腺。

(1)中枢神经　主要发生于小脑和脊髓的灰质,左前庭核部位将小脑与延髓横断,可见一侧脑白质有一棕色区。镜检见血管周围有淋巴样细胞、单核细胞和网状纤维增生,形成套管,套管周围有呈状胶质细胞和少突胶质细胞增生包围,神经纤维有不同程度的脱髓鞘变化。

(2)肺脏　轻度肿大,质地硬,呈灰色,表面散在灰白色小点,切面有大叶性或斑块状实变区。支气管淋巴结和纵隔淋巴结肿大,支气管空虚或充满浆液和黏液,镜检见细支气管和血管周围淋巴细胞、单核细胞或巨噬细胞浸润,甚至形成淋巴小结,肺泡上皮增生,肺泡隔肥厚,小叶间结缔组织增生,临近细胞萎缩或纤维化。

（3）关节　关节周围软组织肿胀波动,皮下浆液渗出。关节囊肥厚,滑膜常与关节软骨黏连。关节腔扩张,充满黄色粉红色液体,其中悬浮纤维蛋白条索或血凝块。滑膜表面光滑,或用结节状增生物。透过滑膜可见到组织中的钙化斑。镜检见滑膜绒毛增生折叠,淋巴细胞、浆细胞及单核细胞灶状聚集,严重者发生纤维蛋白性坏死。

（4）乳腺　发生乳腺炎的病例,镜检见血管、乳导管周围及腺叶间有大量淋巴细胞、单核细胞和巨细胞渗出,继而出现大量浆细胞,间质常发生灶状坏死。

（5）肾脏　少数病例肾表面有 $1\sim2$ mm 的灰白小点。镜检见广泛性的肾小球肾炎。

3.诊断

（1）流行病学调查　只感染山羊,绵羊不感染。有明显的季节性,80%以上的病例发生于 $3\sim8$ 月间。

（2）临床检查　病羊精神沉郁、跛行,头颈歪斜或做圆圈运动,有时面神经麻痹,吞咽困难或双目失明。有的病例腕关节肿大或跛行,个别病例出现进行性消瘦,咳嗽,呼吸困难等症状。

（3）病理变化　主要病变见于中枢神经系统、四肢关节及肺脏、肾脏、乳腺。

（4）实验室检查　实验室的诊断可采取发热期或濒死期和新鲜死尸的肝脏制备乳悬液进行病毒的分离试验,也可选用小鼠或仓鼠进行动物实验。血清学诊断主要应用琼脂扩散试验或酶联免疫吸附试验确定隐性感染动物。应用免疫荧光抗体技术检测血清中的 IgM 抗体可以作为新发疾病的判定指标。

根据以上临床症状诊断要点及实验室检查可判定范例 1 为脑脊髓炎型,主要发生于 $2\sim4$ 月龄羔羊,有明显的季节性,80%以上的病例发生于 $3\sim8$ 月间;范例 2 为关节炎型,发生于 1 岁以上成年山羊,病程 $1\sim3$ 年;范例 3 为间质性肺炎型,较少见,无年龄限制,病程 $3\sim6$ 个月。此外,哺乳母羊有时发生间质性乳房炎。

4.病因分析

（1）病原　山羊病毒性关节炎-脑炎病毒,属于反转病毒科慢病毒属,病毒形态结构和生物特性与梅迪—维斯纳病毒相似,含有单股 RNA,病毒粒子直径 $80\sim100$ nm。

（2）流行病学分析　病毒经乳汁感染羔羊,被污染的饲草、饲料、饮水等可成为传播媒介。感染途径以消化道为主。在自然条件下,只在山羊间互相传染发病,绵羊不感染。呼吸道感染和医疗器械接种传播本病的可能性不能排除。感染本病的羊只,在良好的饲养管理条件下,常不出现症状或症状不明显,只有通过血清学检查才能发现。

5.防治技术

尚无有效疗法和疫苗。主要以加强饲养管理和防疫卫生工作为主。执行定期检疫,及时淘汰血清学反应阳性羊。引入羊只实行严格检疫,特别是引进国外品种,除执行严格的检疫制度外,入境后还要单独隔离观察,定期复查,确认健康后,才能转入正常饲养繁殖或投入使用。在无病地区还应提倡自繁自养,严防本病由外地带入。

（七）羊梭菌性疾病

羊梭菌性疾病是由梭状芽孢杆菌属中的微生物引起的一类疾病,包括羊快疫、羊肠毒血症、羊猝疽、黑疫、羔羊痢疾等病。这一类疾病在临诊上有不少相似之处,容易混淆。这些疾病都能造成急性死亡,对养羊业危害很大。

1. 羊快疫

羊快疫是主要发生于绵羊的一种急性传染病,发病突然,病程极短,其特征为真胃呈出血性、炎性损害。

(1)范例　6~18月龄体质肥壮的羊无任何症状突然死亡,有的死前有疝痛症状。病程稍长者,精神沉郁,离群独立,不愿走动,或运动失调;有的表现虚弱;口内排泡沫血样唾液,腹部胀满,有腹痛症状,有的排黑色稀便或软便;有的在死前因结膜显著发红,而呈"红眼";体温有的正常,有的体温高到40℃以上;病羊最后极度衰弱,昏迷,磨牙,在24 h内死亡。

(2)病变　主要是真胃出血性炎症变化胃底部幽门附近的黏膜和十二指肠黏膜充血、出血、甚至发生坏死,黏膜下组织常水肿胸腔、腹腔和心包有大量的积液,心内膜和心外膜有点状出血。肝脏肿大,质脆、呈煮熟状,胆囊扩张,充满胆汁。

(3)诊断

①临床检查:体质肥壮的羊只,突然发生死亡,有的病例可见到不食、磨牙、呼吸困难、甚至昏迷有的兴奋不安,腹部鼓胀等症状。

②病理变化:真胃黏膜出现出血性坏死病灶,肝脏肿大,即可怀疑为本病。

③实验室检查:a.细菌学检查,取病羊的肝脏被膜触片镜检,可见到两端钝圆、单在或短链的大杆菌,有时还可见到无关节的长丝状菌;b.动物试验,取病羊的血液或组织乳剂,处理后接种小鼠或豚鼠,24 h内死亡;c.免疫荧光抗体技术可快速诊断。

根据以上临床症状诊断要点及实验室检查可判定本范例为羊快疫。

(4)病因分析

①病原:羊快疫的病原是腐败梭菌。当取病羊血液或脏器做涂片镜检时,能发现单在及两三个相连的粗大杆菌,并可见其中一部分已形成卵圆形膨大的中央或偏端芽孢。本菌能产生四种毒素,α毒素是一种卵磷脂酶,具有坏死、溶血和致死作用;β毒素是一种脱氧核糖核酸酶,具有杀白细胞作用;γ毒素是一种透明质酸酶;δ毒素是一种溶血素。一般消毒药物均能杀死腐败梭菌的繁殖体,但芽孢的抵抗力很强,3%福尔马林能迅速杀死芽孢。可应用20%的漂白粉、3%~5%的氢氧化钠进行消毒。

②流行病学分析:本病一般经消化道感染,以2岁以内的羊发病较多。一般呈地方流行,多发于秋、冬和初春气候骤变,阴雨连绵季节;于低洼地、潮湿地、沼泽地放牧的羊只易患本病。

(5)防治技术

①治疗:由于本病病程短促,往往来不及治疗,因此,必须加强平时的防疫措施;对病程较长的病例可给予对症治疗,使用强心剂、肠道消毒药、抗生素及胺类药物。

②预防:a.本病常发地区,每年定期注射羊快疫、猝狙、肠毒血症三联苗或羔羊痢疾、黑疫五联菌苗,不论大小羊,均皮下或肌肉注射5 mL。b.当本病严重发生时,转移牧地,可收到减弱和停止发病的效果。应将所有未发病的羊只转移到高燥地区放牧,早上不宜太早出牧。c.及时隔离病羊,对病死羊严禁剥皮利用,尸体及排泄物应深埋,被污染的圈舍和场地、用具用3%的烧碱溶液或20%的漂白粉溶液消毒。d.对病羊的同群羊进行紧急预防接种,并口服2%的硫酸铜,每只羊100 mL。

2. 羊肠毒血症

羊肠毒血症又称"软肾病"、"过食症",是由产气荚膜梭菌在羊肠道内繁殖产生毒素所引起的一种急性、高度致死性传染病。由于该病死后的肾脏如软泥样,故称之"软肾病"。本病在临诊症状上似于羊快疫,故又称类快疫。

(1)范例　膘情较好的羊突然出现四肢出现强烈的划动,肌肉颤搐,眼球运动,磨牙,口水过多,随后头颈显著抽缩,往往死于 2～4 h 内。有的病羊开始步态不稳,并有感觉过敏,继以昏迷,角膜反射消失;有的病羊发生腹泻,通常在 3～4 h 内静静地死去。

(2)病变　病变常见于消化道、呼吸道、心血管系统,心包内可见 50～60 mL 的灰黄色液体和纤维素絮块,肺充血水肿,肾脏像脑髓软化,肠道某些区段急性发红。

(3)诊断

①流行病学调查:发病有明显的季节性。

②临床检查:病羊主要出现搐搦或昏迷症状。

③病理变化:剖检可见小肠黏膜充血、出血发炎。

④实验室检查:肠道、肾脏和其他实质脏器内发现 D 型产气荚膜梭菌;尿内发现葡萄糖。

根据以上临床症状诊断要点及实验室检查可判定本病例为羊肠毒血症。

(4)病因分析

①病原:魏氏梭菌,又称产气荚膜梭菌,为厌气性粗大梭菌,革兰氏阳性,无鞭毛,不能运动,在动物体内能形成荚膜,芽孢位于菌体中央。

一般消毒药均易杀死本菌繁殖体,但芽孢抵抗力较强,在 95℃ 下需 2.5 h 方可杀死。本菌能产生强烈的外毒素,具有酶活性,不耐热,有抗原性,用化学药物处理可变为类毒素。

②流行病学分析:D 型产气荚膜梭菌为土壤常在菌,也存在于污水中,羊只采食被病原菌芽孢污染的饲料与饮水时,芽孢便随之进入羊的消化道,其中大部分被真胃里的酸杀死,一小部存活者进入肠道。

羊肠毒血症的发生具有明显的季节性和条件性。本病多呈散发,绵羊发生较多,山羊较少。2～12 月龄的羊最易发病,发病的羊多为膘情较好的。

(5)防治技术

①治疗:病程缓慢的病羊可用以下药物治疗:庆大霉素按每千克体重 1 000～1 500 IU 肌肉注射,每日 2 次;磺胺脒 8～12 g,第 1 天 1 次灌服,第 2 天分 2 次灌服;病情严重者将 10% 安钠咖 10 mL 加 500～1 000 mL 5% 葡萄糖溶液中静脉滴注。

②预防:加强饲养管理,农区和牧区春夏多发病期间少抢青、抢茬,实行牧草场轮换放牧,经常给羊饮用 0.1% 高锰酸钾溶液,秋季避免吃过量结籽饲草。常发病期定期注射羊厌氧菌病三联苗(羊快疫、羊猝疽、羊肠毒血症)或五联苗或近年试验成功的六联苗(羊快疫、羊肠毒血症、羊猝疽、羊传染坏死性肝炎、羔羊痢疾和大肠杆菌病)。皮下或肌肉注射 5 mL。

3.羊猝疽

羊猝疽是由 C 型产气荚膜梭菌所引起的一种毒血症,以急性死亡、腹膜炎或溃疡性肠炎为特征。

(1)范例　病程短促,常未发现症状即突然死亡。有时发现病羊掉群、卧地、不安、衰弱和痉挛,在数小时内死亡。

(2)病变　主要见于消化道和循环系统。十二指肠和空肠黏膜严重充血、糜烂,有的区段可见大小不等的溃疡。胸腔、腹腔和心包腔积液,浆膜上有小点出血。病羊刚死时骨骼肌表现正常,但在死后 8h 内,细菌在骨骼肌里增殖,使肌间隔积聚血样液体,肌肉出血,有气性裂孔,骨骼肌的这种变化与黑腿病的病变十分相似。

(3)诊断

①流行病学调查:冬、春季节绵羊发病较多。

②临床检查:羊突然死亡。

③病理变化:剖检见糜烂性和溃疡性肠炎、腹膜炎,体腔和心包腔积液。

④实验室检查:从体腔渗出液、脾脏取材分离出由 C 型产气荚膜梭菌;小肠内容物里检查有 β 毒素。

根据以上临床症状诊断要点及实验室检查可判定本范例为羊猝疽。

(4)病因分析

①病原:C 型产气荚膜梭菌为两端略呈切状粗杆菌,革兰氏染色阳性。在培养基中呈多形性,在缺糖、镁、钾的培养基中出现丝状。无鞭毛。不运动。在肠内容物中易见芽孢,但在动物体内极少见。芽孢比菌体略大为椭圆形,位于菌体中央或两端。芽孢在 100℃ 加热 5 min 可失去活力。本菌在动物体内有时带有荚膜,在加糖类、牛奶或血液的培养基中可形成荚膜。

本菌需求厌氧条件并不严格,但在厌氧环境中生长迅速,产生 β 毒素,可致死动物及引起组织坏死。

②流行病学分析:发生于成年绵羊,以 1～2 岁的绵羊发病较多。常见于低洼、沼泽地区,多发生于冬、春季节,常呈地方流行性。

(5)治疗技术　可参照羊快疫和羊肠毒血症的防制措施进行。

4. 羊黑疫

羊黑疫又名传染性坏死性肝炎,是绵羊和山羊的一种急性高度致死性毒血症,病的特征是肝实质坏死。

(1)范例　大多数情况下羊突然发生死亡。少数病例病程稍长,可拖延一二天,但不超过 3 d。病羊掉群,不食,呼吸困难,体温 41.5℃ 左右,呈昏睡俯卧状态,并保持在这种状态下毫无痛苦地突然死去。

(2)病变　病羊尸体皮下静脉显著扩张,其皮肤呈暗黑色外观(黑疫之名即由此而来)。胸部皮下组织经常水肿,浆膜腔有液体渗出,暴露于空气易凝固,液体常呈黄色。但腹腔液略带血色。

肝脏充血肿胀,从表面可看到或摸到有一个到多个凝固性坏死灶,坏死灶的界限清晰,灰黄色,不整圆形,周围常为一鲜红色的充血带围绕,坏死灶直径可达 2～3 cm。羊黑疫肝脏的这种坏死变化具有诊断意义。这种病变和未成熟肝片形吸虫通过肝脏所造成的病变不同,后者为黄绿色,弯曲似虫样的带状病痕。

(3)诊断

①流行病学调查:所有年龄的羊都易感。

②临床检查:发病十分急促,绝大多数情况是未见有病而突然发生死亡。

③病理变化:病羊尸体皮下静脉显著扩张,皮肤呈暗黑色;肝脏坏死。

④实验室检查:主要进行细菌学检查和毒素检查。

根据以上临床症状诊断要点及实验室检查可判定本范例为羊黑疫。

（4）病因分析

①病原：本病病原为诺维氏梭菌，为革兰氏阳性大杆菌，严格厌氧，能形成芽孢，不产生荚膜，具周身鞭毛，能运动。

②流行病学分析：本菌分为 A、B、C 三型，能使 1 岁以上的绵羊感染，以 2～4 岁的绵羊发生最多。发病羊多为营养良好的肥胖羊只，山羊也可感染，牛偶可感染。本病主要在春夏发生于肝片形吸虫流行的低洼潮湿地区，诺维氏梭菌广泛存在于土壤中。本病的发生经常与肝片形吸虫的感染密切相关。

（5）防治技术　该病发病急、死亡快，常常来不及治疗，因此只能以预防为主。在发病季节，将羊群及时转移到高燥地区。每年定期注射厌气菌五联疫苗，免疫期可达 1 年。羊发病时，对发病羊和羊群注射抗诺维氏梭菌血清（含 7 500 IU/mL）2～4 mL。病死羊一律烧毁或深埋，污染场地和羊舍用 20％漂白粉溶液彻底消毒。

5. 羔羊痢疾

羔羊痢疾是初生羔羊的一种急性毒血症，以剧烈腹泻和小肠发生溃疡为特征。本病常使羔羊发生大批死亡，给养羊业带来重大损失。

（1）范例　病初精神委顿，低头拱背，不吃乳。不久腹泻，粪便恶臭，有的稠如面糊，有的稀薄如水，后期含有血液，直到成为血便。病羔逐渐虚弱，卧地不起。若不及时治疗，常在 1～2 d 内死亡，只有少数可能自愈。有的病羔腹胀而不下痢，或只排少量稀粪（也可能带血或呈血便），但主要表现为神经症状，四肢瘫软，卧地不起，呼吸急促，口流白沫，最后昏迷，头向后仰，体温降至常温以下。病情严重，病程很短，若不加紧救治，常在数小时到十几小时内死亡。

（2）病变　尸体严重脱水，尾部污染有稀粪。最显著的变化在消化道，真胃内有未消化的乳凝块；小肠尤其是回肠黏膜充血发红，常可见直径 1～2 mm 的溃疡病灶，溃疡灶周围有一充血、出血带环绕，肠系膜淋巴结肿胀充血，间或出血；心包积液，心内膜可见有出血点；肺脏常有充血区或出血斑。

（3）诊断

①现场诊断：在常发地区，依据流行病学、临床症状和病理变化，一般可作出初步诊断。

②实验室诊断：a.病料采集。生前可采集粪便，死后常采集肝脏、脾脏以及小肠内容物等作为病料。b.染色镜检。病料染色检查，可于肠道发现大量有荚膜的革兰氏阳性大杆菌，同时于肝脏、脾脏等脏器也可检出产气荚膜梭菌。c.分离培养。本菌虽为专性厌氧菌，但厌氧条件不苛刻，较易培养。常用厌气肉肝汤和鲜血琼脂进行培养。纯分离物进行生化试验以便鉴定。d.毒素检查。利用小肠内容物滤液接种小鼠或豚鼠进行毒素检查和中和试验，以确定毒素的存在和菌型。

③鉴别诊断：羔羊梭菌性痢疾应与沙门氏菌病、大肠杆菌病等类似疾病相区别。a.沙门氏菌病：由沙门氏菌引起的初生羔羊下痢，粪便也可夹杂有血液，剖检可见真胃和肠黏膜潮红并有出血点，从心血、肝脏、脾脏和脑可分离到沙门氏菌；b.大肠杆菌病：由大肠杆菌引起的羔羊下痢，用产气荚膜梭菌免疫血清预防无效，而用大肠杆菌免疫血清则有一定的预防作用。

依据以上诊断方法可判定本范例为羔羊痢疾。

（4）病因分析

①病原：病原为 B 型产气荚膜梭菌，羔羊在生后数日内，产气荚膜梭菌可通过羔羊吮乳、

饲养员的手和羊的粪便而进入羔羊消化道。在外界不良诱因的影响下,羔羊抵抗力减弱,细菌在小肠(特别是回肠)里大量繁殖,产生毒素(主要是β毒素),引起发病。

②流行病学分析:主要发生于7日龄以内的羔羊,尤以2～5日龄羔羊发病为多。羔羊生后数日,B型产气荚膜梭菌可通过吮乳、羊粪或饲养人员手指进入消化道,也可通过脐带或创伤感染。在不良因素的作用下,羔羊抵抗力减弱,病菌在小肠大量繁殖,产生毒素(主要为β毒素),引起发病。羔羊痢疾的促发因素主要有母羊怀孕期营养不良,羔羊体质瘦弱;气候骤变,寒冷袭击,特别是大风雪后,羔羊受冻;哺乳不当,饥饱不均。本病可使羔羊发生大批死亡,特别是草质差的年份或气候寒冷多变的月份,发病率和病死率均高。

(5)防治技术

治疗:土霉素0.2～0.3 g、胃蛋白酶0.2～0.3 g,加水灌服,每天2次;磺胺脒0.5 g、鞣酸蛋白0.2 g、次硝酸铋0.2 g、碳酸钠0.2 g,加水灌服,每天3次;先灌服含0.5%福尔马林的6%硫酸镁溶液30～60 mL,6～8 h后再灌服1%高锰酸钾溶液10～20 mL,每天2次;如并发肺炎,可用青霉素、链霉素各80万U混合肌肉注射,每天2次。在使用上述药物的同时,要适当采取对症治疗措施,如强心、补液、镇静,食欲不好者可灌服人工胃液(胃蛋白酶10 g,浓盐酸5 mL,水1 L)10 mL或番木别酊0.5 mL,每天1次。

预防:对怀孕母羊做到产前抓膘增强体质,产后保暖,防止受凉。合理哺乳,避免饥饱不均。做好圈舍及用具的消毒工作。一旦发病应随时隔离病羊。对未发病羊要及时转圈饲养。在常发疫点可采取药物预防。羔羊出生后12 h内,灌服土霉素0.12～0.15 g,每天1次,连服3 d。每年秋季及时注射羊厌气菌病五联苗,必要时可于产前2～3周再接种一次。

(八)山羊传染性胸膜肺炎

本病又称烂肺病,是山羊特有的接触性传染病。其临床特征高热、咳嗽、肺和胸膜发生浆液性和纤维蛋白性炎症。病程取急性或慢性经过,在我国时有发生。根据病程和临床症状,可分为最急性、急性和慢性三型。

1.范例

(1)病羊食欲废绝,体温高达42℃,呼吸急促而有痛苦的鸣叫。几小时后出现肺炎症状,呼吸困难,咳嗽,流出的鼻液中带血,肺部叩诊呈浊音或实音,听诊肺泡呼吸音减弱、消失或呈捻发音。半天后,渗出液进入胸腔,病羊卧地不起,四肢直伸,呼吸极度困难,呼吸时全身颤动;黏膜高度充血,发绀;目光呆滞,呻吟哀鸣,不久窒息后死亡。

(2)病羊开始时表现为体温升高,继之出现短而湿的咳嗽,伴有浆性鼻液。4～5 d后,咳嗽变干而痛苦,鼻液转为黏液-脓性并呈铁锈色,高热稽留不退,食欲锐减,呼吸困难和痛苦呻吟,眼睑肿胀,流泪,眼有黏液-脓性分泌物。口半开张,流泡沫状唾液。头颈伸直,腰背拱起,腹肋紧缩,最后病羊倒卧,极度衰弱委顿,腹部发生鼓胀,病羊口腔中发生溃疡,唇、乳房等部皮肤发疹,濒死前羊体温降至常温以下。

(3)全身症状轻微,体温降至40℃左右。病羊被毛粗乱无光,身体衰弱,间有咳嗽和腹泻。

2.病变

多局限于胸部。胸腔常有淡黄色液体,间或两侧有纤维素性肺炎;肝变区凸出于肺表,颜色由红至灰色不等,切面呈大理石样;胸膜变厚而粗糙,上有黄白色纤维素层附着,直至胸膜与肋膜,心包发生粘连。心包积液,心肌松弛、变软。急性病例还可见肝、脾肿大,胆囊肿胀,肾肿大和膜下小点溢血。

3.诊断

(1)临床检查　病羊出现腹泻,粪便稠如面糊,有的稀薄如水,恶臭,后期为血便。有的病羔还出现为神经症状。

(2)病理变化　胸腔内有炎症,出现纤维素性肺炎,肝切面呈大理石样,心包积液,心肌松软,急性病例还可见肝、脾肿大,胆囊肿胀,肾肿大和膜下小点溢血。

(3)实验室检查　主要进行微生物学检查。

根据以上临床症状诊断要点及实验室检查可判定范例1～3为传染性胸膜肺炎。其中范例(1)为最急性型,范例(2)为急性型,范例(3)为慢性型。

4.病因分析

(1)病原　山羊传染性胸膜肺炎的病原是一种丝状霉形体山羊亚种和绵羊霉形体。病菌对外界环境的抵抗力很弱,一般的消毒剂如1%的臭药水,经过5 min丧失活力,50℃加热40 min即可杀灭。对红霉素高度敏感;四环素和氯霉素也有较高的抑菌作用;对青、链霉素不敏感。

(2)流行病学分析　在自然条件下,丝状支原体山羊亚种只感染山羊,3岁以下的山羊最易感染,而绵羊肺炎支原体则可感染山羊和绵羊。病羊和带菌羊是本病的主要传染源。

本病常呈地方流行性,接触传染性很强,主要通过空气-飞沫经呼吸道传染。阴雨连绵,寒冷潮湿,羊群密集、拥挤等因素,有利于空气-飞沫传染的发生;多发生在山区和草原,主要见于冬季和早春枯草季节,羊只营养缺乏,容易受寒感冒,因而机体抵抗力降低,较易发病,发病后病死率也较高;呈地方流行;冬季流行期平均为15 d,夏季可维持2个月以上。

5.防治

传染性胸膜肺炎病原菌对红霉素、泰乐菌素、土霉素和氯霉素等抗生素均敏感;青霉素和链霉素则无治疗作用。用磺胺治疗也有一定效果。磺胺二甲嘧啶溶液按0.1 g/kg体重内服,1 d 2次,首次剂量加倍,连续数日。本病应早期治疗,重症治疗效果不佳。

对患羊加强饲养管理,避免受寒。改善羊舍和环境的卫生条件,有助于防止本病的传播。

 ## 任务三　羊常见寄生虫病及其防控

(一)肝片形吸虫病

肝片形吸虫病是由片形科片形属的吸虫寄生于牛、羊等反刍动物肝脏胆管中引起的一种蠕虫病,除牛、羊,还可感染鹿、骆驼、猪、马、驴、兔等。本病引起慢性胆管炎及肝炎。并伴全身性中毒现象和营养障碍。中兽医学称此为肝蛭病。

轻度感染时不显临床症状,感染数量多时表现症状。

1.范例

(1)羊病初表现体温升高,精神沉郁,食欲减退,衰弱易疲劳,迅速发生贫血。肝区扩大,触压和叩打有痛感。结膜由潮红黄染转为苍白黄染。消瘦,腹水。重者在几天内死亡,或转为慢性。

(2)病羊明显消瘦、贫血和低蛋白血症,黏膜苍白、被毛粗乱易脱落。眼睑、下颌及胸下水肿,早晨明显,运动后可减轻或消失。间歇性瘤胃鼓气和前胃弛缓,腹泻,或腹泻与便秘交替发生。妊娠羊易流产。重者终因恶病质而死亡。

2. 诊断

(1)流行病学调查

①地理分布:温度、水和淡水螺是片形吸虫病流行的重要因素。肝片吸虫病在我国普遍发生,尤以北方较为普遍;大片形吸虫病主要见于华南、华中和西南地区。多发生于地势低洼的牧场、稻田地区和江河等。

②季节动态:终末宿主感染多在夏秋季节,主要与片形吸虫在外界发育所需要条件和时间、螺的生活规律以及降水和气温等因素有关。在多雨或久旱逢雨的温暖季节可促使本病流行。感染季节决定了发病季节,幼虫引起的疾病多在秋末冬初;成虫引起的疾病多见于冬末和春初。

(2)临床检查 感染数量少时症状不明显,感染严重时,主要表现消化障碍,贫血、水肿、黄疸。

(3)病理检查 幼虫移行(急性型)时可见肠壁、肝组织和其他器官的组织损伤和出血,腹腔和肠道内可发现童虫。成虫寄生时(慢性型)由于虫体机械性刺激和毒素作用,致使胆管壁增厚,肝脏肿大,胆管像绳索样突出于肝脏表面,在胆管内发现肝片吸虫。

(4)实验室检查 用沉淀法或尼龙筛淘洗法检查粪便。只见少数虫卵而无症状时,只能视为带虫现象,急性病例检不出虫卵时,用皮内变态反应、间接血凝试验或酶联免疫吸附试验等免疫学方法进行诊断。

根据临诊症状、流行病学、粪便检查和剖检可作出判断。范例(1)为急性型,是由幼虫引起,吞食囊蚴后2~6周发病,多见于绵羊和犊牛,多发于夏末、秋季和冬初;范例(2)为慢性型,是由成虫引起,吞食囊蚴后4~5个月发生。多见于初春和冬季。

3. 病因分析

(1)病原 病原为肝片形吸虫和大片形吸虫两种,成虫形态基本相似,虫体扁平,呈柳叶状,新鲜虫体红褐色、固定后灰白色,是一类大型吸虫。

肝片形吸虫,长20~35 mm,宽5~13 mm,虫体前端有一个三角形头锥,口吸盘位于头锥的前端。头锥后方向两侧扩展为肩部,虫体肩部宽而明显,向后逐渐变窄。睾丸两个,树枝状分枝,位于虫体中央的下半部。卵巢呈鹿角状,位于腹吸盘的右侧。盘曲的子宫位于腹吸盘后方,睾丸上部。卵黄腺为藤花状,位于虫体两侧。

大片形吸虫与肝片吸虫的区别:①虫体较大(长33~76 mm,宽5~12 mm);②肩部不明显;③虫体两侧比较平直,后端钝圆;④虫卵较大。

(2)生活史 中间宿主为淡水螺,我国主要是小土蜗螺。成虫寄生于终末宿主肝脏胆管内,产出虫卵随胆汁进入肠腔,再随粪便排出体外。虫卵在适宜的温度(25~26℃)、氧气、水分和光线条件下,经10~25 d孵出毛蚴。毛蚴游于水中,遇到中间宿主淡水螺即钻入体内,毛蚴在螺体内经无性繁殖发育为胞蚴、雷蚴和尾蚴几个阶段。毛蚴在螺体内需35~50 d。然后尾蚴离开螺体,在水面或植物叶上形成囊蚴,终末宿主吞食囊蚴而感染。当条件不适宜时,则雷蚴发育为子雷蚴,延长在螺体内的发育时间。

囊蚴进入终末宿主肠道,有三种途径进入肝脏:或从胆管开口钻入肝脏;或进入肠壁血管,随血流入肝;或穿过肠壁进入腹腔,然后从肝脏表面钻入肝脏。到达肝脏后,穿破肝实质,进入肝脏胆管发育为成虫。从感染到发育为成虫需 2~4 个月,成虫可在终末宿主体内存活 3~5 年。

(3)流行病学分析 患病动物和带虫动物不断向外界排出大量虫卵,是重要的感染来源。片形吸虫的繁殖力较强,一条成虫每昼夜可产 8 000~13 000 个虫卵,幼虫在中间宿主体内无性繁殖,一个毛蚴可发育为数十至数百个尾蚴。虫卵在 13℃ 时即可发育,25~26℃ 时最适宜。对高温和干燥敏感,40~50℃ 时几分钟内死亡,完全干燥的环境中迅速死亡。在潮湿无光照的粪堆中可存活 8 个月以上。对低温的抵抗力较强,但结冰后很快死亡。对常用消毒药抵抗力较强。

囊蚴抵抗力更强。在水及湿草上可活 3~5 个月,在干草上可活 1~1.5 个月。对低温有一定的抵抗力,−1℃ 时 24 h 仍有活力。

(4)致病作用 与发育阶段、囊蚴感染数量、宿主体质、年龄、饲养管理条件等有关。

①幼虫移行:幼虫在终末宿主体内移行时,可机械地损伤和破坏肠壁、肝包膜、肝实质微血管,引起炎症和出血。加之毒性物质、代谢产物和带入细菌的作用,引起急性肝炎和腹膜炎。虫体利用机体氨基酸,改变血清酶的活性,影响分泌腺的功能,导致蛋白质代谢紊乱。变态反应则引起肝渗出性肿胀,血管壁、结缔组织、虫道和门静脉附近的肝细胞坏死。这些往往是动物急性死亡的原因。

②成虫进入胆管后:虫体进入胆管后,肝炎的慢性化,小叶间结缔组织增生,以及虫体周围形成肉芽肿,致使发生肝硬化。分解产物吸收入血,引起全身中毒,血管壁通透性增强,血液成分外渗发生水肿。虫体吸食宿主血液,其分泌物造成溶血和影响红细胞生成而引起贫血。虫体多时引起胆管扩张、增厚、变粗、甚至阻塞,胆管内壁盐类沉积,胆汁停滞而发生黄疸和消化障碍。虫体代谢产物可扰乱中枢神经系统,使其体温升高。

4. 治疗技术

可选用以下药物:

(1)三氯苯唑(肝蛭净) 绵羊每千克体重 10 mg,一次口服,对成虫和童虫均有效。

(2)丙硫咪唑 绵羊每千克体重 10~15 mg。一次口服,对成虫有效,对童虫有一定的疗效。

(3)硝氯酚 绵羊每千克体重 4~5 mg,一次口服。适用于慢性病例,对童虫无效。

(4)硫双二氯酚(别丁) 羊每千克体重 100 mg;溴酚磷(蛭得净),羊每千克体重 12 mg;丙硫苯咪唑(阿苯咪唑),羊每千克体重 15~20 mg;酰胺苯氧醚,绵羊每千克体重 150 mg。以上药物均配成混悬液灌服。

5. 防制措施

根据流行病学特点,采取综合性防制措施。

(1)定期驱虫 驱虫的时间和次数视流行区的具体情况而定。南方每年可进行三次,第一次在感染高峰后的 2～3 个月进行成虫期前驱虫,以后每隔 3 个月进行第二、第三次成虫期驱虫。北方可于 3～4 月和 11～12 月进行两次驱虫。流行严重地区,要注意对带虫动物的驱虫。驱虫后的粪便进行生物热发酵处理。

(2)科学放牧 尽量选择高燥地区放牧或兴建牧场。在感染季节放牧时,应每经 1.5～2 个月轮换一块草地。

(3)饲养卫生 避免饮用地表非流动水。在湿洼地收割的牧草,晒干后存放 2～3 个月再利用。

(4)灭螺 可用烧荒、洒药、疏通水沟以及饲养水禽等措施灭螺。药物灭螺可用氨水、硫酸铜、石灰、五氯酚钠和血防-67(粗制氯硝柳胺)等。氨水适用于稻田,1 cm 的水层用 20% 的氨水按 30 mL/m² 洒入。牧场用 1:5 000 硫酸铜溶液按 5 mL/m² 喷雾;水池、沼泽地按 1 cm 水层 2 g/m² 使用。水沟及泥沼地用石灰,用量为 75 g/m²。五氯酚钠用于水池时,按 10～20 g/m² 投入;牧场按 5～10 g/m² 配成溶液喷洒。血防-67 用于水池时,按 2 g/m³ 投入;牧场按 2 g/m² 使用。

(5)肝脏处理 废弃的患病动物肝脏经高温处理后再作动物饲料。

(二)双腔吸虫病

双腔吸虫病(歧腔吸虫病)是由双腔科双腔属的吸虫寄生于牛、羊、鹿、骆驼等反刍动物的肝脏胆管和胆囊所引起的一种肝脏吸虫病,常和肝片形吸虫混合感染。双腔吸虫也可感染马属动物、猪、犬、兔及其他动物。其病理特征是慢性卡他性胆管炎及胆囊炎。本病在我国西北、内蒙古、东北地区、西南地区最常见。

1. 范例

精神沉郁,食欲减少,腹泻与便秘交替,逐渐消瘦,可视黏膜苍白,黄染,下颌水肿等。

2. 病理变化

胆管卡他性炎症,胆管壁增生,肥厚,肝肿大,肝被膜肥厚。

3. 诊断

(1)流行病学调查 本病多呈地方性流行,我国大部分省区均有发生。在温暖潮湿的南方地区,中间宿主蜗牛和补充宿主蚂蚁可全年活动,因此,动物几乎全年都可感染;而在寒冷干燥的北方地区,由于中间宿主冬眠,使动物的感染具有明显的春秋两季特点,动物发病多在冬春季。

(2)临床检查 轻度感染时症状不明显,感染严重时,一般表现为慢性消耗性疾病的症状,可视黏膜轻度黄染,消化紊乱,腹泻与便秘交替,逐渐消瘦、贫血及颌下水肿。

(3)病理检查 由于虫体机械性刺激和毒素作用,致使胆管壁增厚,肝脏肿大,在胆管内发现双腔吸虫。

(4)实验室检查 用沉淀法检查粪便中的虫卵。只见少数虫卵而无症状时,只能视为带虫现象。发现大量虫卵方可确诊。

根据流行特点、症状、粪便检查、病变和胆管中见有虫体确诊本范例为双腔吸虫病。

4. 病因分析

(1)病原 病原微中华双腔吸虫和矛形双腔吸虫。

矛形双腔吸虫比片形吸虫小,扁平而透明,色棕红,前端尖细,后端较钝,因呈矛形而得名。虫体长5～15 mm,宽1.6～2.1 mm。腹吸盘大于口吸盘,睾丸两个,近圆形或稍有分叶,纵裂或斜列于腹吸盘之后。卵巢在睾丸之后,子宫弯曲在虫体后半部,内含大量虫卵。

中华双腔吸虫与矛形双腔吸虫相似,但虫体较宽,其前部呈头锥形,后两侧肩样突起。大小为(3.5～8.9) mm×(2.0～3.0) mm。

虫卵似卵圆形,褐色,卵壳厚,一端有卵盖,左右不对称,内含毛蚴。中华双腔吸虫卵稍大。

(2)生活史　中间宿主为陆地螺,我国主要是条纹蜗牛和钿小丽螺;补充宿主为蚂蚁。

虫卵随终末宿主粪便排出体外,被中间宿主蜗牛吞食后,在其体内孵出毛蚴,然后发育为母胞蚴、子胞蚴和尾蚴。在蜗牛体内的发育期为82～150 d。每数十个至数百个尾蚴集中在一起形成尾蚴群囊,外被有黏性物质成为黏球,从螺的呼吸腔排出,黏在植物或其他物体上。当含尾蚴的黏球被补充宿主蚂蚁吞食后,尾蚴在其体内形成囊蚴。牛、羊等吃草时吞食了含囊蚴的蚂蚁而感染。囊蚴在终末宿主的肠内脱囊,由十二指肠经胆总管到达肝脏胆管内寄生,需72～85 d发育为成虫。整个发育过程需160～240 d。成虫在宿主体内可存活6年以上。

(3)流行病学分析　虫卵对外界环境的抵抗力较强,在土壤和粪便中可存活数月,干燥1周仍能存活。对低温的抵抗力更强。虫卵以及中间宿主的各期幼虫均可越冬,且不丧失感染性。

5.治疗技术

可选用以下药物。

(1)三氯苯丙酰嗪(海涛林)　绵羊每千克体重40～50 mg,配成2%的混悬液灌服。

(2)六氯对二甲苯(血防846)　牛、羊每千克体重200～300 mg,口服,连用两次,驱虫率可达100%。

(3)吡喹酮　绵羊每千克体重50～70 mg,口服,疗效可达96%～100%。油剂腹腔注射,剂量为绵羊每千克体重50 mg,疗效均在99%以上。

(4)丙硫咪唑　绵羊每千克体重30～50 mg,配成5%的混悬液,经口灌服。

6.防制措施

每年秋后和冬季驱虫,以防虫卵污染草原;粪便发酵处理;避免在潮湿和低洼的草原上放牧,保持饲草及饮水卫生;消灭中间宿主和补充宿主。

(三)阔盘吸虫病

阔盘吸虫病是由双腔科阔盘属的多种吸虫主要寄生于牛、羊等反刍兽的胰腺中引起的疾病。猪、骆驼、鹿及人也可受到感染。阔盘吸虫少偶尔寄生于胆管和十二指肠。

1.范例

有时症状不明显;有时表现消化障碍,营养不良,经常下痢,贫血和水肿,逐渐消瘦。可因衰竭而死亡。

2.诊断

(1)流行病学调查　在低洼草地放牧的牛、羊易发,舍饲羊少见。多在冬春季节发病。

(2)临床检查　轻度感染时症状不明显。严重感染时,表现消化障碍,营养不良,经常下痢,贫血和水肿,逐渐消瘦,可因衰竭而死亡。

（3）病理检查　剖检变化为尸体消瘦，胰脏表面不平，呈紫红色，胰管壁增厚，黏膜表面有小结节，胰腺萎缩硬化，管腔狭小，严重感染时，可致胰管完全闭塞。在胰管内发生虫体。

（4）实验室检查　用沉淀法检查粪便中的虫卵。只见少数虫卵而无症状时，只能视为带虫现象。发现大量虫卵方可确诊。

根据流行特点、症状、粪便检查、病变和胰管中见有虫体确诊本范例为阔盘吸虫病。

3. 病因分析

（1）病原　病原有胰阔盘吸虫、腔阔盘吸虫、枝睾阔盘吸虫三种。其中以胰阔盘吸虫最为普遍。

阔盘吸虫呈扁平叶状，新鲜时为棕红色，固定后灰白色。

胰阔盘吸虫呈长椭圆形，长 8～16 mm，宽 5～5.8 mm，口吸盘大于腹吸盘。各器官位置与双腔吸虫相似。两个睾丸并列或稍斜列，位于腹吸盘稍后，边缘有深缺刻。卵巢分 3～6 个叶，位于睾丸之后体中线附近。受精囊呈圆形，在卵巢附近。子宫弯曲，内充满棕色虫卵，位于虫体的后半部。卵黄腺呈颗粒状，位于虫体中部两侧。

腔阔盘吸虫呈钝椭圆形，长 5～8 mm，宽 3～5 mm。口腹吸盘大小相近。睾丸缺刻不明显。卵巢不分叶。

枝睾阔盘吸虫呈瓜子形，长 5～10 mm，宽 2～3 mm。口吸盘小于腹吸盘。睾丸分枝。卵巢分叶。

虫卵椭圆形，棕褐色，两侧稍不对称，卵盖清晰，内含一个椭圆形的毛蚴。

（2）生活史　中间宿主为陆地螺，主要是丽螺。胰阔盘吸虫和腔阔盘吸虫的补充宿主为蟊斯；枝睾阔盘吸虫为针蟋。

成虫在终末宿主胰腺中产生虫卵，卵随胰液进入肠道，而后随粪便排出体外。虫卵被中间宿主吞食后，毛蚴逸出，经母胞蚴、子胞蚴和尾蚴阶段。在发育形成尾蚴的过程中，子胞蚴向蜗牛的气室内移行，并从蜗牛的气孔逸出，附在草上形成圆形的囊蚴，即子胞蚴黏团，此时子孢蚴内已含有尾蚴。补充宿主吞食子胞蚴黏团，在其体内发育成囊蚴。终末宿主吞食含有囊蚴的补充宿主而感染，囊蚴在终末宿主小肠内逸出，由胰腺管开口钻入，上行到胰腺发育为成虫。

阔盘吸虫发育较慢，整个发育期为 10～16 个月，其中在中间宿主体内为 6～12 个月；在补充宿主体内为 1 个月；在终末宿主体内为 3～4 个月。

（3）致病作用　阔盘吸虫在牛、羊的胰管中，由于虫体的机械性刺激和排出毒性物质的作用，使胰管发生慢性增生性炎症，结缔组织增生，胰管增厚，管腔狭小，严重感染时，可致胰管完全闭塞。

4. 治疗技术

可选择下列药物进行治疗。

（1）六氯对二甲苯（血防 846）　绵羊和山羊每千克体重 300～400 mg，口服，隔天一次，3 d 为一疗程；也可用植物油或液体石蜡制成 3%油剂肌肉注射。

（2）吡喹酮　绵羊每千克体重 90 mg，山羊每千克体重 100 mg，均口服。也可按牛、羊每千克体重 30～50 mg、用液体石蜡或植物油配成灭菌油剂腹腔注射。驱虫率均在 95% 以上预防措施同双腔吸虫病。

（四）前后盘吸虫病

前后盘吸虫病是由前后盘科前后盘属的多种前后盘吸虫寄生在反刍兽瘤胃内引起的蠕虫

病。本病又称为同盘吸虫病。少数前后盘吸虫寄生于单蹄兽、猪、犬的消化系统,个别种可寄生于人。成虫致病力不强,但当幼虫寄生在真胃、小肠、胆管及胆囊等部位时,致病性强,严重者会有大批宿主死亡。

1.范例

(1)表现精神沉郁,食欲降低,顽固性腹泻,粪便呈粥样或水样,常有腥臭。动物迅速消瘦、贫血。肩前及腹股沟淋巴结肿大,颌下水肿,有时发展到整个头部至全身。后期动物极度瘦弱表现为恶病质状态,卧地不起。终因衰竭而死亡。

(2)表现消化不良和营养障碍。

2.病理变化

童虫移行到小肠、真胃、胆囊和腹腔等处有虫道其黏膜和器官有出血点。病变处常有大量童虫。慢性型可见瘤胃壁黏膜水肿,其上有大量成虫。

3.诊断

(1)流行病学调查　本病多流行于江河流域、低洼潮湿等水源丰富的地区。多雨的年份多发,特别是长期在湖滩地放牧采食水淹过的青草的壮龄牛、羊最易感染。

(2)临床检查　慢性型症状不明显。发病期腹泻严重,粪便带血,有时可见幼虫。

(3)病理检查　剖检可见尸体消瘦。淋巴结肿大。真胃和小肠黏膜水肿,有出血点,有时见有纤维素性炎及坏死灶。在小肠、真胃、网胃和瘤胃见有大量幼虫。

(4)实验室检查　用沉淀法检查粪便中的虫卵。腹泻严重时可用水洗沉淀法检查到幼虫。

根据流行特点、症状、粪便检查、病理检查可确诊范例(1)为急性型,多发生于夏秋季,是由感染大量幼虫引起;范例(2)为慢性型,发生于冬春季,由成虫寄生引起。

4.病因分析

(1)病原　同盘吸虫中最常见的有鹿同盘吸虫和长形菲策吸虫。

鹿同盘吸虫,虫体粉红色,形似鸭梨。长8~10 mm,宽4~5 mm。腹吸盘在虫体后端,为口吸盘的2倍。肠管长,经3~4个回旋弯曲,伸达腹吸盘边缘。两个睾丸,呈横椭圆形,前后相接排列,位于虫体中部。生殖孔开口于肠管起始部的后方。卵巢呈圆形,位于睾丸后侧缘。子宫在睾丸后缘经数个回旋弯曲后,沿睾丸背面上升,开口于生殖孔。卵黄腺发达,呈滤泡状,分布于肠管两侧,前自口吸盘后缘,后至腹吸盘两侧中部。虫卵呈椭圆形,淡灰色。

长形菲策吸虫,呈深红色,圆柱形。长12~22 mm,宽3~5 mm。腹吸盘在体后端,为口吸盘的2.5倍。睾丸边缘有3~4瓣,前后排列于体后。卵巢位于两睾丸之间。卵黄腺滤泡状。分布于虫体两侧。虫卵形态同鹿同盘吸虫虫卵,颜色为褐色。

(2)生活史　中间宿主为椎实螺和扁卷螺。

同盘吸虫发育过程与肝片形吸虫相似。成虫在牛、羊瘤胃内产卵,后随粪便排至体外,虫卵在适宜的环境条件下孵出毛蚴,毛蚴在水中遇到适宜的中间宿主即钻入体内,发育为胞蚴、雷蚴和尾蚴。尾蚴离开螺体后,附在水草上形成囊蚴。牛、羊等吞食粘有囊蚴的水草而感染。囊蚴在肠道逸出,发育为童虫,童虫先在小肠、胆管、胆囊和真胃内移行,寄生数十天,最后到瘤胃内发育为成虫。在中间宿主体内发育期约35 d;进入瘤胃2~4个月发育为成虫。

(3)流行病学分析　患病和带虫牛、羊等都是感染来源,虫卵存在于粪便中。本病多发于江河流域,南方可常年感染,北方主要在5~10月感染。幼虫引起的病多在夏秋季节,成虫引起的病多在冬春季节。

(4)致病作用　幼虫移行而致小肠和真胃黏膜水肿、出血,发生急性炎症,致肠黏膜发生坏死和纤维素性炎症。成虫吸取宿主营养和造成瘤胃乳头萎缩、硬化而影响消化机能。

5.防治

急性期用氯硝柳胺,羊每千克体重 75～80 mg,对童虫的疗效较好。慢性期用硫双二氯酚和六氯对二甲苯,剂量同肝片形吸虫病的治疗。

(五)羊绦虫病

羊绦虫病是由莫尼茨属、曲子宫属和无卵黄腺属的绦虫寄生于绵羊、山羊和牛的小肠所引起的蠕虫病。其中,莫尼茨绦虫危害最为严重,特别是羔羊、犊牛感染时,不仅影响生长发育,甚至可引起死亡。该病是牛、羊反刍兽最重要的蠕虫病之一,分布非常广泛,多呈地方性流行。

1.范例

轻度感染或成年动物感染一般无明显临诊症状。羔羊和犊牛感染后主要表现为消化紊乱,经常腹痛、肠鼓气和下痢,粪便中常混有脱落的节片。动物逐渐消瘦、贫血、精神沉郁,有时出现痉挛,反应迟钝或消失,转圈运动、肌肉痉挛或头向后仰等神经症状。严重者患畜仰头倒地,经常作咀嚼运动,口周围有泡沫,对外界反应几乎丧失,直至全身衰竭而死。

2.病理变化

尸体消瘦,胸腹腔渗出液增多,有时发生肠阻塞和肠扭转,肠黏膜出血,有时大脑出血,肠内有成虫。

3.诊断

(1)流行病学调查　调查发现本病的发生与地螨的分布和习性密切相关。北方多于 5 月份开始感染,6～10 月达到感染高峰。而南方 2～3 月份开始感染,4～5 月份达高峰。

(2)临床检查　主要表现为消化紊乱,经常腹泻,肠鼓气,粪便中混有孕卵节片。逐渐消瘦,贫血。幼畜可出现回旋运动,痉挛、抽搐、空口咀嚼等神经症状。

(3)病理检查　剖检可见尸体消瘦,肠黏膜有出血点。有时可见肠阻塞或肠扭转。

(4)实验室检查　粪便检查用饱和盐水漂浮法发现虫卵,或在粪便表面发现有黄白色似米粒大小的节片可确诊。死后检查可在肠内发现大量绦虫。

(5)治疗性诊断　对因绦虫尚未成熟而无节片排出的患畜,可进行诊断性驱虫,如服药后发现排出虫体或症状明显好转,即可判定本范例为绦虫病。

4.病因分析

(1)病原

①扩展莫尼茨绦虫、贝氏莫尼茨绦虫:均为大型虫体,共同特征为虫体呈带状,呈乳白色。头节呈球形。头节上有 4 个近于椭圆形的吸盘,无顶突和小钩。节片短而宽,但孕卵节片长宽几乎相等而呈方形。成熟节片具有两组生殖器官,在两侧对称分布。卵巢和卵黄腺在体两侧构成花环状,子宫呈网状。睾丸数百个,分布于排泄管内侧。莫尼茨绦虫的孕节子宫内含大量虫卵。虫卵近似三角形,内含一个被梨形器包围的六钩蚴。

扩展莫尼茨绦虫虫体全长 2～10 m,最宽处 16mm,每个节片后缘有 8～15 个泡状节间腺单行排列,其两端几乎达纵排泄管。

贝氏莫尼茨绦虫虫体长4 m,外观与扩展莫尼茨绦虫即相似,区别点在节间腺则呈密集的小颗粒状,仅排列于节片后缘的中央部位。

②盖氏曲子宫绦虫:虫体长达4.3 m,宽约12 mm。每个节片有1组生殖器官,偶然也见2组。生殖孔不规则地交替开口于节片边缘。孕节的子宫有许多弯曲,呈波浪状。虫卵近于圆形。

③中点无卵黄腺绦虫:虫体长2～3 m,宽仅为3 mm左右。节片短,眼观分节不明显。每个节片有一组生殖器官。生殖孔亦不规则地交替开口于节片边缘,无卵黄腺,由于各节片中央的子宫相互靠近,肉眼观察能明显地看到虫体后部中央贯穿着一条白色的线状物。

(2)生活史 莫尼茨绦虫中间宿主均为地螨。寄生于羊、牛小肠的绦虫,它们的孕卵节片或虫卵随粪便排出后,如被地螨吞食,虫卵内的六钩蚴在地螨体内发育为似囊尾蚴。当终末宿主羊、牛等反刍动物在采食时连同牧草一起吞食了含有似囊尾蚴的地螨后,似囊尾蚴在反刍动物消化道逸出,似囊尾蚴以头节附着在肠壁上经45～60 d逐渐发育为成虫。绦虫在终末宿主体的寿命是2～6年。

(3)流行病学分析 患病或带虫羊牛是感染来源,孕卵节片存在于粪便中。莫尼茨绦虫病和曲子宫绦虫病,分布全国各地,尤其以北方和放牧地区流行严重。中点无卵黄腺绦虫病分布于高寒、干燥地区。地螨分布在温暖潮湿的土地里,对干燥和热敏感,在早晨、黄昏和阴雨天较活跃。

(4)致病作用

①机械性作用:一条虫体长1～5 m,一只家畜体内可由数十条虫体寄生。在虫体寄生部位,造成肠腔狭窄,影响食物通过,甚至发生肠阻塞、套叠或扭转,最终因肠破裂引起腹膜炎而死亡。

②夺取营养:虫体在肠道内每昼夜可生长8 cm,需从宿主机体内夺取大量的营养物质,必然影响宿主的生长发育,使之消瘦,体质衰弱。

③毒素作用:虫体的代谢产物和分泌毒素被机体吸收后,可引起各组织器官发生炎性病变。同时还破坏神经系统和心脏及其他器官的活动。肠黏膜的完整性遭到损害时,可引起继发感染,并降低羔羊和犊牛的抵抗力,可促进羊快疫和肠毒血症的发生。

5.治疗技术

(1)硫双二氯酚 绵羊每千克体重100 mg,一次口服。

(2)氯硝柳胺 绵羊每千克体重60～80 mg,制成10%混悬液灌服。

(3)丙硫咪唑 羊、牛每千克体重10～20 mg,口服。

(4)砷制剂(包括砷酸亚锡、砷酸铅及砷酸钙) 各药剂量均按羔羊每只0.5 g,成年羊每只1 g,装入胶囊口服。

(5)硫酸铜 可将其配制成1%水溶液。为了使硫酸铜充分溶解,可在配制时每1 000 mL溶液中加入1～4 mL盐酸。配制的溶液应贮存于玻璃或木质的容器内。其治疗剂量:1～6月龄的绵羊15～45 mL;7月龄至成年羊50～100 mL;成年山羊不超过60 mL。可用长颈细口玻璃瓶灌服。

6.防制措施

(1)预防性驱虫,放牧前与舍饲后进行。可在春季放牧后30～35 d进行一次驱虫,以后每隔30～35 d进行一次,直到转入舍饲为止。此法不仅可驱除寄生的绦虫,还可防止牧场或外界环境遭受污染。

（2）消灭中间宿主，结合牧场改良，进行深耕，种植优良牧草或农牧轮作，采取深耕土壤、开垦荒地、更新牧地，不仅能大量减少地螨还可提高牧草质量。避免在低湿草地放牧，有条件的地区可实行轮牧。尽可能避免雨后、清晨和黄昏放牧，以减少牛、羊吃入中间宿主——地螨的机会。保护幼畜，粪便发酵处理。

（六）棘球蚴病

棘球蚴病是由带科棘球属绦虫的幼虫寄生于羊、牛、猪等哺乳动物及人的脏器中引起的疾病。又称为"包虫病"。成虫寄生于犬科动物小肠中；幼虫可寄生于动物及人的任何部位，以肝脏和肺脏为多见。

1.范例

（1）棘球蚴轻度或初期感染都无明显症状。绵羊对本病最易感，严重感染时发育不良，被毛逆立，腹泻，消瘦，易脱毛。肺部感染时则连续咳嗽，卧地不起，病死率较高。牛严重感染时，常见营养失调，反刍无力，鼓气，体瘦衰弱，叩诊浊音区扩大；触诊表现疼痛，肺感染时则咳嗽。

（2）棘球蚴破裂全身症状迅速恶化，窒息死亡。

2.诊断

（1）流行病学调查　犬等肉食动物为主要感染来源，羊、牛、猪、马等为中间宿主。在我国主要流行于西北、华北、东北及西南广大农牧区。尤以放牧羊、牛的地区为多。绵羊感染率最高，受威胁最大，其他动物如山羊、牛、马、猪、骆驼野生动物也可感染。

（2）临床检查　严重感染时常见营养失调，发育不良，被毛逆立，体瘦衰弱，易脱毛，反刍无力，肠臌气，叩诊浊音区扩大，触诊肝区表现疼痛。肺部感染时则连续咳嗽，卧地不起，病死率较高。如棘球蚴破裂时全身症状迅速恶化，通常会窒息死亡。

（3）病理检查　死后剖检肝脏、肺脏表面凹凸不平，可在该处找到棘球蚴，也可在脾、肾、肌肉、皮下、脑、脊椎管等处发现。

（4）实验室检查　动物和人均可采用皮内变态反应检查法诊断。间接血球凝集试验和酶联免疫吸附试验对动物和人的棘球蚴诊断有较高的检出率。

根据以上诊断方法判定范例（1）为棘球蚴轻度感染，范例（2）为重度感染。

3.病因分析

（1）病原

①成虫：细粒棘球绦虫，为小型虫体，体长 2～6 mm，由一个头节和 3～4 个节片构成。头节上有四个吸盘，顶突上有两排小钩。成节内含有一组雌雄生殖器官。生殖孔位于节片侧缘的后半部。孕节的长度约占全虫长的一半。

②幼虫：棘球蚴呈包囊状构造，内含液体，圆形。大小随寄生时间、部位和宿主而不同，在黄豆大到 50 cm 直径的囊状，一般为 5～10 cm 直径。棘球蚴囊壁分两层，外层较厚是角质层，内层为胚层，又称生发层。在生发层上可长出许多原头蚴，母囊内还可生成与母囊结构相同的子囊，子囊内长出孙囊，子囊和孙囊亦可生出许多原头蚴。游离于囊液中的生发囊、原头蚴和子囊统称为包囊砂（棘球砂）。有的棘球蚴囊内的胚层不生出原头蚴，称为不育囊，常见于牛和猪。

（2）生活史　成虫寄生于犬、狼、狐等肉食动物小肠,孕卵节片脱落随粪便排出体外,污染饲料、饮水,被中间宿主吞食后,六钩蚴在消化道内逸出,钻入肠壁血管内,随血循进入肝脏、肺脏等处,经 5～6 个月发育为成熟的棘球蚴。当终末宿主吞食含有棘球蚴的脏器后,原头蚴在其小肠内经 6～7 周发育为成虫。成虫在犬体内的寿命为 4～5 个月。

（3）流行病学分析　动物和人感染棘球蚴的主要来源是患病和带虫的牧羊犬和野犬等肉食动物。犬的感染常较严重,肠内寄生的成虫可达成百数千条,放牧的羊群吃到虫卵的机会很多。病死的家畜或其内脏又多被用于喂犬,或抛弃野外,任犬、狼吞食,因而犬常常吃到含有棘球蚴的动物内脏,造成了该病在犬与多种家畜(尤其是绵羊)之间的传播。

随粪便排出的孕节蠕动引起肛门瘙痒,犬以舌舔之,使虫卵黏附于口鼻及面部,因而人与犬接触,致使虫卵黏附在手上再经口感染。猎人和牧民常因接触狐狸和犬的皮毛等,感染机会较多,此外,通过蔬菜、水果、饮水和生活用具等误食虫卵也可引起人的感染。

虫卵对外界环境抵抗力强,在 5～10℃的粪堆中存活 12 个月。对化学药物亦有较强的抵抗力,直射阳光可使之死亡。

（4）致病作用　棘球蚴对动物和人可引起机械压迫、中毒和过敏反应等作用,其严重程度主要取决于棘球蚴的大小、数量和寄生部位。棘球蚴多寄生于肝脏,其次是肺脏。机械性压迫使周围组织发生萎缩和功能障碍。代谢产物被吸收后,使周围组织发生炎症和全身过敏反应,严重者死亡。

4.治疗技术

丙硫咪唑,绵羊每千克体重 90 mg,连服两次;吡喹酮,每千克体重 25～30 mg,口服。

5.防制措施

对犬进行定期驱虫,药物有氢溴酸槟榔碱、吡喹酮。犬粪应无害化处理,对牧场上的野犬、狼、狐狸等食肉动物进行捕杀,根除感染源。羊、牛等患病器官不得随意喂犬,必须无害化处理后方可作饲料。保持羊舍、饲草、饲料和饮水卫生,防止犬粪污染。

(七)脑多头蚴病

脑多头蚴病是由带科带属的多头带绦虫的幼虫寄生于牛、羊等反刍动物的脑部所引起的疾病。本病又称为"脑包虫病"、"回旋病",主要危害牛、羊,特别是犊牛和羔羊;也可感染猪、马、骆驼和人。

1.范例

（1）病羊体温升高,呼吸、脉搏加快,对外界刺激特别敏感,出现脑炎及脑膜炎症状。离群呆立,精神沉郁,无目的地瞎走,有时兴奋。症状缓解后有食欲,精神转好。但 1 d 内可反复发作多次。部分病羊卧地不起,抽搐、磨牙、流涎、视力障碍,经 3～7 d 后死亡。最急性的症状表现为突然发作,强烈兴奋,卧地不起,脑炎症状明显,抽搐不止,约 1 d 时间死亡。

（2）病羊出现转圈运动,也有的视力障碍以致消失,瞳孔散大;或向前直线奔跑或呆立不动,常不能自行回转,遇到障碍将头低与其上呆立;也有的头高举向后退;有的站立或运动失去平衡,行走时步态蹒跚;有的行走时后躯无力、麻痹,呈犬坐姿势。

重症者最后因极度消瘦或主要神经中枢受害而死亡。

2.诊断

（1）流行病学调查　脑多头蚴的分布很广,在西北、东北及内蒙古等牧区多呈地方性流行。

2 岁前的羔羊多发。牧羊犬是本病的主要传染源。虫卵对外界的抵抗力很强,在自然界中可长时间保持生命力,但在烈日暴晒的高温下很快死亡。全价饲料饲养的羔羊和犊牛,对脑多头蚴的抵抗力增强。

(2)临床检查　感染初期表现脑膜炎的症状。感染 2～7 个月后,多头蚴进入固定部位,随着囊泡的增大而出现明显的范例所述症状。

(3)病理检查　慢性病例有时可出现头骨变薄、变软,并隆起,打开头骨后,可见虫体,虫体寄生部位周围组织出现萎缩、变性、坏死等。

(4)鉴别诊断

①莫尼茨绦虫病与脑多头蚴区别:前者在粪便中可以查到虫卵,患畜应用驱虫药后症状立即消失。

②脑部肿瘤或炎症与脑多头蚴区别:脑部肿瘤或炎症一般不会出现头骨变薄、变软和皮肤隆起的现象,叩诊时头部无半浊音区,转圈运动不明显。

根据以上诊断方法判定范例(1)为急性型,是感染初期六钩蚴进入脑组织移行时的表现。范例(2)慢性型,寄生于大脑额骨区时,头下垂,向前直线奔跑或呆立不动,常不能自行回转,遇到障碍将头低与其上呆立;寄生于大脑颞骨区时,常向患侧作转圈运动,虫体越大,转圈越小,囊体大时,可发现头骨变薄、变软和皮肤隆起的现象,有的病例对侧视神经乳头常有充血与萎缩,造成视力障碍以致消失,瞳孔散大;寄生于枕骨区时,头高举向后退;寄生于小脑时,病羊站立或运动失去平衡,行走时步态蹒跚;寄生于脊髓时,行走时后躯无力、麻痹,呈犬坐姿势。

3.病因分析

(1)病原　脑多头蚴,又称脑共尾蚴或脑包虫,为乳白色,半透明的囊泡,呈圆形或卵圆形,直径约 5 cm 或更大,大小取决于寄生部位、发育程度及动物种类。囊壁由两层膜组成,外膜为角质层,内膜为生发层,其上有许多原头蚴,直径为 2～3 mm,数量有 100～250 个。囊内充满液体。

多头带绦虫,或称多头绦虫,寄生于犬、狼、狐狸的小肠中,体长 40～100 cm,由 200～250 个节片组成。最大宽度为 5 mm。头节小,上有 4 个吸盘,顶突上有小钩,孕节子宫有主侧枝。

虫卵呈圆形,卵内含有六钩蚴。

(2)生活史　寄生在犬等肉食兽小肠内的多头绦虫的孕卵节片,随粪便排出,被牛、羊等中间宿主吃入而感染。卵内六钩蚴在小肠内逸出,钻入肠壁血管,随血循到达脑、脊髓等处,经 2～3 个月发育为多头蚴。终末宿主吃到病脑及脊髓而感染,幼虫的头节吸附在小肠黏膜上,经 1.5～2.5 个月发育为成虫。成虫在犬体内可生存 6～8 个月。

(3)致病作用　第一期虫体移行期(急性型):感染初期六钩蚴进入脑组织移行,病畜体温升高,呼吸、脉搏加快,对外界刺激特别敏感,出现脑炎及脑膜炎症状。

耐过急性期转入慢性期,多头蚴寄生不多、囊泡未增大时,不见异常。2～7 个月后随着囊泡的增大而出现明显症状。

(4)流行病学分析　本病分布广泛,但以西北、东北、内蒙古等牧区较严重。

4.治疗技术

牛、羊患本病的初期尚无有效疗法,可用吡喹酮、丙硫咪唑试治和对症治疗。在后期多头蚴发育增大,神经症状明显能被发现时,可借助 X 光或超声波诊断确定寄生部位,然后用外科手术将头骨开一圆口,先用注射器吸去囊中液体使囊体缩小,然后摘除之。若多头蚴过多或在深部不能取出时,可囊腔内注射酒精等杀死多头蚴。药物治疗可用吡喹酮,牛、羊按每千克体重 100～150 mg,1 次口服;也可按每千克体重 10～30 mg,以 1:9 与液体石蜡混合,深部肌肉注射,3 d 为一疗程。

5.防制措施

预防本病,主要是对牧羊犬进行定期驱虫,排出的粪便和虫体应深埋或烧毁;对野犬、狼等终末宿主应予以捕杀;防止犬吃到含脑多头蚴的牛、羊等动物的脑及脊髓。

(八)消化道线虫病

寄生于牛、羊消化道的线虫是由多种线虫寄生于消化道内引起的疾病的总称,这些线虫分布广泛,且多为往往混合感染,对羊牛造成很大危害,是每年春乏季节造成牛、羊死亡的重要原因之一。各种消化道线虫引起疾病的流行特点、症状、病变及防治措施大致相似,该病在全国各地均有不同程度的发生和流行,尤以西北、东北地区和内蒙古广大牧区更为普遍,常给牛、羊业带来严重损失。

1.范例

(1)表现为精神沉郁,食欲减退,腹泻,粪便带血、黏液、脓汁;便秘与腹泻交替。

(2)表现消化障碍,食欲不振,腹泻,高度营养不良,渐进性消瘦,贫血,可视黏膜苍白。下颌及腹下水肿,羔羊和犊牛发育不良,生长缓慢。

2.诊断

(1)流行病学调查　患病或带虫的牛、羊是感染来源,虫卵存在于粪便中。本病分布广泛,尤其以西北、东北地区和内蒙古牧区多发。尤其是羔羊和犊牛,春季个别地区(西北地区)引起大批发病和死亡。

(2)临床检查　主要表现消化不良,渐进性消瘦、贫血,腹泻。有时便中带血,有时便秘与腹泻交替发生。有时下颌及腹下水肿,尤其羔羊和犊牛发育受阻,生长缓慢,死亡率很高。

(3)病理检查　剖检可见消化道各部有数量不等的相应线虫寄生。尸体消瘦,贫血,内脏显著苍白,胸、腹腔内有淡黄色渗出液,大网膜、肠系膜胶样浸润,肝、脾出现不同程度的萎缩、变性,真胃黏膜水肿,有时可见虫咬的痕迹和针尖大到粟粒大的小结节,小肠和盲肠黏膜有卡他性炎症,大肠可见到黄色小点状的结节或化脓性结节以及肠壁上遗留下的一些瘢痕性斑点。当大肠上的虫卵结节向腹膜面破溃时,可引发腹膜炎和泛发性粘连;向肠腔内破溃时,则可引起溃疡性和化脓性肠炎。

(4)实验室检查　用漂浮法检查粪便中的虫卵,发现大量的虫卵可确诊。

根据流行特点、症状、剖检变化及粪便检查虫卵进行综合性判断可确诊范例(1)为急性型,较少见,常发生于夏末秋初;范例(2)为慢性型,多发生冬春季节。

3.病因分析

(1)病原

①捻转血矛线虫:寄生于真胃,偶见于小肠。在真胃中属大型线虫。虫体呈毛发状,因吸血而呈粉红色,头端尖细。雄虫长 15～19 mm。雌虫长 27～30 mm,由于红色的消化管和白色的生殖管相互缠绕,形成红白相间的外观,俗称"麻花虫"。阴门位于虫体后半都,有阴门盖。

虫卵大,无色壳薄。

②奥斯特他线虫:寄生于真胃。虫体呈棕色,亦称棕色胃虫,长 10～12 mm。1 对交合刺较短,末端分叉。雌虫阴门在体后部,有些种有阴门盖,子宫内的虫卵较小。

③马歇尔线虫:寄生于真胃,似棕色胃虫,但虫体较大。雄虫交合伞宽,交合刺粗短。雌虫子宫内虫卵较大。

④毛圆线虫:寄生于小肠,偶可寄生于真胃和胰脏。虫体小,长 5～6 mm,呈淡红色或褐色。

⑤细颈线虫:寄生于小肠或真胃,为小肠内中等大小的虫体。虫体前部呈细线状,后部较粗。1 对交合刺细长,互相连结。雌虫阴门开口于虫体的后 1/3,或 1/4 处;尾端钝圆,带有 1 小刺。虫卵大,产出时内含 8 个胚细胞,易与其他线虫卵区别。

⑥古柏线虫:寄生于小肠、胰脏,偶见于真胃。虫体呈红色或淡黄色,大小与毛圆线虫相似,雄虫交合伞侧叶大、背叶小;1 对交合刺粗短。

⑦仰口线虫:有牛仰口线虫和羊仰口线虫,前者寄生于牛的小肠,主要是十二指肠,后者寄生于羊的小肠。羊仰口线虫乳白色,吸血后呈红色。虫体长 12～17 cm,宽 15～21 cm。仰口线虫前端弯向背面,故有钩虫之称。雄虫交合伞发达,有交合刺 1 对,等长,雌虫阴门位于虫体前 1/3 处的腹面,尾端尖细。牛仰口线虫与羊仰口线虫外形相似,虫卵较大,呈暗黑色。

⑧食道口线虫:有数种均寄生于牛、羊大肠的结肠部位。雄虫长 6～16 cm,雌虫长 8～20 cm。虫体呈乳白色。头端尖细。雄虫交合伞发达。由于其幼虫在发育时钻入肠壁形成结节,故又称结节虫。

⑨夏伯特线虫:亦称阔口线虫,寄生于大肠。虫体大小近似食道口线虫。雄虫交合伞发达,1 对交合刺较细。

⑩毛首线虫:寄生于盲肠。整个虫体型似鞭子,亦称鞭虫。虫体较大,呈乳白色,前部细长,为其食道部,约占虫体长度的 2/3,后部粗大,为其体部。雄虫后端卷曲。雌虫尾直,末端钝圆。

(2)生活史 牛、羊的各种消化道线虫在发育过程中不需要中间宿主参加,家畜感染是由于吞食了被虫卵所污染的饲草、饲料及饮水所致,幼虫在外界的发育难以制约,从而造成了几乎所有牛羊不同程度感染发病的状况。上述各种线虫的虫卵随粪便排出体外,在适宜的温度(12～31℃)和湿度下,经 1～2 d,卵内孵出第一期幼虫,经过两次蜕化后发育成具有感染能力的第三期幼虫。牛、羊吃草或饮水吞食三期感染性幼虫后,三期幼虫通常在它们各自的特定寄生部位再经两次蜕化,发育成为第五期幼虫,经 3～4 周逐渐发育为成虫。

毛首线虫的感染性幼虫是在虫卵内发育而成,并不孵化出来,在外界仅以感染性虫卵的形式存在。牛、羊在吃草或饮水时如果食入了感染性虫卵后,幼虫在肠内逸出,吸附肠壁,须经 12 周发育为成虫。

仰口线虫的感染性幼虫除能经口感染外,还能直接钻入皮肤发生感染,即感染性幼虫钻入宿主皮肤,随血流到肺脏,然后移行到支气管、气管,在被宿主吞咽入小肠发育为成虫。

食道口线虫经口感染后,感染性幼虫钻入肠壁(大结肠和小结肠的固有层)形成包囊(结节),幼虫在结节内发育蜕皮两次,发育为第五期幼虫,然后才自结节中返回肠腔发育为成虫。本虫在宿主体内发育期为 4～6 周。

(3)流行病学分析 虫卵和幼虫在发育过程中与温度与湿度极为密切。大部分消化道线虫的虫卵和幼虫在潮湿、温度为 12～25℃发育较快。少部分线虫适合于高寒地区。

第三期幼虫很活跃,虽不采食,但在外界可以长时间保持其生命力。可抵抗干燥,低温和高温等不利因素的影响;许多种线虫在牧场可越冬。在一般情况。第三期幼虫可生存 3 个月。牛、羊粪和土壤是幼虫的隐蔽所。感染性幼虫有背地性和向光性反应,在温度、湿度和光照适宜时。幼虫就从牛、羊粪或土壤中爬到牧草;环境不利时又回到土壤中隐蔽,故牧草受幼虫污染时,土壤为主要来源。

羔羊和犊牛对多数线虫易感,但食道口线虫往往对 3 月龄以内的羔羊和犊牛感染力低。

每年春季牛羊消化道线虫发病出现高峰,这种现象称为"春季高潮"。

(4)致病作用 各种消化道线虫均程度不同地引起寄生部位黏膜损伤、出血和炎症,影响宿主机体的消化和吸收功能。多数线虫以吸血为主。分泌有毒物质和代谢产物,损伤造血器官使宿主贫血。食道口线虫的幼虫可引起肠壁结节病灶,影响肠蠕动,同时带入病原微生物,使病情恶化。

牛羊消化道线虫种类繁多,常混合感染。协同致病作用可使病情加剧,尤其是羔羊和犊牛。

4. 治疗技术

治疗消化道线虫药物种类很多,可因虫体种类不同选择应用。

左咪唑,每千克体重羊 7.5 mg;噻苯唑,牛、羊每千克体重 30～75 mg;丙硫咪唑,牛、羊每千克体重 5～10 mg;丙氧咪唑,牛每千克体重 10～15 mg,羊每千克体重 5～10 mg;酒石酸甲噻嘧啶,牛、羊每千克体重 10 mg;精制敌百虫,绵羊每千克体重 100 mg,山羊每千克体重 50～70 mg,以上药物均应配成混悬液或溶于水中口服。伊维菌素,牛、羊每千克体重 200 mg,皮下注射或口服。应同时施以对症治疗。

5. 防制措施

(1)定期驱虫 根据本地区的流行情况,应在晚秋转入舍后和春季放牧前各进行一次计划性驱虫。北方地区在冬末春初进行驱虫,可防止"春季高潮"的出现。

(2)粪便处理 对治疗性驱虫和计划性驱虫排出的粪便应及时清理,并进行堆肥发酵,以杀死虫卵。

(3)科学放牧 有条件的地方实行计划轮牧。避免吃露水草和在低湿处放牧。

(4)提高机体抵抗力 加强饲养管理,饮用干净的流水或井水。在冬春季注意补充精料、矿物质、多种维生素,提高牛、羊的抗病能力。

(九)网尾线虫病

网尾线虫病是由网尾科网尾属,原圆科原圆属等多个属的线虫寄生于牛、羊等反刍动物的气管支和细支气管内而引起的一类线虫病。又称"肺线虫病"。对牛、羊危害较大,引起支气管炎、肺炎,甚至造成死亡。

1. 范例

(1)最初出现咳嗽,尤其是清晨和夜间明显,初为干咳,后变为湿咳,咳嗽的次数逐渐频繁。流淡黄色的黏液性鼻液,干涸后在鼻孔周围形成痂皮,常打喷嚏。体温一般不高,食欲减少或消失，消瘦、贫血，放牧时落群，精神不振。听诊有湿啰音，在 8～9 肋间有浊音。

（2）患病动物气喘和阵发性咳嗽，表现为吃力的咳嗽及严重的呼吸困难，后期卧地不起，口吐白沫，多经 3～7 d 窒息死亡。

2.诊断

（1）流行病学调查　患病或带虫的羊、牛是感染来源，虫卵存在于粪便中。本病多发于潮湿地区，放牧牛、羊，尤其是羔羊和犊牛多发。

（2）临床检查　特征咳嗽、气喘。

（3）病理检查　剖检可见支气管内有虫体及黏液、浓汁、分泌物、血丝等，肺气肿，还有不同程度的膨胀不全。虫体寄生部位的肺表面隆起，呈灰白色，触诊有坚实感，切开后发现虫体。支气管黏膜肿胀、充血、出血。

（4）实验室检查　幼虫检查，在粪便、唾液或鼻腔分泌物中发现第一期幼虫。

根据流行病学特点、临诊症状，特别是羊咳嗽发生的季节和发病率。可考虑是否有线虫感染的可能。在粪便、唾液或鼻腔分泌物中发现第一期幼虫。死后剖检时在支气管、气管中发现一定量的虫体和相应的病变时，亦可确认为本病。

根据以上诊断方法判定范例（1）为慢性型，范例（2）为急性型。

3.病因分析

（1）病原　网尾科的线虫大，又称大型肺线虫。

丝状网尾线虫，寄生于绵羊、山羊、骆驼等反刍兽支气管内，有时也见于气管和细支气管内。雄虫长 30～80 mm，交合伞发达，交合刺呈靴形。雌虫长 50～80 mm，虫卵椭圆形，内含一期幼虫。

原圆科的线虫小又称小型肺线虫。原圆科的线虫种类很多，达 50 种以上，多为混合寄生。寄生于羊的肺泡、毛细支气管和肺实质内，虫体非常细小，肉眼勉强看见，虫体长 10～14 mm，呈灰色或褐色。

（2）生活史　寄生于气管、支气管内的网尾线虫的雌虫产出含有幼虫的虫卵；当患畜咳嗽时，被咳到口中咽入胃肠道内；虫卵中的第一期幼虫孵出后随羊的粪便排出体外；幼虫在适宜的条件下经 3 周左右发育成具有感染能力的第三期幼虫；这种幼虫被牛、羊吞食后进入肠系膜淋巴结，经淋巴循环到右心，沿血液循环到达肺，再沿毛细血管进入肺泡，再移行到支气管内发育为成虫。从感染到成虫需经 3～4 周。

小型肺线虫是间接发育，中间宿主多为螺蛳和蛞蝓。一期幼虫进入中间宿主体内发育为感染性幼虫，感染性幼虫从中间宿主体内逸出或留在体内，被终末宿主吞噬后感染。

（3）流行病学分析　肺线虫病多见于潮湿地区，放牧牛、羊多发。网尾线虫幼虫耐低温，幼虫可以越冬。温暖季节对其生存极为不利，干燥和直射日光照射可迅速死亡。小型肺线虫的幼虫对低温、干燥抵抗力均强，在中间宿主体内可生存 2 年之久。

（4）致病作用　虫体寄生于支气管和细支气管，由于刺激引起发炎，炎症可扩散到支气管周围组织，并引起肺组织萎缩，大量虫体及炎性产物可堵塞支气管和肺泡，从而引起肺膨胀不全，该部位可能发生细菌感染，因而导致广泛的肺炎。

4.防制措施

加强饲养管理，增强牛、羊的抗病能力；犊牛、羔羊与成年牛、羊分群饲养或分群放牧，放牧期间要做好普查,以避免接触感染幼虫;对粪便及时堆积发酵处理,以免虫体污染外界环境;在冬末春初进行预防性驱虫;发现病牛、羊,及早确诊,及时治疗。

5.治疗药物

(1)海群生(乙胺嗪)　羊每千克体重100～200 mg,一次口服。

(2)左旋咪唑　牛、羊每千克体重7～8 mg,肌肉或皮下注射。

(3)丙硫咪唑　每千克体重10～20 mg,口服。

(4)氰乙酰肼　羊每千克体重17.5 mg,溶于少量温水中,一次灌服,也可拌入少量精料口喂服;或按每千克体重15 mg,配成10%溶液,皮下或肌肉注射,该药宜现用现配。

(十)疥螨病和痒螨病

螨病是由疥螨科和痒螨科的螨类寄生于动物的表皮内或体表所引起的慢性皮肤病,以接触感染引起患畜发生剧烈的痒觉以及各种类型的皮肤炎为特征。各种家畜,包括牛、羊、猪以及骆驼、犬、猫、兔、鸡、人都有不同的螨引起螨病。牛、羊的螨病由疥螨科的疥螨属(Sacoptes)、痒螨科的痒螨属(Psoroptes)的螨引起,疥螨病和痒螨病危害大,常可引起大面积发病,严重时可引起死亡。

1.范例

动物体表剧痒到处用力擦痒或用嘴啃咬,引起局部损伤、发炎、形成水泡或结节,并伴有局部皮肤增厚和脱毛;局部擦破、溃烂、感染化脓、结痂;痂皮被擦破后,创面有多量液体渗出及毛细血管出血,又重新结痂。剧痒一般从局部开始,逐渐波及全身,引起动物日渐消瘦,有时继发感染,严重时可引起死亡。

2.诊断

(1)流行病学调查　螨病既可由患病动物与健康动物直接接触感染,也可因由螨及其虫卵污染的羊舍、用具及活动场所等间接接触而感染。此外,亦可由工作人员的衣服、手及诊断治疗器械传播病原。螨病主要发生于秋末、冬季和初春。尤其在羊舍潮湿、阴暗、拥挤及卫生条件差的情况下,极容易造成螨病的严重流行。

(2)临床检查和病理检查　特征是动物体表剧痒,摩擦引起损伤,进而感染。

(3)实验室检查　从健康与病变部位的交界的皮肤处采集病料,应用凸刃刀片在病灶的边缘处刮取皮屑至微出血,将刮到的病料装入试管内,加入10%苛性钠(或苛性钾)溶液,煮沸,待毛、痂皮等固体物大部分溶解后,静置20 min,由管底吸取沉渣,滴在载玻片上,用低倍显微镜检查,发现虫体才能可确诊。

根据发病季节(秋末、冬季和初春多发)和明显的症状(剧痒和皮肤病变)以及接触感染,大面积发生以及实验室检查可判定本范例为螨病。绵羊、山羊以及牛感染开始部位略有不同。

3.病因分析

(1)病原体　有疥螨和痒螨两种。

①疥螨:疥螨成虫体近圆形或椭圆形,背面隆起,乳白或浅黄色。雌螨大小为(0.3～0.5) mm×(0.25～0.4) mm;雄螨为(0.2～0.3) mm×(0.15～0.2) mm。假头短小,位于前端。躯体背面有横形的波状横纹和成列的鳞片状皮棘,腹面光滑,仅有少数刚毛和4对足。肢粗而短,第三、第四对肢不突出体缘,肢呈圆锥形。前两对足与后两对足之间的距离较大。

②痒螨：椭圆形大小为 0.5～0.8 mm，口器为长圆锥形，雌虫的一、二、四对肢，雄虫的第一、二、三对肢的末端有吸盘，腹面尾端有 2 个尾突，其上有 5 个刚毛。

（2）生活史　疥螨和痒螨的发育过程均在动物体上渡过，包括卵、幼虫、若虫、成虫 4 个阶段。

疥螨口器为咀嚼式，在宿主的表皮内挖掘隧道，以角质层组织和渗出的淋巴液为食，在隧道内发育和繁殖。在隧道中每隔一段距离即有小孔与外界相通，以通空气作为幼虫出入的孔道。雌螨在隧道内产卵，一生可产 40～50 个卵，卵经 3～8 d 孵化出幼虫，幼虫 3 对足，蜕化变成若虫。若虫 4 对足，但生殖器官尚未发育充分。若虫蜕皮为成虫。雌雄虫交配后不久，雄虫即死亡，雌虫的寿命为 4～5 周。疥螨的整个发育过程 8～22 d，平均为 15 d。疥螨病通常始发于皮肤薄、被毛短而稀的部位，以后病灶逐渐扩大，虫体总是在病灶边缘活动，可波及全身皮肤。

痒螨为刺吸式口器，寄生于皮肤表面，以口器穿刺皮肤，以组织细胞和体液为食。整个过程都在体表进行。雌螨一生可产约 40 个卵，寿命约 42 d，整个发育过程需 2～3 周。痒螨通常始发于被毛长而稠密之处，以后蔓延至全身。

（3）流行病学分析　螨病的传播可通过直接接触和间接接触的方式。螨对外界环境有一定的抵抗力。螨发育速度快，在适宜的条件下 2～3 周即可完成一个世代。螨病主要发生于秋末、冬季和初春。因为这些季节，日光照射不足，家畜绒毛增生，被毛增厚，皮肤温度增高，这些因素很适合螨的发育繁殖。尤其在羊舍潮湿、阴暗、拥挤及卫生条件差的情况下，极容易造成螨病的严重流行。夏季家畜绒毛大量脱落，皮肤表面常受阳光照射，经常保持干燥状态。这些条件均不利于螨的生存和繁殖，大部分虫体死亡，仅有少数螨潜伏在耳壳系凹、蹄踵、腹股沟部以及被毛深处，这种带虫家畜没有明显的症状，但到了秋冬季节，螨又重新活跃起来，不但引起疾病的复发，而且成为最危险的感染来源。幼龄动物易患螨病，发病也较严重，成年家畜有一定的抵抗力。

4.治疗技术

治疗螨病的药物较多，方法有皮下注射、局部涂擦、喷淋及药浴等，以患病动物的数量、药源及当地的具体情况而定。常用的有：3％的敌百虫溶液患部涂擦；每千克重 500 mg 双甲醚涂擦、喷淋或药浴；每千克体重 500 mg 溴氰菊酯喷淋或药浴；每千克体重 200 mg 巴胺磷药浴；每千克体重 500 mg 辛硫磷药浴；每千克体重 250 mg 二嗪农（螨净）喷淋或药；每千克体重 0.2 mg 伊维菌素或阿维菌素皮下注射等。

治疗患病羊、牛应注意以下几点。

（1）已经确诊的患畜，要在专设场地隔离治疗。从患畜身上清除下来的污物，包括毛、痂皮等集中销毁，治疗器械、工具要彻底消毒，接触患畜的人员手臂、衣物等也要消毒，避免在治疗过程中病原扩散。

（2）患畜较多时，应先对少数患畜试验，以鉴定药物的安全性，然后再大面积使用，防止意外发生。治疗后的患畜，应放在未被污染的或消毒过的地方饲养，并注意护理。

（3）由于大多数杀螨药对螨卵的作用较差，因此应间隔 5～7 d 重复治疗，以杀死新孵出的幼虫，如果用涂擦的方法治疗，通常一次涂药面积不应超过体表面积的 1/3，以免发生中毒。

5.防制措施

定期进行畜群检查和灭螨处理。在流行区，对群牧的牛、羊不论发病与否，要定期用药。

螨病对绵羊和山羊的危害极大,在牧区常用药浴的方法。根据羊只的多少,可选择药浴池。药浴常在夏季进行,药浴要注意:①在牧区,同一区域内的羊只应集中同时进行,不得漏浴,对护羊犬也应同时药浴。②绵羊在剪毛后1周,山羊在抓绒后进行。③药浴要在晴朗无风的天气进行,最好在13:00左右,药液不能太凉,最好30~37℃。药浴后要注意保暖,防止感冒。④药液浓度计算要准确,用倍比稀释法重复多次,混匀药液,大批羊只药浴前,应选择少量不同年龄、性别、品种的羊进行安全性试验,药浴后要仔细观察,一旦发生中毒,要及时处理。⑤药浴前要让羊只充分休息,饮足水。⑥药浴时间为1~2 min,要将羊头压入药液1~2次,出药浴池后,让羊只在斜坡处站一会儿,让药液流入池内。并适时补充药液,维持药液浓度。⑦药浴后羊只不得马上渡水。最好在7~8 d后进行第2次药浴。

经常注意牛、羊群中有无发痒、脱毛现象,及时检出可疑患畜,并及时隔离治疗。同时,对同群未发病的其他牛、羊也要进行灭螨处理,对圈舍也应喷洒药液、彻底消毒。做好患螨病牛、羊皮毛的处理,以防止病原扩散,同时要防止饲养人员或用具散播病原。

(十一)羊鼻蝇蛆病

羊鼻蝇蛆病是由羊鼻蝇的幼虫寄生在羊的鼻腔及周围腔窦内引起的寄生虫病,病羊表现为鼻炎症状,又称羊鼻蝇蚴病。该病在我国北方地区较为常见,流行严重地区感染率达80%。

1.范例

(1)羊群骚动,互相拥挤,惊慌不安,表现为摇头、喷鼻、低头或以鼻孔抵于地面,或以头部藏伸在其他羊只的腹下或腿间,严重扰乱羊只的采食和休息。

(2)病羊鼻腔流出浆液性或脓性鼻液,有时出血,鼻液在鼻孔周围干涸,形成鼻痂,并使鼻孔堵塞,因而呈现呼吸不畅的现象,病羊打喷嚏,甩鼻子,磨牙,摇头,食欲减退,消瘦,眼睑浮肿和流泪等急性症状。经过几个月以后,症状会逐渐好转,但有时又加剧。

(3)患羊表现为运动失调,经常旋转,或发生痉挛、麻痹等症状;最终可导致死亡。

2.诊断

(1)流行病学调查　本病主要分布于北方养羊地区。一般在夏季开始感染发病,第二年幼虫向鼻孔外侧移行,症状较明显。

(2)临床检查　成虫侵袭羊群产幼虫时,羊群骚动,惊慌不安,互相拥挤,摇头、喷鼻。夏季开始感染后,在秋冬季羊流浆液性或脓性鼻液,有时出血,鼻液在鼻孔周围干涸,形成鼻痂,病羊呼吸不畅,打喷嚏,甩鼻子,摇头,食欲减退,眼睑浮肿,流泪。在第二年的春天(2~4月份)症状严重。少数羊鼻窦发炎,甚至病害累及脑部,引发神经症状,最终可导致死亡。

(3)病理剖检　死后在鼻腔及附近的腔窦内发现各期幼虫。

(4)治疗性诊断　早期诊断,可用药液喷入鼻腔,收集鼻腔用药后的喷出物,发现死亡幼虫。同时用药后症状减轻或消失。

依据以上诊断方法判定范例(1)成虫侵袭羊群时表现;范例(2)为羊鼻蝇幼虫在鼻腔或额窦内固着或移行表现,范例(3)为少数幼虫进入鼻窦长大后,不能返回鼻腔,引起鼻窦炎,甚至损害脑部,引发神经症状。

3.病因分析

(1)病原　羊鼻蝇体长10~12 mm,淡灰色,略带金属光泽,头大呈黄色,翅膀透明。胸部灰黄色,有 4 条黑色不明显的纵纹。腹部有黑绿色与银灰色的斑点。

三期幼虫长 30 mm,前面尖,有黑色口沟,腹面扁平,上有多排小钩,背面隆起无刺,成熟后上有深褐色横斑,虫体后端平齐。

(2)生活史 成蝇在温暖季节出现,过自由生活,不采食,交配后成蝇死亡。雌蝇在晴朗无风天气飞翔,突然冲向羊鼻孔,将幼虫产于羊鼻孔,一次产幼虫 20～40 个,然后立即飞走。每只雌蝇数天内产 500～600 个,产完幼虫后死亡。一期幼虫以口钩固着于鼻黏膜上爬入鼻腔并向深部移动。在鼻腔、额窦或鼻窦内经 2 次蜕皮变为三期幼虫,幼虫在鼻腔和额窦等处寄生 9～10 个月。到翌年春天,发育成熟的三期幼虫由深部向鼻孔开口部移动,随喷嚏落入地面,钻入土中化为蛹,1～2 个月羽化为蝇,成蝇寿命 2～3 周,本虫在北方较冷的地区繁殖一代,南方温暖地区可繁殖两代。绵羊感染率比山羊高。

(3)致病作用 当羊鼻蝇的幼虫在鼻腔或额窦内固着或移行时,刺激损伤黏膜,引起鼻黏膜肿胀和发炎。少数一期幼虫进入鼻窦,虫体在鼻窦中长大后,不能返回鼻腔,而至鼻窦发炎,甚或病害累及脑部,引发神经症状。

(4)流行病学分析 本病主要发生于北方地区。

4. 治疗技术

(1)来苏儿。2% 溶液冲洗鼻腔,或用喷雾器向鼻孔内喷洒。

(2)敌百虫。用 5% 溶液肌肉注射,或每千克体重 75 mg 配成水溶液口服,或以 2% 溶液喷入鼻腔,均可收到驱虫效果,对一期幼虫效果较理想。

(3)氯氰柳胺。5 mg 每千克体重口服,或 2.5 mg 皮下注射,可杀死各期幼虫。

(4)在早晨凉爽无风天气,把铁锹或其他铁器烧热,把敌敌畏泼在铁板上,冒出浓烟,使羊在舍内吸 10～15min 烟雾后迅速放出即可。

5. 防治措施

发现有鼻蝇幼虫病羊及时治疗,并消灭喷出的幼虫;鼻蝇飞翔期,羊鼻周围涂 5% 滴滴涕凡士林,每 5 d 1 次。

(十二)羊球虫病

羊球虫病由艾美科艾美属和等孢属的多种球虫寄生于绵羊或山羊的肠道引起的以下痢、消瘦、贫血、发育不良为特征的疾病。严重者引起死亡,尤其对羔羊危害大。

1. 范例

(1)病羊精神沉郁,食欲减退或废绝,体重下降,被毛粗乱,可视黏膜苍白。腹泻,粪便中常混有血液、脱落的黏膜,有恶臭。体温有时升至 40～41℃。死亡率约为 10%。

(2)长时间的腹泻,逐渐消瘦,生长缓慢。

2. 病理变化

仅小肠有明显的病变,肠黏膜上有淡白或黄色圆形或卵圆形结节,如粟粒至豌豆大,常成簇分布,也能从浆膜面上观察到。十二指肠和回肠有卡他性炎症,有点状或带状出血。尸体消瘦,后肢及尾部污染有稀粪。

3. 诊断

(1)流行病学调查 患病或带虫羊为感染来源,卵囊存在于粪便中。各种品种的羊均有易感性,羔羊极易感染,发病重,死亡率高。成年羊多数为带虫者。发病多在春、夏、秋三季,冬季很少发生。突然更换饲料、羊圈潮湿或在低洼地上放牧均易感染。

(2)临床检查　人工感染时的潜伏期为 11～17 d。本病可能依感染的种类、感染强度、羊只的年龄、机体的抵抗力以及饲养管理条件等的不同而取急性或慢性过程。1 岁以下的羊多为急性感染,病羊精神不振,食欲减退或废绝,体温有时升至 40～41℃。可视黏膜苍白,消瘦,腹泻,粪便中常混有血液和脱落的肠黏膜。慢性型表现长时间的腹泻,逐渐消瘦,生长缓慢。

(3)病理剖检　尸体消瘦,病变主要在小肠,肠黏膜上有淡白或黄色圆形或卵圆形结节,如粟粒至豌豆大,常成簇分布,也能从浆膜面上观察到。十二指肠和回肠有卡他性炎症,有点状或带状出血。

(4)实验室检查　粪便或直肠刮取物检查用漂浮法检查卵囊。

根据临床症状、流行病学资料和尸体剖检初步判定范例(1)、(2)为羊球虫病,其中,范例(1)为急性型,范例(2)为慢性型;粪便或直肠刮取物检查发现卵囊可确诊。

4.病因分析

(1)病原　记载的有 15 种,均寄生于绵羊或山羊肠道上皮细胞引起急性或慢性肠炎。致病力最强的是雅氏艾美耳球虫,其次为浮氏艾美耳球虫、错乱艾美耳球虫阿氏艾美耳球虫等。

(2)流行病学分析　患病或带虫羊为感染来源,卵囊存在于粪便中。羊吃到卵囊污染的饲草、饮水而感染。羔羊易感,发病严重,成年羊多为带虫者,一般不发病或发病较轻。本病多发于春、夏、秋较温暖的季节。特别是夏秋多雨的季节容易发病。哺乳期乳房被粪便污染时,容易引起发病。突然更换饲料、肠道疾病、应激反应以及羊圈潮湿或在低洼地上放牧均易感染。

5.治疗技术

呋喃唑酮,每千克体重 7～10 mg,连用 7 d;硝苯酰胺(球痢灵),每千克体重 25～50 mg,连用 5～7 d;氨丙林,每千克体重 20～75 mg,连用 4～5 d(预防连用 3 周);莫能菌素或盐霉素,每千克体重 20～30 mg,饲料添加混饲;磺胺二甲氧嘧啶,每千克体重 50 mg,连用 1～3 周,首次量加倍。也可用磺胺喹噁啉等药物。另外,临床上应结合止泻、强心和补液等对症疗法。

6.防制措施

(1)科学饲养　羔羊与成年羊分群饲养和放牧;羊舍及时清扫,每周用 3％～5％热碱水消毒地面、饲槽和饮水槽等;哺乳羊乳房要经常擦洗;避免突然间更换饲料。

(2)药物预防　在发病季节用药物预防。莫能菌素,按每千克体重 1 mg 混入饲料,连用33 d;氨丙林每千克体 5 mg,连用 33 d。

(十三)住肉孢子虫病

住肉孢子虫病是由住肉孢子虫属的多种原虫寄生于各种家畜的横纹肌引起的疾病。除了各种家畜外,兔、鼠、鸟类和鱼类亦可感染,人偶尔也感染。我国各地的牛、羊,尤其是南方的水牛和黄牛,北方的绵羊和山羊常有发现。有些地区感染率可达 100％。牛、羊感染肉孢子虫时通常不显临床症状。即使是在严重感染时,病情也很轻微。但胴体因虫体大量寄生,致使局部肌肉变色而不能适用,引起巨大的经济损失。

1.范例

(1)病羊食欲不振,呼吸困难、虚弱以至死亡。

养羊与羊病防治

(2)孕羊可出现高热、共济失调和流产等症状。表现不安,腰无力,肌肉僵硬和短时间的后肢瘫痪等症状。

2.病理变化

胴体肌肉组织有大量虫体寄生,局部肌肉变性变色。

3.诊断

(1)流行病学调查 各种年龄和品种的牛、羊均可感染肉孢子虫,而且随着年龄的增长而增高。水牛的感染率几乎可达100%,羊的感染率为16%。终末宿主粪便中的孢子囊可以通过鸟类、蝇类和食粪甲虫而散播。

(2)临床检查 成年动物多为隐性经过。幼年动物感染后,经20~30 d可能出现症状。羊严重感染时,可引起食欲不振,呼吸困难、虚弱以至死亡;孕羊可出现高热、共济失调和流产等症状。表现不安,腰无力,肌肉僵硬和短时间的后肢瘫痪等症状。

(3)病理检查 在后肢、腹侧、腰肌、食道、心肌和膈肌发现病变,绵羊尤其是在食道肌和心肌严重感染时,肉眼可见顺着肌纤维方向有大量白色条纹。

(4)实验室检查 显微镜检查时可见到肌肉中有完整的包囊,也可见到包囊破裂释放出的缓殖子。注意与弓形虫区别,前者染色质少,着色不均,后者染色质多,着色均匀。

生前诊断困难,可用间接血凝试验,结合症状和流行病学进行综合诊断。慢性病例死后剖检发现包囊确诊。

根据以上诊断方法判定范例(1)、(2)为住肉孢子虫病。其中,范例(1)为成年羊感染,范例(2)为孕羊感染。此外还有隐性感染,病羊无任何症状,经死后剖检发现。

4.病因分析

(1)病原 已报道住肉孢子虫有100种,寄生于家畜的有20余种,无严格的宿主特异性。可以互相感染。寄生于羊的有2种,牛有3种,猪有3种,马有2种。

肉孢子虫在不同发育阶段有不同的形态。

①包囊(米氏囊):见于中间宿主的肌纤维和心肌之间。多呈乳白色,纺锤形、圆柱形或卵圆形。最大的10 mm,肉眼易见。小的0.5~5 mm,需在显微镜下才可看见。包囊壁由两层组成,内层向囊内延伸,构成很多纵隔将囊腔分成许多小室。发育成熟的包囊,小室中有许多肾形或香蕉形的滋养体(缓殖子),又称为雷氏小体。

②卵囊:见于终末宿主的小肠上皮细胞内或肠内容物中。呈椭圆形,壁薄,内含2个孢子囊,每个孢子囊内有4个子孢子。孢子囊呈椭圆形。

(2)生活史 终末宿主为犬、猫、狐等食肉动物和猪。中间宿主为哺乳类、鸟类和爬行类等许多动物。人既可作为终末宿主,又可作为中间宿主。含有包囊的肌肉被终末宿主吞食后,包囊内的缓殖子逸出,侵入肠上皮细胞直接发育为大、小配子,大小配子结合为合子后发育为卵囊,卵囊在肠壁内发育为孢子化卵囊。孢子化卵囊内含2个孢子囊,每个孢子囊内有4个子孢子。成熟的卵囊多自行破裂,因此,随粪便排到外界的卵囊较少,多数为孢子囊。牛、羊等中间宿主随污染的饲草、饮水吞食孢子囊后,在肠道内释放出子孢子,子孢子随血液循环到达各器官,在血管内皮细胞中进行两次裂体生殖,然后进入血液或单核细胞内进行第三次裂殖生殖,最后裂殖子进入横纹肌纤维内发育为包囊,再经过1~2个月或数月发育为成熟的与肌纤维平行的包囊。孢子囊和第三代裂殖子对中间宿主也具有感染性,亦可经胎盘感染胎儿。

（3）流行病学分析　患病或带虫的犬、猫等食肉动物和猪，人为感染来源。孢子囊和卵囊存在于粪便中。各种年龄和品种的牛、羊均可感染肉孢子虫，而且随着年龄的增长而增高。水牛的感染率几乎可达100％，羊的感染率为16％。终末宿主粪便中的孢子囊、卵囊可以通过鸟类、蝇类和食粪甲虫而散播。本病也可通过胎盘感染。孢子囊对外界环境的抵抗力强，在适宜温度下，可存活1个月以上。但对高温和冷冻敏感。

人作为中间宿主时症状不明显，少数病人发热、肌肉疼痛。人作为终末宿主时，有厌食、恶心、腹痛和腹泻症状。猫、犬等肉食动物感染后症状不明显。

5.治疗技术

尚无特效药物。急性期可用氨丙啉、氯苯胍、伯氨喹啉。人可用磺胺嘧啶、复方新诺明和吡喹酮治疗。

6.防制措施

应加强肉品检验，带虫肉应无害化处理；严禁用病肉喂猫、犬；防止犬猫粪便污染饲料和饮水。人应注意饮食卫生，不吃生肉或未熟的肉类食品。用抗球虫的药物对牛羊肉孢子虫病有一定的预防效果。

（十四）隐孢子虫病

隐孢子虫病是由隐孢子虫科隐孢子虫一种属的隐孢子虫寄生于牛、羊体内引起的原虫病。是重要的人兽共患病。隐孢子虫可造成哺乳动物（尤其是牛、羊和人）的严重腹泻，该病已被列入世界最常见的6种腹泻病之一。隐孢子虫在艾滋病（AIDS）人中的感染率很高，引起腹泻症状也很严重，是AIDS病人的重要致死因素之一。为此，WHO将该病列为AIDS的怀疑指标之一。

1.范例

精神沉郁、厌食，腹泻，粪便带有大量的纤维素，有时含有血液，有时体温升高。患畜生长发育停滞，极度消瘦。羊的病程为1～2周。

2.病理变化

空肠绒毛层萎缩和损伤，呈现出典型的肠炎病变。

3.诊断

（1）流行病学调查　隐孢子虫常作为起始性的条件致病因子，往往与其他病原（传染病或寄生虫病等）同时存在。该病对幼龄动物危害较大，其中以犊牛、羔羊和仔猪的发病较为严重。羊的病程为1～2周，死亡率可达40％；牛的死亡率可达16％～40％，尤以4～30日龄的犊牛和3～14日龄的羔羊死亡率更高。

（2）临床检查　主要临床症状为精神沉郁、厌食、腹泻，粪便带有大量的纤维素，有时带有血液。有时体温升高。患畜生长发育停滞，极度消瘦。

（3）病理变化　羔羊真胃内有凝乳块，小肠黏膜充血和肠系膜淋巴结充血水肿。

（4）实验室检查　采取粪便，用饱和蔗糖溶液漂浮法收集粪便中的卵囊，再用显微镜检查，往往需用放大至1 000倍的油镜观察，该法检出率低。另一种方法是把粪样涂片，用改良酸性染色法染色镜检，孢子虫卵囊被染成红色，此法较简单，检出率较高。第三种方法是采用荧光抗体染色法，用荧光显微镜检查，隐孢子虫卵囊显示苹果绿的荧光，容易辨认，敏感性高达100％，特异性97％，能检测出卵囊极少的样本。

死后刮取病变部位的消化道黏膜涂片染色,或采用病理切片,姬姆萨染色,或制成电镜样本,鉴定虫体以确诊。

由于隐孢子虫感染多呈隐性经过,感染者可以只向外界排出卵囊,而不表现出任何临床症状。即使有明显的症状,也常常属于非特异性的,故不能用以确诊。另外,由于动物发病时有许多条件性病原体的感染,因此,确切的诊断只能依靠实验室诊断。

根据以上诊断方法判定本范例为隐孢子虫病。

4.病因分析

(1)病原　寄生于哺乳动物(主要是牛、羊和人)的隐孢子虫有2种:小鼠隐孢子虫,寄生于胃黏膜上皮细胞;小隐孢子虫,寄生于小肠黏膜上皮细胞。

小鼠隐孢子虫卵囊无色,呈圆形或椭圆形,卵囊壁光滑,分为两层。厚度为$(0.4\sim0.5)\mu m$,卵囊大小为$(6.6\sim7.9)\mu m\times(5.3\sim6.5)\mu m$。

小隐孢子虫的卵囊圆形或近圆形,壁薄、光滑、无色,厚度$0.4\mu m$,大小为$(4.5\sim5.4)\mu m\times(4.2\sim5.0)\mu m$。

(2)生活史　隐孢子虫的发育过程也分为裂体生殖、配子生殖和孢子生殖3个阶段。排到宿主体外卵囊已是孢子化卵囊(而球虫卵囊是在外界环境中进行孢子生殖的)。而且隐孢子虫在宿主体内可产生两种不同类型的卵囊,即薄壁型卵囊和厚壁型卵囊。薄壁型卵囊在宿主体内可自行脱囊,造成宿主的自体循环感染。厚壁型卵囊随粪便或痰液等分泌物排出外界,污染周围环境,造成个体间的相互感染。

(3)流行病学分析　隐孢子虫病的感染源是人和家畜排出的卵囊。隐孢子虫的卵囊对外界环境的抵抗力很强,在潮湿环境中能存活数月;卵囊对大多数消毒剂有明显的抵抗力,只有50%以上的氨水和30%以上的福尔马林作用30 min才能杀死隐孢子虫卵囊。人和畜禽的主要感染方式是粪便中的卵囊污染食物和饮水,经消化道而发生感染。人的隐孢子虫感染主要是由牛传给的;在人群间也可传播。

隐孢子虫的宿主范围广泛。上述2种隐孢子虫除可感染人、牛(黄牛、水牛、奶牛)、羊(山羊、绵羊)外,还可感染马、猪、犬、猫、鹿、猴、兔等哺乳动物。该病呈全球性分布,我国大部分地区都有发生。

5.治疗技术

目前尚未发现一种特效药物。对免疫功能正常的牛、羊采用对症治疗和支持疗法(止泻、补液、营养)可以达到治愈目的。但对免疫功能低下的犊牛、羔羊或免疫缺陷的病人,感染隐孢子虫后常可发生危及生命的腹泻。我国曾有报道认为,大蒜素对人的隐孢子虫病有效。

6.防制措施

目前还没有值得推荐的预防方案,因此,只能从加强饲养管理和卫生措施,提高动物免疫力来控制本病的发生。对患病牛、羊要隔离治疗,严防其排泄物污染饲料和饮水,以切断传播途径。

测评作业

1.简述羊场消毒的方法。

2.简述羊场扑灭疫病的措施。

3.简述羊场防疫计划的编制方法。

4.简述羊痘、羔羊痢疾、羊口疮、蓝舌病、传染性胸膜肺炎等常见传染病及其防控技术。

5.简述肝片形吸虫病、羊绦虫病、消化道线虫病等常见寄生虫病及其防控技术。

考核评价

羊病防控技术

专业班级		姓名		学号	

一、考核内容与标准

说明:总分 100 分,分值越高表明该项能力或表现越佳,综合得分≥90 为优秀,75≤综合得分<90 为良好,60≤综合得分<75 为合格,综合得分<60 为不合格。

考核项目	考核内容	考核标准	综合得分
过程考核	操作态度 (10 分)	积极主动,服从安排	
	合作意识 (10 分)	积极配合小组成员,善于合作	
	羊场消毒与防疫 (25 分)	根据所学内容,正确回答考评员提出的问题	
	羊常见传染病及其防控(25 分)	根据所学内容,正确回答考评员提出的问题	
	羊常见寄生虫病及其防控(20 分)	根据所学内容,正确回答考评员提出的问题	
结果考核	报表填报 (10 分)	报表填写认真,在规定时间内及时上交	
合 计			

综合分数:_____ 分　　　优秀(　)　　良好(　)　　合格(　)　　不合格(　)

二、综合评价

(该学生是否掌握了该岗位的专业知识、专业技能及掌握程度,能否通过该岗位技能考核)

考核人签字:
年　　月　　日

参考文献

[1] 程凌. 养羊与养病防治. 北京：中国农业出版社，2006.

[2] 范颖，宋连喜. 羊生产. 北京：中国农业大学出版社，2008.

[3] 孟和. 羊的生产与经营. 北京：中国农业出版社，2001.

[4] 陈玉林. 羊的生产与经营. 北京：高等教育出版社，2002.

[5] 赵有璋. 羊生产学. 第2版. 北京：中国农业出版社，2005.

[6] 赵有璋. 现代中国养羊. 北京：金盾出版社，2005.

[7] 李建文. 奶山羊高效益饲养技术. 北京：金盾出版社，1996.

[8] 李志农. 中国养羊学. 北京：农业出版社，1993.

[9] 吕效吾. 养羊学. 第2版. 北京：农业出版社，1992.

[10] 于宗贤. 科学养羊问答. 北京：中国农业出版社，1994.

[11] 冯维祺. 肉羊高效益饲养技术. 北京：金盾出版社，1995.

[12] 山西农业大学. 养羊学. 北京：中国农业出版社，1995.

[13] 陈国禄，贺文杰. 肉羊舍饲经营实用技术问答. 北京：中国农业出版社，2001.

[14] 卢泰安. 养羊技术指导. 北京：金盾出版社，2000.

[15] 贾志海. 现代养羊生产. 北京：中国农业大学出版社，1999.

[16] 陈玉林. 肉羊高效生产实用技术问答. 北京：中国农业出版社，1998.

[17] 沈正达. 羊病防治手册. 北京：金盾出版社，1996.

[18] 道良佐. 肉羊生产技术手册. 北京：中国农业出版社，1996.

[19] 岳斌辉，闫红军. 养羊与羊病防治. 北京：中国农业大学出版社，2011.

[20] 薛增迪，杨慧萍. 养羊与羊病防治. 杨凌：西北农林科技大学出版社，2005.